技工院校“十四五”规划计算机广告制作专业系列教材
中等职业技术学校“十四五”规划艺术设计专业系列教材

Cinema 4D R19
软件应用

徐红英 冀俊杰 陈义春 赖柳燕 主编
马殷睿 副主编

華中科技大學出版社
http://www.hustp.com
中国 · 武汉

内容提要

本书分为五个训练项目。项目一介绍 C4D 的基本操作和行业应用，提高学生对软件的认知；项目二介绍建模的基础知识，让学生了解 C4D 的建模方式和技巧；项目三介绍渲染、灯光以及常见材质的设置与应用技巧，让学生了解各种材质的设置和调节方法，制作出真实的材质效果；项目四介绍 C4D 动画基础知识，让学生在了解运动图形、效果器和动力学的基础上，掌握 C4D 动画的制作方法；项目五通过讲解综合实训，提高学生运用 C4D 软件制作产品的技能。本书内容翔实，条理清晰，步骤讲解清楚，案例精美，可以有效地帮助技工院校学生以及 C4D 爱好者逐步掌握相关操作方法和制作技巧。

图书在版编目（C I P）数据

Cinema 4D R19 软件应用 / 徐红英等主编 . — 武汉：华中科技大学出版社，2022.6

ISBN 978-7-5680-8255-6

Ⅰ. ① C… Ⅱ. ①徐… Ⅲ. ①三维动画软件 Ⅳ. ① TP391.414

中国版本图书馆 CIP 数据核字（2022）第 102281 号

Cinema 4D R19 软件应用

Cinema 4D R19 Ruanjian Yingyong

徐红英 冀俊杰 陈义春 赖柳燕 主编

策划编辑：金　紫

责任编辑：周怡露

装帧设计：金　金

责任监印：朱　玢

出版发行：华中科技大学出版社（中国 • 武汉）　电　话：（027）81321913

武汉市东湖新技术开发区华工科技园　邮　编：430223

录　排：天津清格印象文化传播有限公司

印　刷：湖北新华印务有限公司

开　本：889mm×1194mm 1/16

印　张：10

字　数：306 千字

版　次：2022 年 6 月第 1 版第 1 次印刷

定　价：59.80 元

技工院校“十四五”规划计算机广告制作专业系列教材
中等职业技术学校“十四五”规划艺术设计专业系列教材
编写委员会名单

编写委员会主任委员

编委会委员

总主编

文健，教授，高级工艺美术师，国家一级建筑装饰设计师。全国优秀教师，2008 年、2009 年和 2010 年连续三年获评广东省技术能手。2015 年被广东省人力资源和社会保障厅认定为首批广东省室内设计技能大师，2019 年被广东省教育厅认定为建筑装饰设计技能大师。中山大学客座教授，华南理工大学客座教授，广州大学建筑设计研究院室内设计研究中心客座教授。出版艺术设计类专业教材 120 种，拥有具有自主知识产权的专利技术 130 项。主持省级品牌专业建设、省级实训基地建设、省级教学团队建设 3 项。主持 100 余项室内设计项目的设计、预算和施工，项目涉及高端住宅空间、办公空间、餐饮空间、酒店、娱乐会所、教育培训机构等，获得国家级和省级室内设计一等奖 5 项。

合作编写单位

（1）合作编写院校

广州市工贸技师学院

佛山市技师学院

广东省城市技师学院

广东省轻工业技师学院

广州市轻工技师学院

广州白云工商技师学院

广州市公用事业技师学院

山东技师学院

江苏省常州技师学院

广东省技师学院

台山敬修职业技术学校

广东省国防科技技师学院

广州华立学院

广东省华立技师学院

广东花城工商高级技工学校

广东岭南现代技师学院

广东省岭南工商第一技师学院

阳江市第一职业技术学校

阳江技师学院

广东省粤东技师学院

惠州市技师学院

中山市技师学院

东莞市技师学院

江门市新会技师学院

台山市技工学校

肇庆市技师学院

河源技师学院

广州市蓝天高级技工学校

茂名市交通高级技工学校

广州城建技工学校

清远市技师学院

梅州市技师学院

茂名市高级技工学校

汕头技师学院

广东省电子信息高级技工学校

东莞实验技工学校

珠海市技师学院

广东省机械技师学院

广东省工商高级技工学校

深圳市携创高级技工学校

广东江南理工高级技工学校

广东羊城技工学校

广州市从化区高级技工学校

肇庆市商业技工学校

广州造船厂技工学校

海南省技师学院

贵州省电子信息技师学院

广东省民政职业技术学校

广州市交通技师学院

广东机电职业技术学院

中山市工贸技工学校

河源职业技术学院

山东工业技师学院

深圳市龙岗第二职业技术学校

（2）合作编写组织

广州市赢彩彩印有限公司

广州市壹管念广告有限公司

广州市璐鸣展览策划有限责任公司

广州波镨展览设计有限公司

广州市风雅颂广告有限公司

广州质本建筑工程有限公司

广东艺博教育现代化研究院

广州正雅装饰设计有限公司

广州唐寅装饰设计工程有限公司

广东建安居集团有限公司

广东岸芷汀兰装饰工程有限公司

广州市金洋广告有限公司

深圳市千千广告有限公司

广东飞墨文化传播有限公司

北京迪生数字娱乐科技股份有限公司

广州易动文化传播有限公司

广州市云图动漫设计有限公司

广东原创动力文化传播有限公司

菲逊服装技术研究院

广州珈钰服装设计有限公司

佛山市印艺广告有限公司

广州道恩广告摄影有限公司

佛山市正和凯歌品牌设计有限公司

广州泽西摄影有限公司

Master 广州市熳大师艺术摄影有限公司

序言

技工教育和中职中专教育是中国职业技术教育的重要组成部分，主要承担培养高技能产业工人和技术工人的任务。随着“中国制造 2025”战略的逐步实施，建设一支高素质的技能人才队伍是实现规划目标的必备条件。如今，国家对职业教育越来越重视，技工和中职中专院校的办学水平已经得到很大的提高，进一步提高技工和中职中专院校的教育、教学和实训水平，提升学生的职业技能，弘扬和培育工匠精神，已成为技工院校和中职中专院校的共同目标。而高水平专业教材建设无疑是技工院校和中职中专院校教育特色发展的重要抓手。

本套规划教材以国家职业标准为依据，以综合职业能力培养为目标，以典型工作任务为载体，以学生为中心，根据典型工作任务和工作过程设计教学项目和学习任务。同时，按照工作过程和学生自主学习的要求进行内容设计，实现理论教学与实践教学合一、能力培养与工作岗位对接合一、实习实训与顶岗工作合一。

本套规划教材的特色在于，在编写体例上与技工院校倡导的“教学设计项目化、任务化，课程设计教、学、做一体化，工作任务典型化，知识和技能要求具体化”紧密结合，体现任务引领实践的课程设计思想，以典型工作任务和职业活动为主线设计教材结构，以职业能力培养为核心，将理论教学与技能操作相融合作为课程设计的抓手。本套规划教材在理论讲解环节做到简洁实用、深入浅出；在实践操作训练环节体现以学生为主体的特点，创设工作情境，强化教学互动，让实训的方式、方法和步骤清晰，可操作性强，并能激发学生的学习兴趣，促进学生主动学习。

本套规划教材由全国 50 余所技工院校和中职中专院校广告设计专业共 60 余名一线骨干教师与 20 余家广告设计公司一线广告设计师联合编写。校企双方的编写团队紧密合作，取长补短，建言献策，让本套规划教材更加贴近专业岗位的技能需求，也让本套规划教材的质量得到了充分的保证。衷心希望本套规划教材能够为我国职业教育的改革与发展贡献力量。

技工院校“十四五”规划计算机广告制作专业系列教材
中等职业技术学校“十四五”规划艺术设计专业系列教材
总主编

教授 / 高级技师 文健

2021 年 5 月

前言

Cinema 4D R19 软件是由德国 Maxon Computer 公司开发的绘图软件。该软件集三维渲染、动画、特效的功能于一体，以极高的运算速度和功能强大的渲染插件著称。C4D 软件应用范围广泛，涉及影视制作、栏目包装、产品设计、UI 动效以及电商海报等领域。

本书的编写遵从了技工院校一体化教学的要求，通过典型的工作任务分析和案例实训，让学生掌握 C4D 软件的关键知识点和技能，体现任务引领实践导向的课程设计思想。本书在理论讲解环节做到简洁实用，深入浅出；在实践操作训练环节，体现以学生为主体，创设工作情境，强化教学互动，让实训的方式、方法和步骤清晰，可操作性强，适合技工院校学生练习，并能激发学生的学习兴趣，调动学生主动学习。

本书分为五个训练项目。项目一介绍 C4D 的基本操作和行业应用，提高学生对软件的认知；项目二介绍建模的基础知识，让学生了解 C4D 的建模方式和技巧；项目三介绍渲染、灯光以及常见材质的设置与应用技巧，让学生了解各种材质的设置和调节方法，制作出真实的材质效果；项目四介绍 C4D 动画基础知识，让学生在了解运动图形、效果器和动力学的基础上，掌握 C4D 动画的制作方法；项目五通过讲解综合实例，提高学生运用 C4D 软件制作产品的技能。本书内容翔实，条理清晰，步骤讲解清楚，案例精美，可以有效地帮助技工院校学生以及 C4D 爱好者逐步掌握相关操作方法和制作技巧。

本书由广东省轻工业技师学院徐红英老师、马殷睿老师，江苏省常州技师学院陈义春老师，广东省惠州市技师学院赖柳燕老师，山东技师学院冀俊杰老师合作编写而成。为确保编写质量，本书得到了许多三维制作实践教学经验丰富的一线教师提供的宝贵建议，书中选用的实例均来自教师们的教学积累，在此谨向这些为本书编写提供了大力支持的老师致以诚挚谢意。虽然编写团队倾尽全力编写本书，但鉴于编者能力所限，书中仍有疏漏之处，诚望使用本书的教师、学生及其他读者给予批评指正，以便我们持续改进。

徐红英

2022 年 3 月

课时安排（建议课时 144）

项目	课程内容	课时	
项目一 C4D 的基本操作和行业应用	学习任务一　C4D 软件介绍	1	12
	学习任务二　C4D 的应用和安装	2	
	学习任务三　C4D 实例工作流程	9	
项目二 建模的基础知识	学习任务一　基础几何体建模实训	6	36
	学习任务二　样条曲线建模实训	6	
	学习任务三　NURBS 建模实训	6	
	学习任务四　多边形建模实训	6	
	学习任务五　变形工具组建模实训	6	
	学习任务六　雕刻建模实训	6	
项目三 渲染、灯光及常见材质	学习任务一　静物场景综合实训	12	36
	学习任务二　双向流新风系统模型制作综合实训	12	
	学习任务三　牙膏模型制作综合实训	12	
项目四 C4D 动画基础	学习任务一　彩色气球动画实训	6	48
	学习任务二　刚体小动画实训	6	
	学习任务三　场景动画实训	18	
	学习任务四　产品展示动画实训	18	
项目五	马克杯建模综合实训	12	12

目录

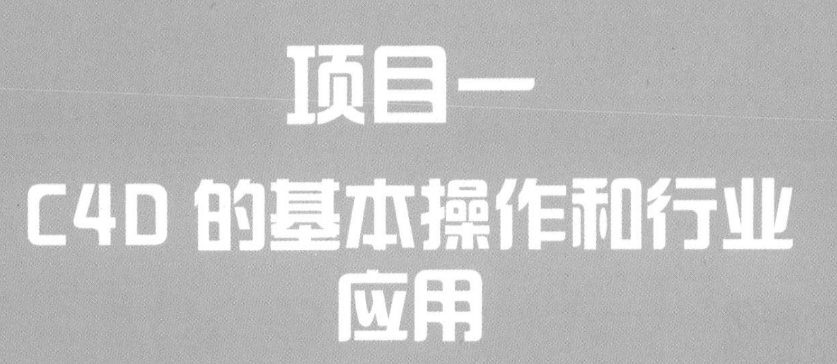

项目一

C4D 的基本操作和行业应用

C4D 软件介绍

教学目标

（1）专业能力：通过讲解 C4D 工作界面，让学生对 C4D 界面的功能有全面了解和认知。

（2）社会能力：能养成善于动脑、勤于思考、及时发现问题的学习习惯；能收集、归纳和整理案例，并进行相关特点分析，具备 C4D 软件的自主学习和操作能力。

（3）方法能力：实训中能多问、多思、多动手，课后在专业技能上主动多拓展实践。

学习目标

（1）知识目标：了解 C4D 软件界面的功能。

（2）技能目标：能设置不同使用需求的工作界面，并对界面中各部分进行简单操作。

（3）素质目标：能理解 C4D 软件界面的功能，并根据需求快速找到工具和选项，熟练操作软件。

教学建议

1. 教师活动

教师展示前期收集的 C4D 作品，提高学生对 C4D 作品的直观认识。同时，运用多媒体课件、教学视频等多种教学手段，讲授 C4D 界面的功能和操作方法，指导学生进行课堂实训。

2. 学生活动

学生认真听取教师的讲解，观看教师示范，在教师的指导下进行课堂实训。

一、学习问题导入

同学们，大家好！在正式学习 C4D 软件之前，大家肯定有很多问题想问，比如 C4D 是什么？对我们未来的工作和职业技能提升有什么用？我们能用 C4D 做什么？学 C4D 难吗？怎么学？这些问题我们将在本次学习任务中一一解答。

二、学习任务讲解与技能实训

1. C4D 的基本概念

C4D，字面意思是 4D 电影，不过其本身就是 3D 表现软件，是当今主流的 3D 绘图软件之一，由德国 Maxon Computer 公司开发，集三维渲染、动画、特效的功能于一体，以极高的运算速度和功能强大的渲染插件著称，很多模块的功能在同类软件中代表科技进步的成果，并且在用其描绘的各类电影中表现突出。目前，其日益成熟的技术受到越来越多的电影公司的重视。

C4D 的前身是 1989 年发布的软件 FastRay，最初只发布在 Amiga 上。Amiga 是一种早期的个人电脑系统，当时还没有图形界面。1991 年 FastRay 更新到了 1.0 版本，但是这个软件当时还并没有涉及三维领域。1993 年 FastRay 更名为 Cinema 4D 1.0，仍然在 Amiga 上发布。Cinema 4D 后续又经过多次的版本升级，发展到现在已经具备了一个中高级别的三维软件所应有的功能，它也因此跻身于当今的四大三维软件的行列，与 3ds Max、Maya 等三维软件齐名，在相关的行业市场占有了一定的份额。

本书使用的是 Cinema 4D R19，C4D 提供了优秀的工具，诸多功能得到提升，AMD 的 Radeon ProRender 技术无缝集成到 C4D 中，支持 C4D 的标准材质、灯光和摄像机。无论是在最新的 Mac 系统中使用强大的 AMD 芯片，还是在 Windows 中使用 NVIDIA 和 AMD 显卡，都可以享受跨平台、深度集成的解决方案，具有快速、直观的工作流程。除了 QuickTime 外，C4D 现在本地支持 MP4，比以往更容易提供预览渲染、视频纹理或运动跟踪的画面，所有导入和导出的格式都比以往更加全面，且功能强大，如图 1-1 ~ 图 1-3 所示。

图 1-1

图 1-2

图 1-3

2. 学习 C4D 的目的

目前市面上主流的三维软件有 3ds Max、Maya、ZBrush、Houdini 等，如图 1-4 所示。3ds Max 主要用于建筑设计领域的建筑外观效果图和室内装饰装修领域的室内效果图的制作，其界面功能较多，但是想得到理想效果需借助外置渲染器 VRay。Maya 相比 3ds Max 和 C4D 学习难度更大，其需要掌握 Maya 独有的 me 语言。Maya 这款软件的优势主要集中于角色动画方面。ZBrush 主要用于雕刻，比如雕刻电影以及次世代游戏里的人物角色模型。Houdini 软件被誉为特效魔术师，主要用于特效制作。

C4D 软件功能强大，可实现 3ds Max 的室内效果图、ZBrush 里的雕刻、Maya 里的人物角色模型的制作，因此，它是近几年全球艺术家非常喜爱的一款多功能软件。C4D 软件界面简洁，各个模块区分一目了然，材质系统以及对象系统基于层的原理，对于设计师来说更好理解。其默认渲染器较为强大，渲染速度和质量都非常好。其与 Adobe 公司的合作非常紧密，它的管理方式、操作方式和平面软件 Photoshop、Illustrator 十分相似，都是基于层的管理，这在很大程度上提高了它的交互性能，例如 Illustrator 的路径可以导入 C4D，After Effect 和 C4D 进行配合可以制作出令人惊叹的效果。C4D 又有专门为栏目包装准备的 Mogragh 模块，在做图形动画、阵列动画时有着不可比拟的优势。

图 1-4

3. C4D 软件界面

C4D 的操作界面分为 10 部分：主菜单、视窗控制、视窗菜单、物件管理器、属性管理器、工具栏、材质管理器、动画工具栏、坐标输入窗、工作窗口，如图 1-5 所示。

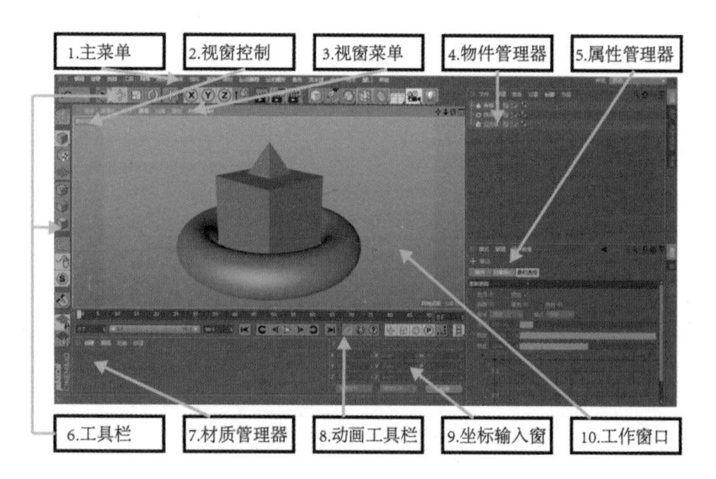

图 1-5

下面介绍图 1-6 所示的常用工具。

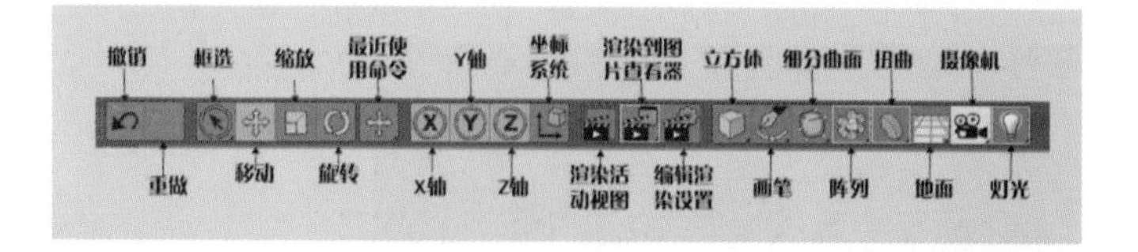

图 1-6

“撤销”工具主要用于撤销前一步的操作，快捷键为 Ctrl + Z。“重做”工具快捷键为 Ctrl + Y，用于进行重做。

“框选”工具是选择工具中的一种，长按该按钮，会在下拉菜单中显示其他选择方式，如图 1-7 所示。

C4D 提供了两种坐标系统：一种是“对象”相对坐标系统；另一种是“全局”绝对坐标系统，如图 1-8 所示。

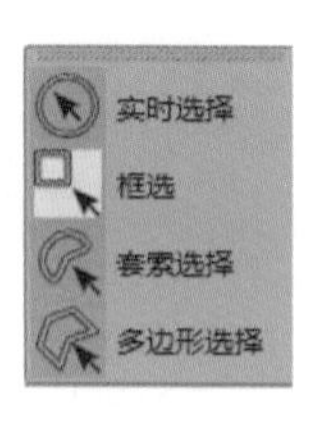

图 1-7

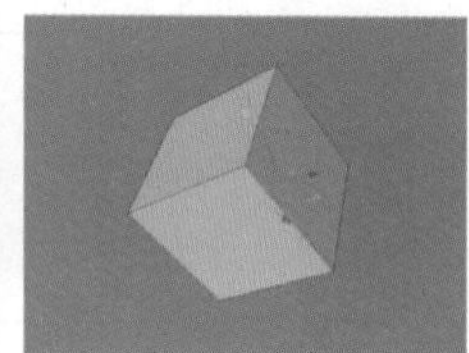

图 1-8

“渲染活动视图”工具（快捷键为 Ctrl + R）会在操作的视图中显示渲染效果。当多视图显示时，可以一边操作一边查看渲染效果。

“渲染到图片查看器”工具（快捷键为 Shift + R）会将渲染效果在“图片查看器”中显示，如图 1-9 所示。

“编辑渲染设置”工具（快捷键为 Ctrl + B）用来编辑渲染设置参数，如图 1-10 所示。

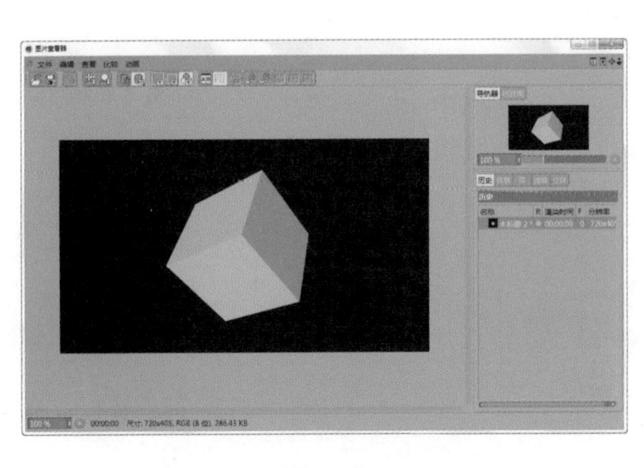

图 1-9

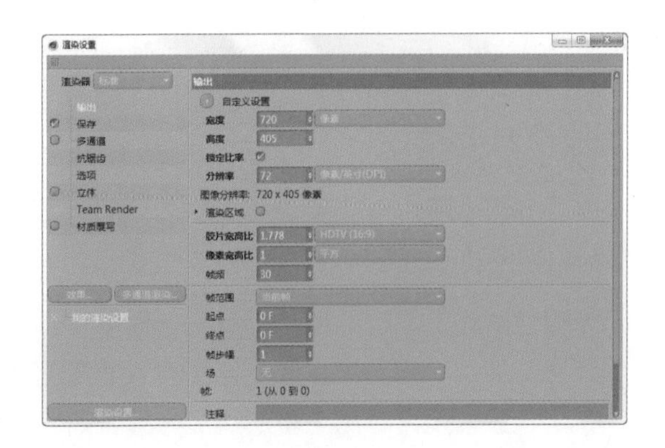

图 1-10

长按“立方体”按钮会弹出“对象”面板，里面罗列出系统自带的参数化几何体，如图 1-11 所示。

长按“画笔”按钮会弹出“样条”面板，里面罗列出系统自带的样条、图案和样条编辑工具，如图 1-12 所示。

长按“细分曲面”按钮会弹出“生成器”面板，里面罗列出系统自带的生成器，如图 1-13 所示。

长按“阵列”按钮会弹出“造型”面板，里面罗列出系统自带的造型生成器，如图 1-14 所示。

长按“扭曲”按钮，会弹出“变形器”面板，里面罗列出系统自带的变形器，如图 1-15 所示。

长按“地面”按钮，会弹出“场景”面板，里面罗列出系统自带的天空、背景和地面等工具，如图 1-16 所示。

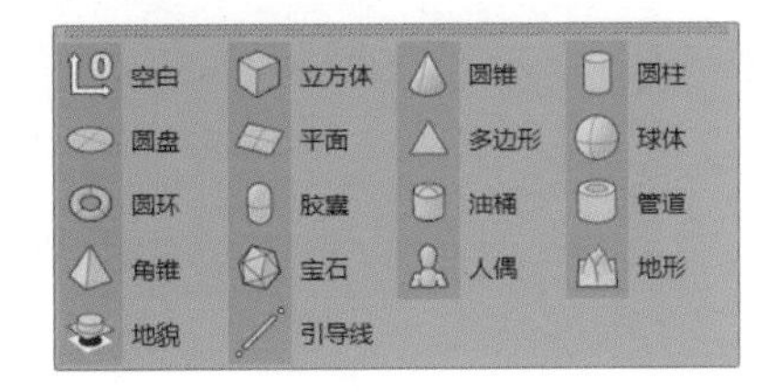

图 1-11

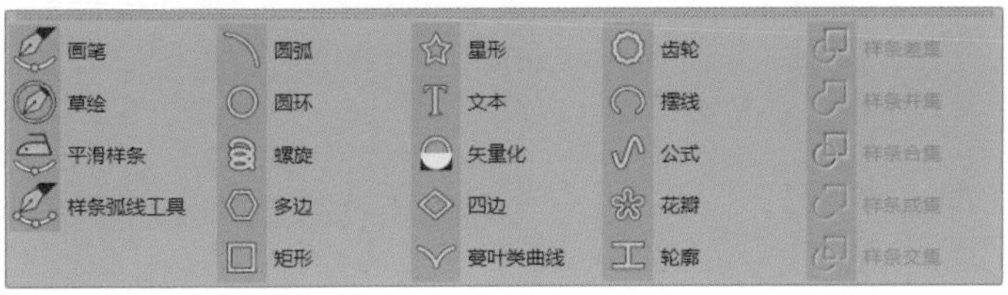

图 1-12

图 1-13

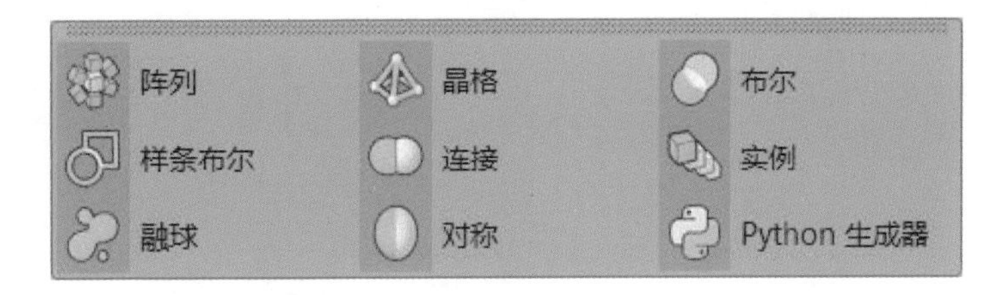

图 1-14

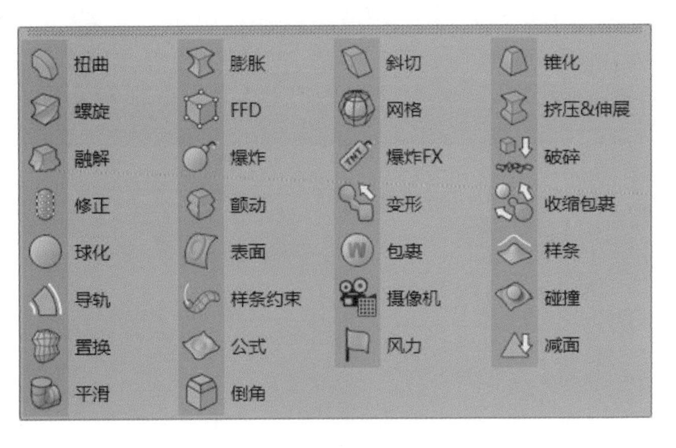

图 1-15

图 1-16

长按“摄像机”按钮，系统会弹出“摄像机”面板，里面罗列出系统自带的各种摄像机，如图1-17 所示。

长按“灯光”按钮，系统会弹出“灯光”面板，里面罗列出系统自带的各种灯光，如图1-18 所示。

左侧的“模式工具栏”与“工具栏”相似，可以切换模型的点、线和面，调整模型的纹理和轴心等，是一些常用命令和工具的快捷方式，如图 1-19 所示。

图 1-17

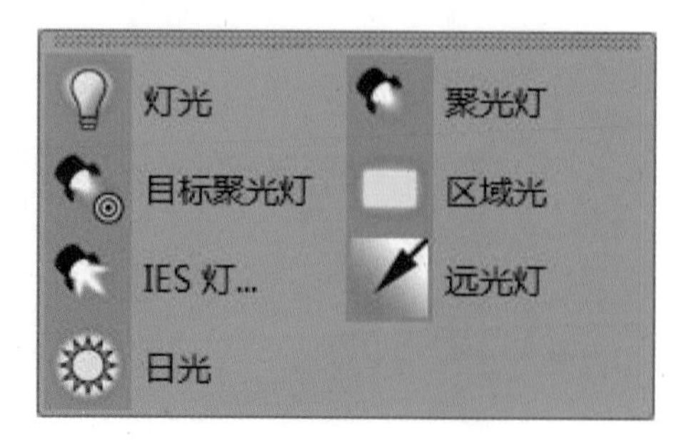

图 1-18

模式工具栏的“转为可编辑对象”按钮（快捷键为 C）可将参数化的对象转换为可编辑对象。转换完成后，就可以对编辑对象的点、线和面进行调整，如图 1-20 所示。

单击模式工具栏的“模型”按钮，将选中的编辑状态下的对象转换为模型状态，如图 1-21 所示。

单击“纹理”按钮，为选中的对象添加“纹理”标签，这样就可以调整贴图的纹理坐标，如图 1-22 所示。

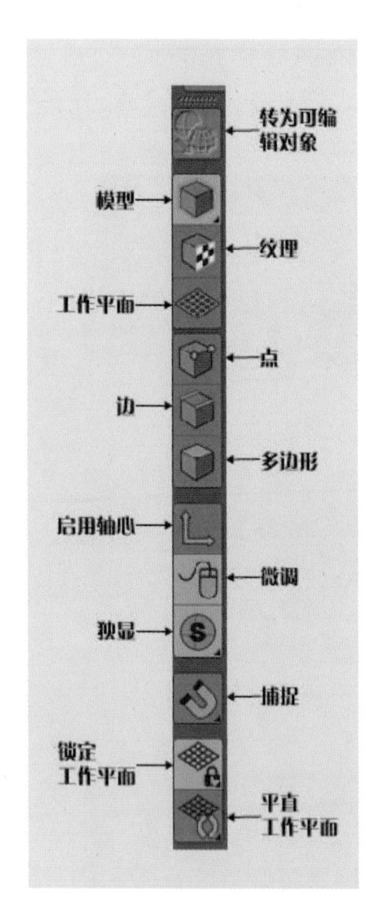

图 1-19

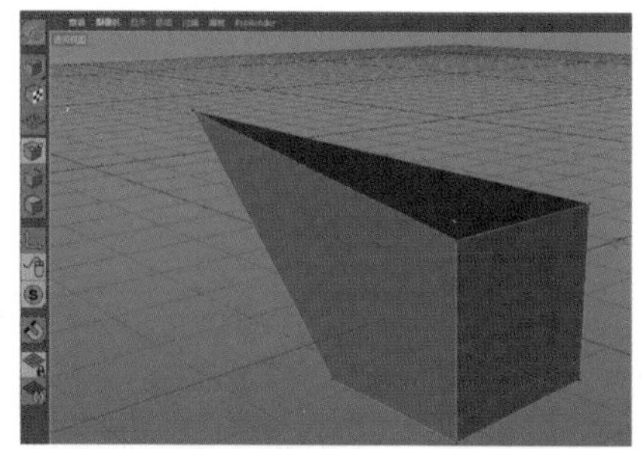

图 1-20

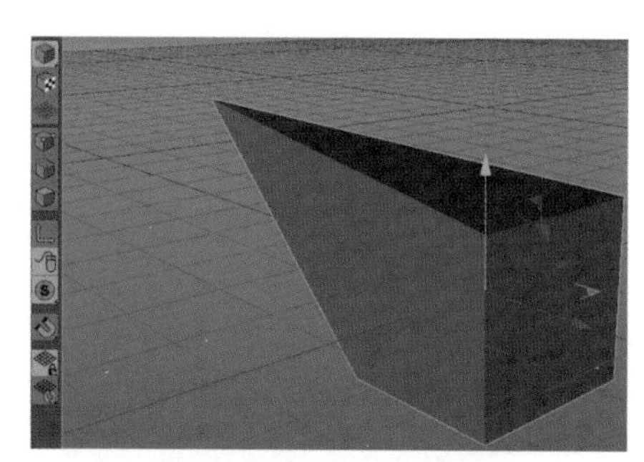

图 1-21

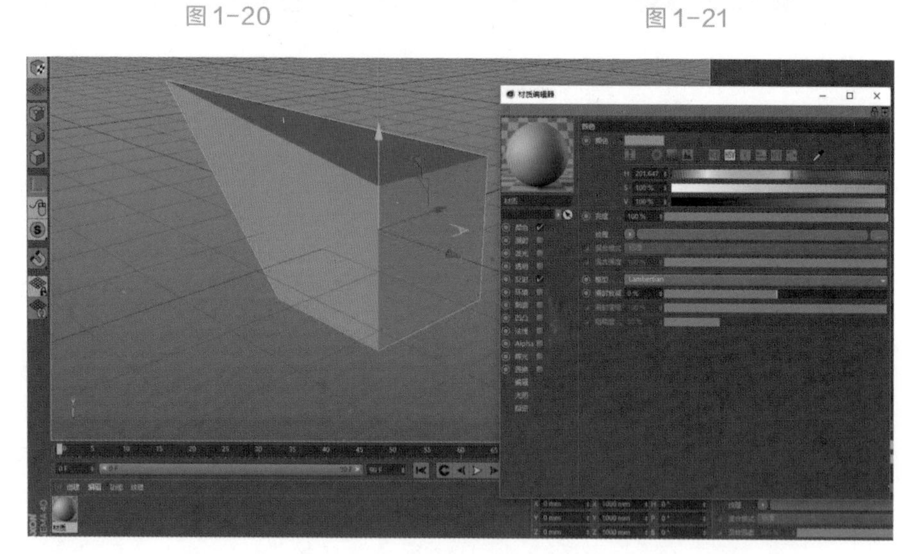

图 1-22

单击“点”按钮，进入点层级编辑模式，如图 1-23 所示。

单击“边”按钮，进入边层级编辑模式，如图 1-24 所示。

单击“多边形”按钮，进入多边形编辑模式，如图 1-25 所示。

单击“启用轴心”按钮，可以修改对象的轴心位置，再次单击后退出该模式，如图 1-26 所示。

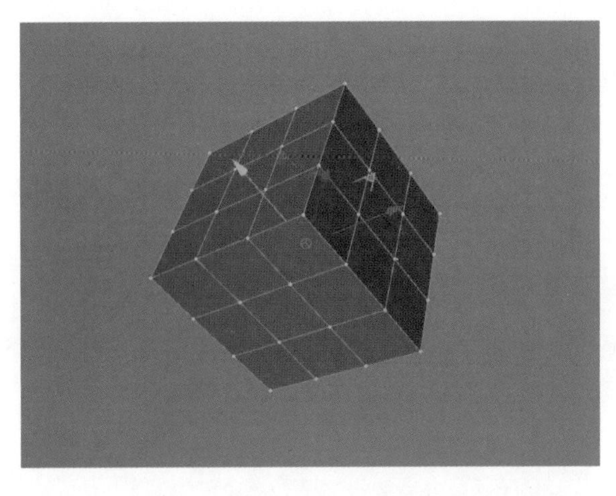

图1-23

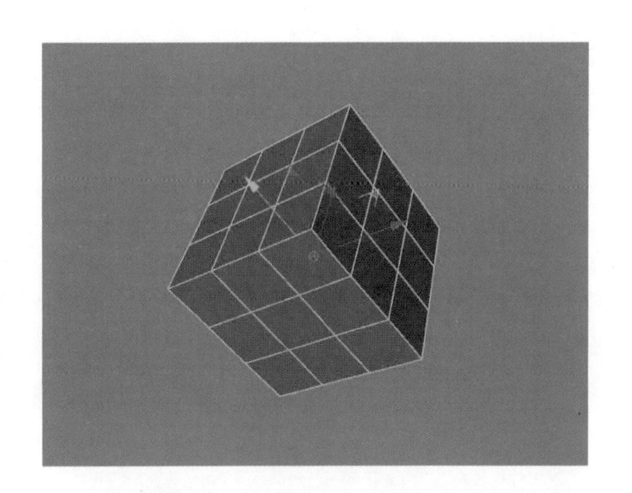

图1-24

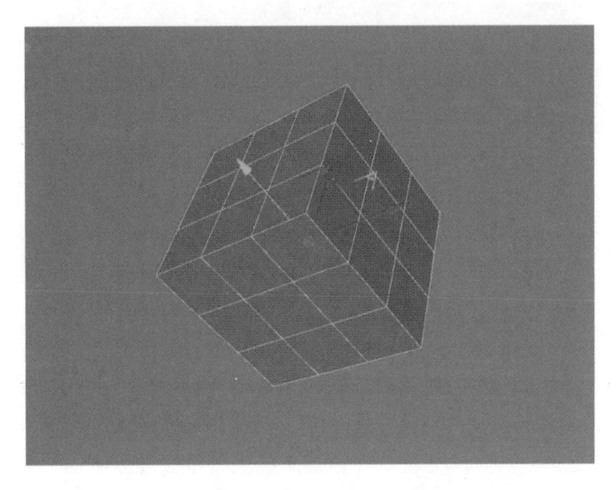

图1-25

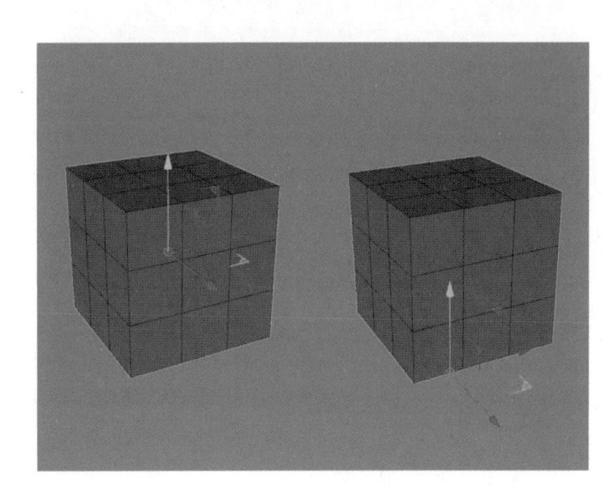

图1-26

长按“独显”按钮会弹出下拉菜单，如图1-27所示。在菜单中单击“视窗独显选择”按钮，会将选择的对象单独显示，这样有利于模型编辑。完成编辑后，单击“关闭视窗独显”按钮会显示所有模型。

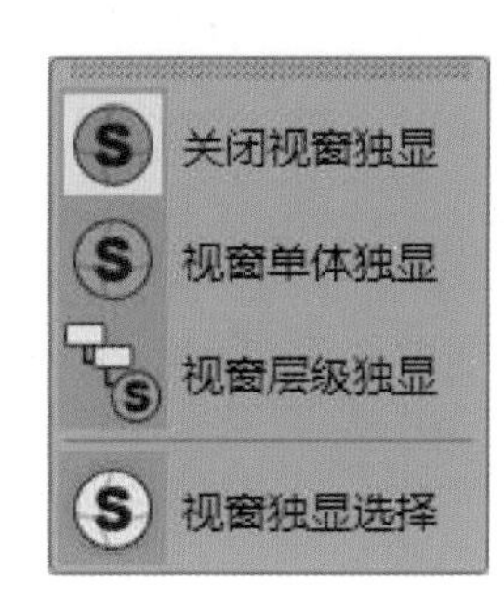

图1-27

单击“捕捉”按钮（快捷键为Shift + S），可以开启捕捉模式。长按该按钮会弹出下拉菜单，选择捕捉的各种模式，如图1-28所示。

“视图窗口”是编辑与观察模型的主要区域，默认为单独显示的透视图，如图1-29所示。

图1-28

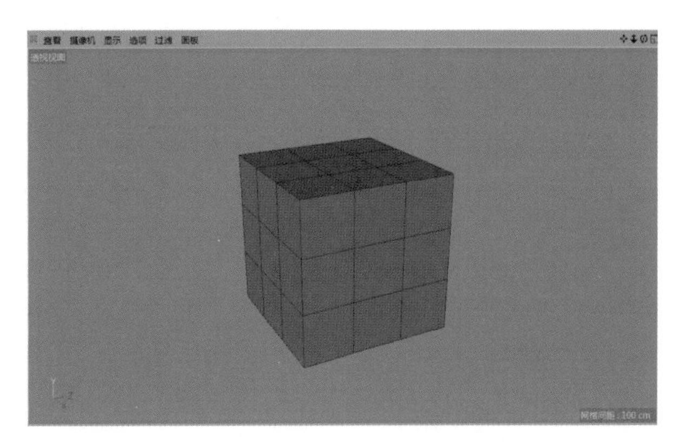

图1-29

C4D 的视图操作都是基于 Alt 键的：① 旋转视图，Alt + 鼠标左键；② 平移视图，Alt + 鼠标中键；③ 视图缩放，Alt + 鼠标右键（或滚动鼠标滚轮）。单击鼠标中键会从默认的透视图切换为四视图，四视图如图 1-30 所示。

在视图窗口的上方有一行菜单，用来控制视图的各种显示方式。“摄像机”菜单用于切换各种不同方位的视图，“显示”菜单用于切换对象不同的显示方式，如图 1-31 所示。

“过滤”菜单控制在视图中显示的元素，“面板”菜单可以设置视图布局，如图 1-32 所示。

如图 1-33 所示，“对象”面板会显示所有的对象，也会清晰地显示各物体之间的层级关系。除了“对象”面板外，还有“场次”“内容浏览器”和“构造”3 个面板，其中“对象”面板的使用频率是最高的。

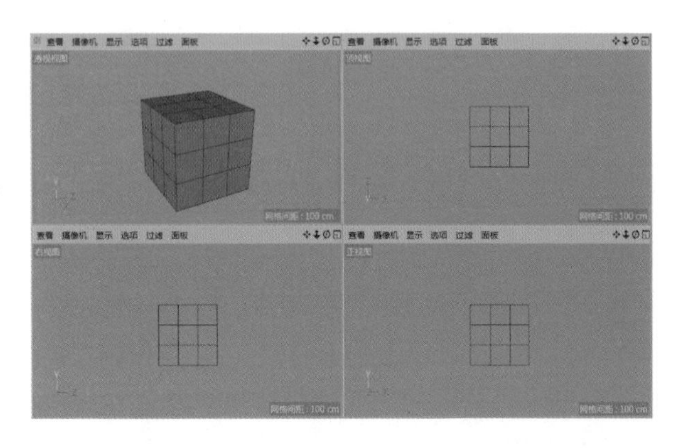

图 1-30

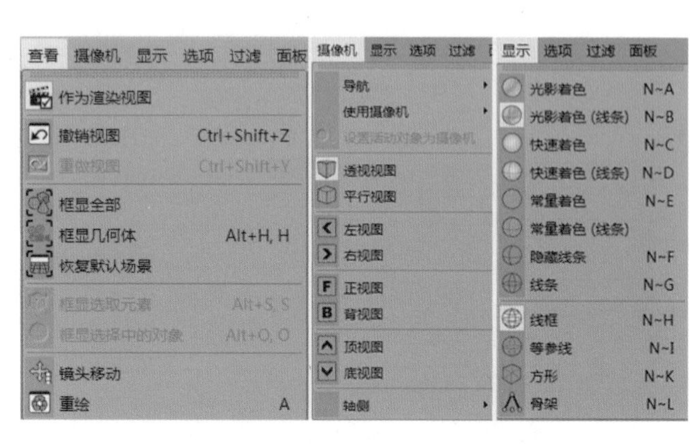

图 1-31

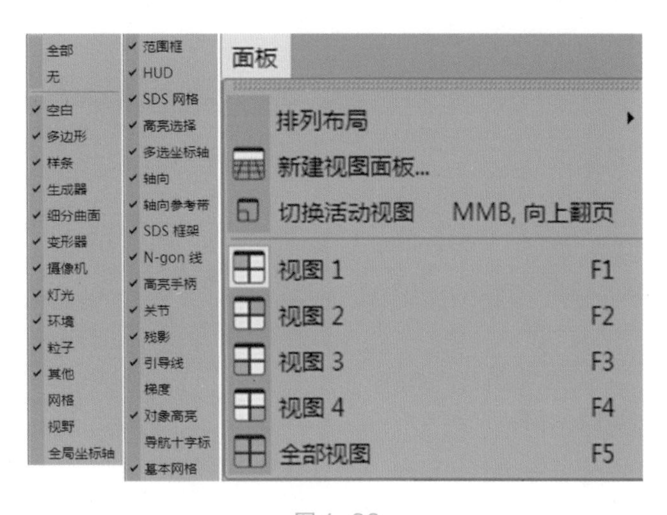

图 1-32

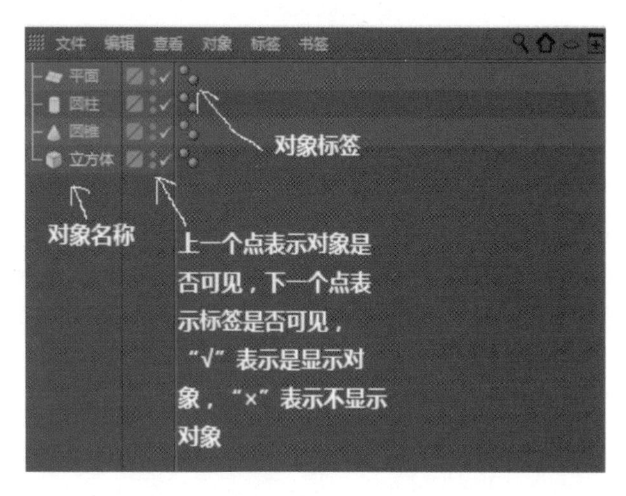

图 1-33

如图 1-34 所示，“属性”面板可调节所有对象、工具和命令的参数属性。“层”面板用于管理场景中的多个对象。

“时间线”是进行与动画控制相关的调节的面板，如图 1-35 所示。

“材质”面板是场景材质图标的管理面板，双击空白区域即可创建材质，如图 1-36 所示。

“坐标”面板可调节物体在三维空间中的位置、尺寸和旋转角度，如图 1-37 所示。

图 1-34

如果不小心把 C4D 界面打乱了，可以在软件右上角的“界面”选项中选择 Standard（标准）选项恢复到默认界面，如图 1-38 所示。

安全框设置（Shift+V 安全框）：模式→视图设置→查看→取消勾选，即可全部渲染出来。具体如图 1-39 所示。

图 1-35

图 1-36

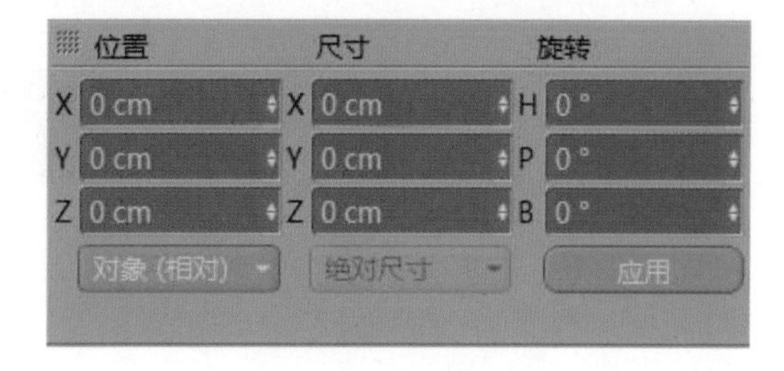

图 1-37

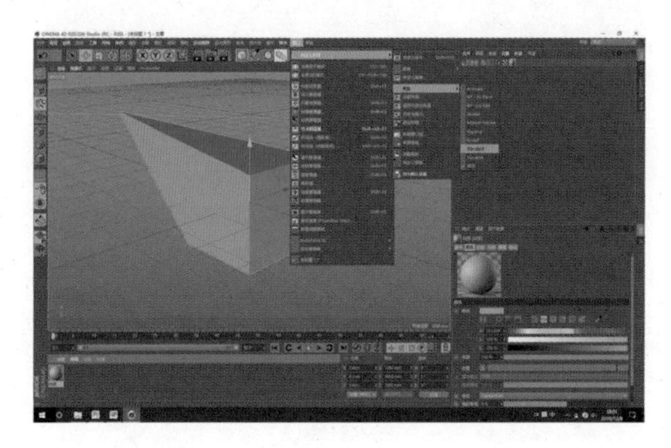

图 1-38

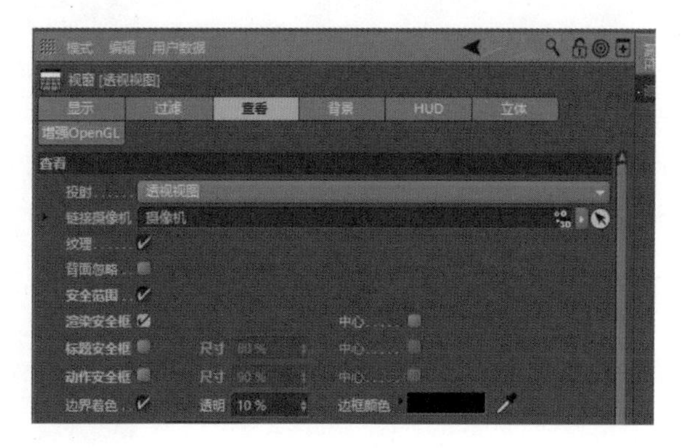

图 1-39

4. C4D 基础操作

（1）视图的操作。

在视图的操作中，每个视图的右上角都有四个工具，可以进行平移视图、缩放视图、旋转视图和切换视图操作。

平移视图的方法有以下三种。

① 使用鼠标左键按住“平移视图”按钮不放，同时拖动鼠标，可以对视图进行上、下、左、右的平移，视图的移动方向与鼠标的移动方向相同。

② 按住 Alt 键的同时按住鼠标中键并拖动鼠标。

③ 按住 1 键的同时按住鼠标左键并拖动鼠标。

缩放视图的使用方法有以下五种。

① 使用鼠标左键按住“缩放视图”按钮不放，同时拖动鼠标，向左拖动表示缩小视图，向右拖动表示放大视图。

② 按住 Alt 键的同时按住鼠标右键并左右拖动鼠标，向左拖动表示缩小视图，向右拖动表示放大视图。

③ 滑动鼠标滚轮，向前滑动表示放大视图，向后滑动表示缩小视图。

④ 使用鼠标右键按住“平移视图”按钮或者“缩放视图”按钮不放，然后拖动鼠标，都可以达到放大和缩小的效果。

⑤ 按住 2 键的同时按住鼠标左键并来回拖动鼠标，同样可以放大和缩小视图。

旋转视图(Alt+ 鼠标左键): 如果使用鼠标左键按住“旋转视图”按钮不放并拖动鼠标，则视图将绕 H、P 轴进行旋转；如果使用鼠标右键按住“旋转视图”按钮不放并拖动鼠标，视图将绕 B 轴进行旋转。

HPB 是 C4D 里面的三个旋转方向，也就是于勒系统，即选择旋转工具后看到的那三个彩色圆环的不同表现形式。H 是指 X 轴和 Z 轴形成的平面，P 是指 Z 轴和 Y 轴形成的平面，B 是指 X 轴与 Y 轴形成的平面。旋转视图的方法不止一种，比如按住 Alt 键的同时单击鼠标左键并拖动鼠标，或者按住 3 键的同时配合鼠标左右键进行旋转。

（2）新建物体。

单击基本对象按钮，即工具栏中立方体的图标，如图 1-40 所示，这时工作区中会添加一个立方体对象。如果想要操作某一对象，必须保证此对象处于被选中状态。界面右侧是对象栏，在对象栏中单击想要选中的对象，即可选中该对象，接下来的操作会对被选中对象起作用。

图 1-40

长按正方体图标弹出更多标准基本体，如图 1-41 所示。物件管理器下方是属性栏，对象在被选中时会显示该对象的属性参数。属性栏显示的不仅是对象属性，还有工具属性。因此，属性栏中显示的属性就由最后的选取结果来决定。比如选中立方体后又单击了“选择”工具，那么此时属性栏中显示的则是“选择工具”属性，而非立方体对象属性，如图 1-42 和图 1-43 所示。

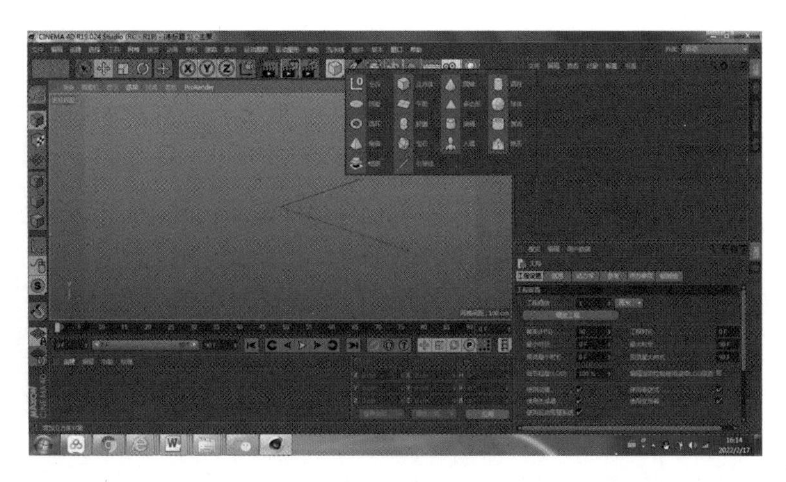

图 1-41

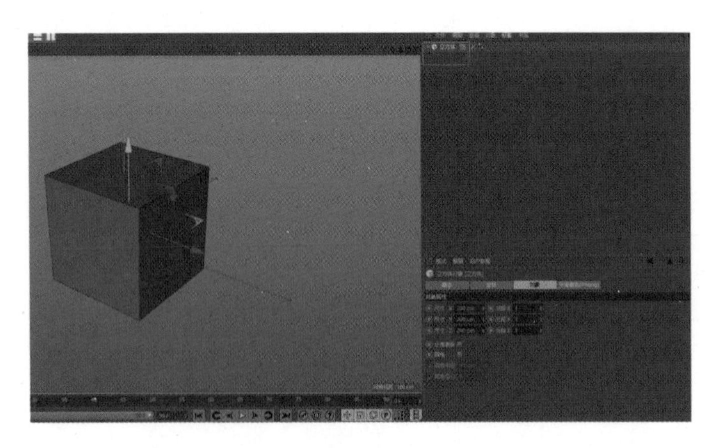

图 1-42

图 1-43

（3）物体基本操作。

① 移动物体（快捷键 E）：选中物体，按 E 键切换到移动工具，沿着坐标轴箭头方向拖动物体，即可移动物体，如图 1-44 所示。也可以按住两个坐标轴之间的直角拖动物体，绿色直角表示在 XZ 轴平面上移动物体，不影响 Y 轴；同样地，红色直角表示在 YZ 轴平面上移动物体，不影响 X 轴。如果不选中任何坐标轴，在空白

空间区域内按住鼠标左键拖动物体，这时物体的移动不受任何限制，三个坐标轴都会发生变化。

② 缩放物体（快捷键 T）：选中物体，按 T 键切换到缩放工具，在空白空间区域拖动鼠标左键，即可等比例缩放物体，如图 1-45 所示。拖动坐标轴上的黄色圆点即可按方向缩放。

③ 旋转物体（快捷键 R）：选中物体，按 R 键切换到旋转工具，按住红色弧形拖动即可按照 P 轴方向旋转物体，如图 1-46 所示。按住绿色弧形拖动即可按照 H 轴方向旋转物体，按住蓝色弧形拖动即可按照 B 轴方向旋转物体；如果想旋转的角度为整数，在下面的属性栏输入具体数据即可。具体如图 1-47 所示。

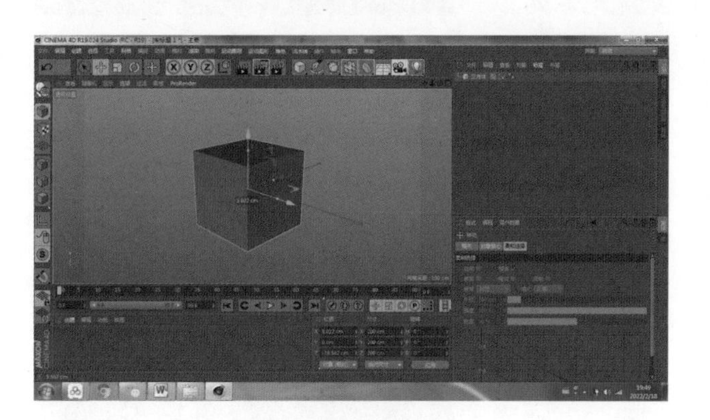

图 1-44

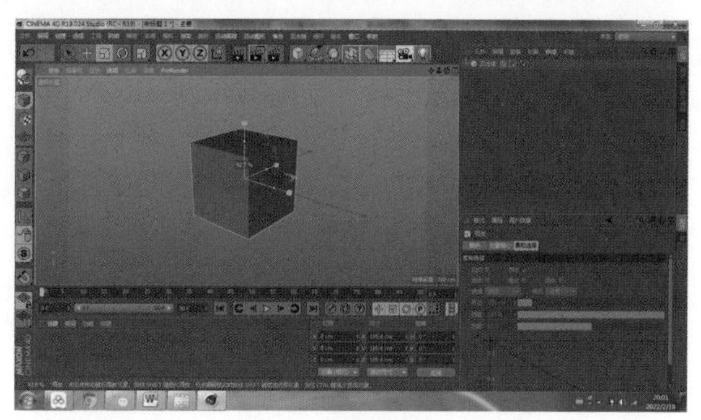

图 1-45

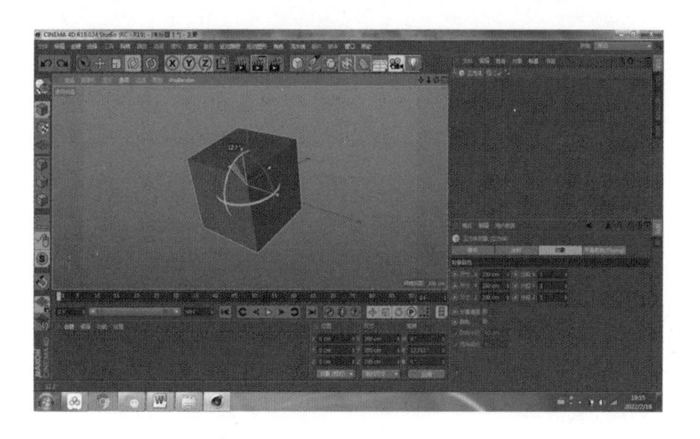

图 1-46

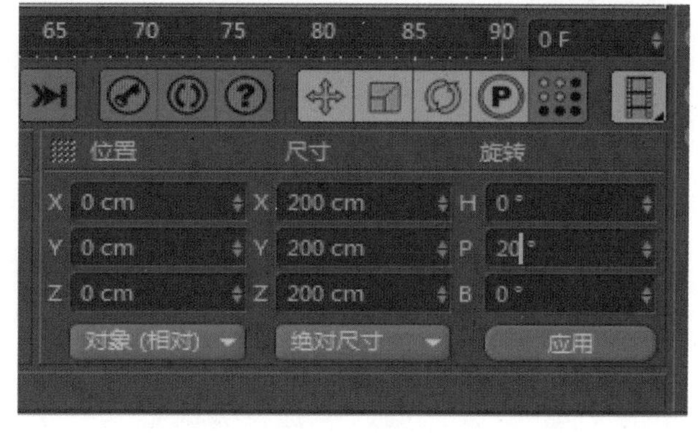

图 1-47

（4）图层的操作。

层级关系是 C4D 中非常重要的一个基础概念。例如，在场景中分别创建立方体、圆锥和球体三个基本体，在右侧的对象管理器中可以看到球体、圆锥和立方体处于平级状态，如图 1-48 所示。

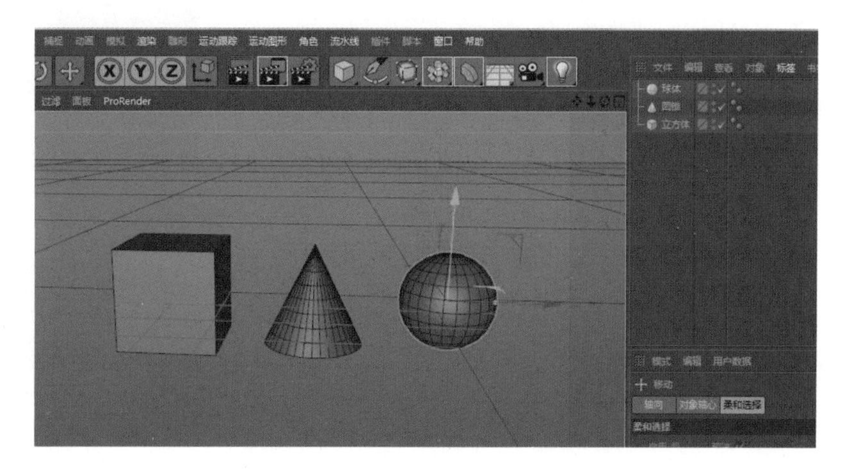

图 1-48

如果选中立方体，按住鼠标左键向上拖动，这时鼠标会出现一个向左的黑色箭头，再往上拖动一点，会有一个向下的黑色箭头。当鼠标变成向下的箭头时松开左键，这时，立方体和圆锥就产生了一个层级的结构，圆锥处于上级，立方体处于下级，如图 1-49 所示。我们把这种结构称为父子层级关系。

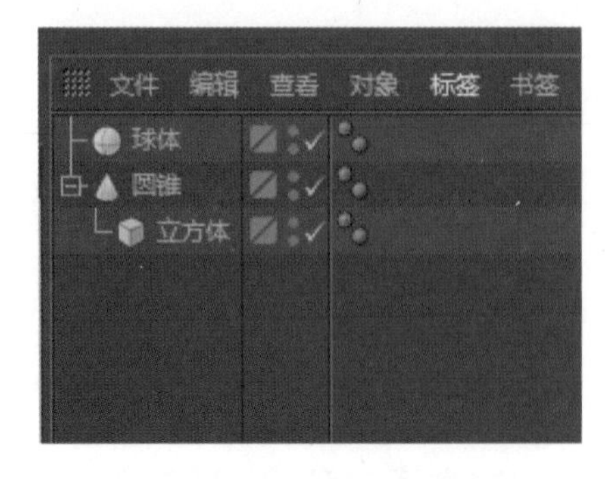

图 1-49

如果移动圆锥，立方体也会跟着一起移动，可见上级发生变化时下级会跟着变化，而下级发生变化时上级是不受影响的。如果把球体也放入这种层级关系中，拖动球体时注意观察箭头的方向，如果箭头是平的，立方体和球体变成平级状态，都属于圆锥的下级。如果拖动球体，在立方体图层上是向下的，放开鼠标，这时，三个几何体呈现阶梯状排列，如图 1-50 所示。球体就是立方体的下级，立方体就是球体的上级，立方体的上级是圆锥。如果移动圆锥，立方体和球体会跟着一起移动；如果移动立方体，球体会跟着一起移动。这就是 C4D 中最基本的层级关系概念。

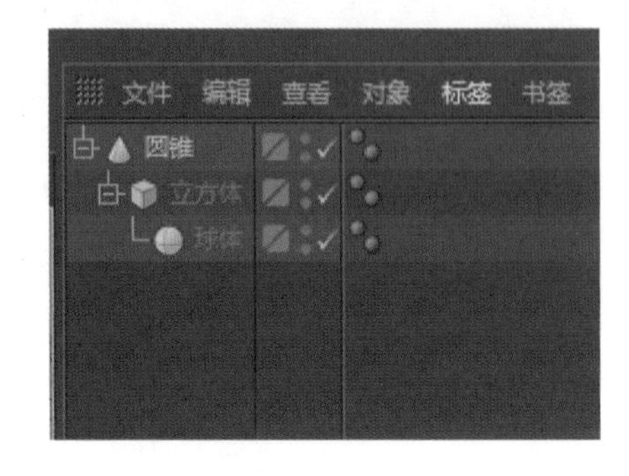

图 1-50

拖动时要注意黑色箭头的方向。如果这三个物体仅仅是排序变化，拖动物体时在横箭头状态下松开鼠标即可，如果是竖箭头松开鼠标的话就会变成一个层级关系。层级关系在 C4D 中应用广泛。例如在场景中创建一个立方体和球体，并添加布尔运算，这时，布尔就会作为上级，立方体和球体就作为布尔的下级，如图 1-51 所示。这样，布尔运算才会产生效果，如图 1-52 所示。

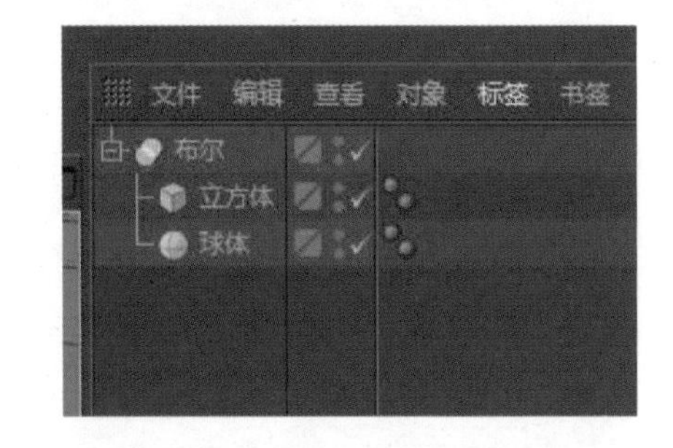

图 1-51

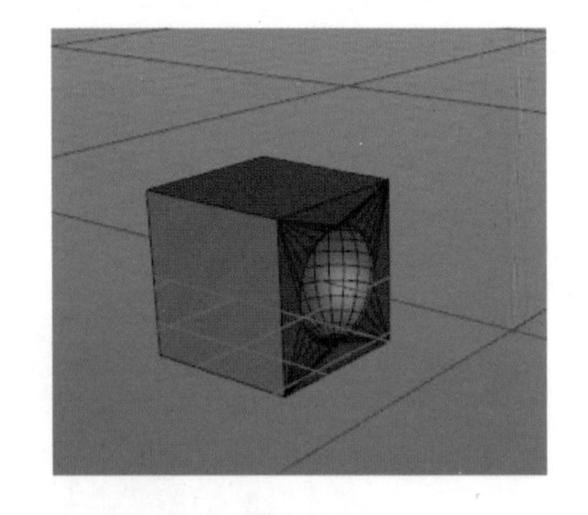

图 1-52

C4D 对上下级的关系做了颜色的标识，如图 1-53 所示。绿色的图标工具都处于最上级，蓝色的图标工具处于下级，淡紫色的图标工具一般处于蓝色图标工具的下级。反之，如果蓝色图标工具处于上级，绿色图标工具处于下级，则工具无效果。实际操作中，按住 Alt+1 键添加绿色图标工具，可以直接成为物体的上级，按住 Shift 键添加蓝色图标工具可以直接成为绿色图标工具的下级。

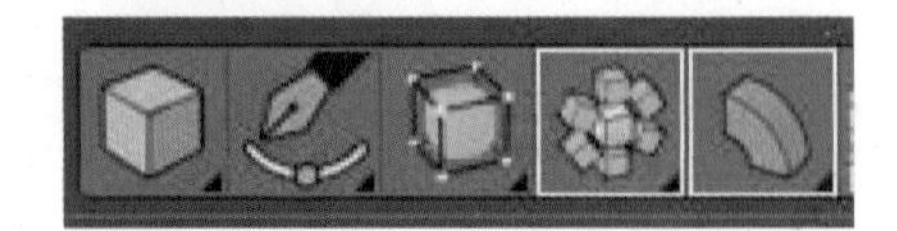

图 1-53

三、学习任务小结

通过本次任务的学习，同学们对 C4D 工作界面有了一定的认识。同学们课后还要复习本次任务讲解的知识点，并通过操作软件熟悉界面。同学们应牢记工具命令和快捷键，为后续的软件操作学习做好准备。

四、课后作业

（1）如何移动物体？

（2）如何在属性栏中改变物体大小和位置？

C4D 的应用和安装

教学目标

（1）专业能力：了解 C4D 的应用范围和安装方法。

（2）社会能力：能收集、归纳和整理 C4D 案例，并进行相关特点分析，具备 C4D 软件的自主学习和操作能力。

（3）方法能力：能多问、多思、多动手，课后在专业技能上主动多拓展实践。

学习目标

（1）知识目标：了解 C4D 的应用领域。

（2）技能目标：能独立收集、归纳和整理 C4D 案例。

（3）素质目标：能理解和分析案例的建模方式，并进行相关特点分析。

教学建议

1. 教师活动

教师展示收集的 C4D 作品，提高学生对 C4D 作品的直观认识。同时，运用多媒体课件、教学视频等多种教学手段，讲授 C4D 的应用领域和安装方法，指导学生进行课堂实训。

2. 学生活动

学生认真听取教师的讲解，观看教师安装示范，在教师的指导下进行课堂实训。

一、学习问题导入

各位同学，大家好！本次任务主要介绍 C4D 的应用领域和安装方法。C4D 主要应用于哪些行业？如何安装 C4D 软件？本次任务将逐一进行讲解。

二、学习任务讲解与技能实训

1. C4D 的应用领域

C4D 以其快速的运算速度和功能强大的渲染插件著称，被广泛应用于三维动画领域，包括影视制作、栏目包装、产品设计、UI 动效以及电商海报等，如图 1-54 ~图 1-58 所示。在很多好莱坞大片上都能够看到 C4D 的身影，例如影片《毁灭战士》（*Doom*）、《范海辛》（*Van Helsing*）、《蜘蛛侠》以及动画片《极地特快》、《丛林大反攻》等。

图 1-54

图 1-55

图 1-56

图 1-57

凝聚一芯
纯真尽显

图 1-58

2. C4D 的安装步骤

步骤一：点击 MAXON-Start.exe 开始安装，根据需要可以选择中文版或者英文版，如图 1-59 所示。

步骤二：图 1-60 上面几栏填写完成后，在下面填写序列号，继续安装，弹出如图 1-61 所示的对话框，选择“Cinema 4D”。

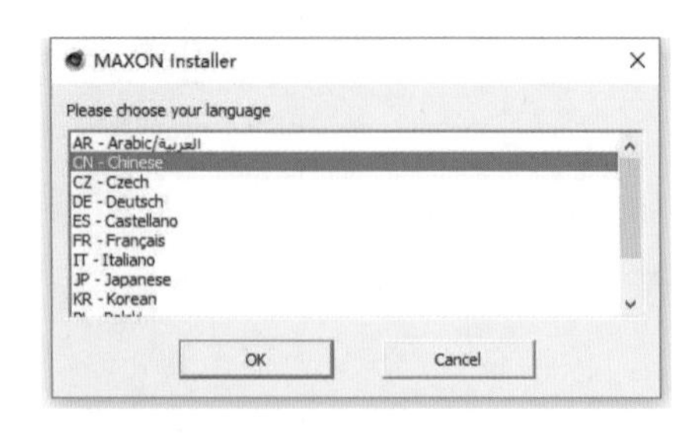

图 1-59

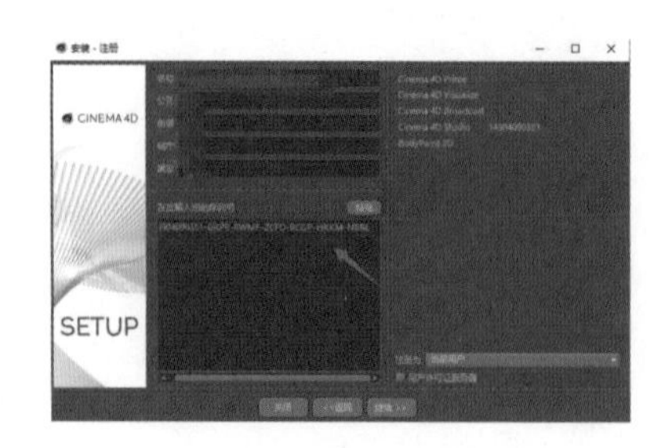

图 1-60

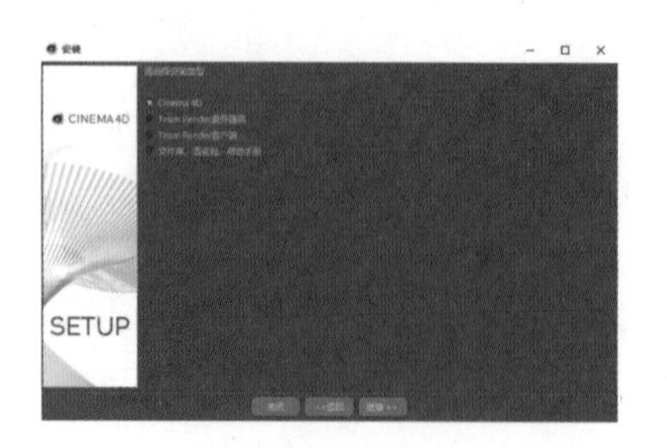

图 1-61

步骤三：在特性栏下勾选 Application，在可选栏下勾选所需要的语言包，如图 1-62 所示。

步骤四：选择安装路径，建议选择默认路径，如需修改安装路径则不要选择中文路径，安装路径选择完成后点击“继续”，等待完成安装即可，如图 1-63 所示。

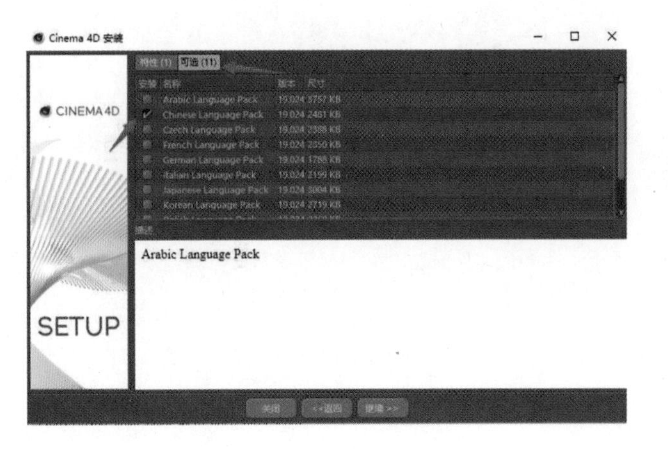

图 1-62

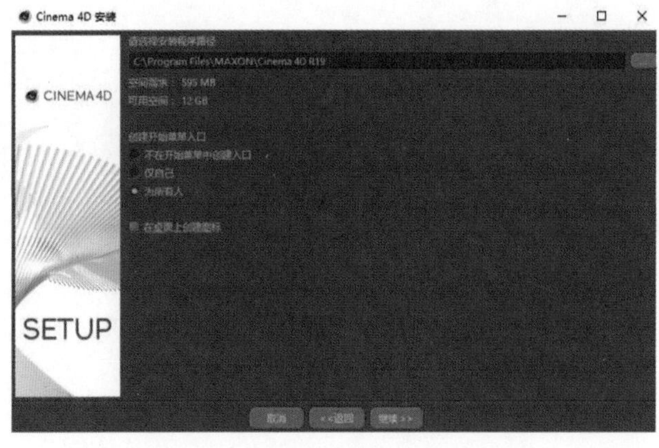

图 1-63

3. C4D 语言的修改

方法一：在“偏好设置”（Preference）选择中文之后重启软件即可，如图 1-64 和图 1-65 所示。

方法二：如果没有中文，可以在“检查更新”（Check for Updates）找到语言包，下载即可，如图 1-66 所示。

图 1-64

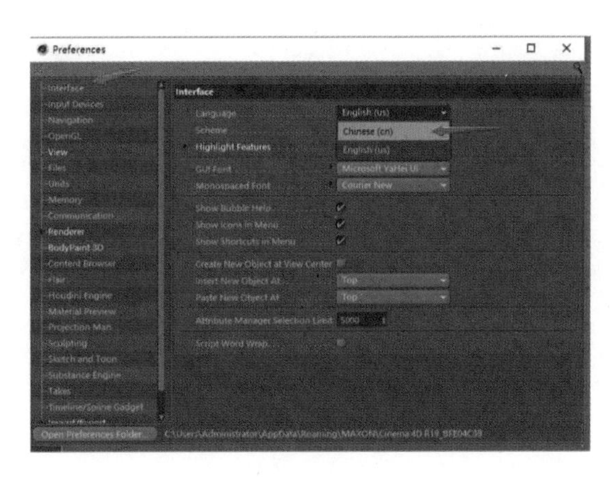

图 1-65

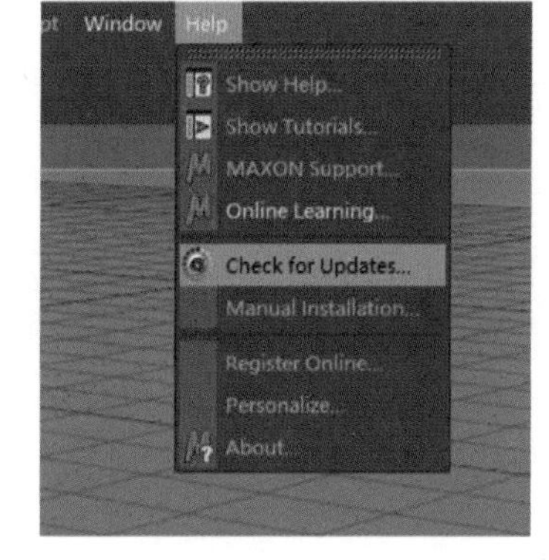

图 1-66

三、学习任务小结

通过本次任务的学习，同学们了解了 C4D 的应用领域和安装方法。课后同学们要复习本次任务讲解的知识点，并尝试按照所学的步骤安装 C4D 软件。

四、课后作业

在自己的电脑上安装 C4D 软件。

C4D 实例工作流程

教学目标

（1）专业能力：能运用 C4D 软件独立完成简单的建模、材质、灯光及渲染任务。

（2）社会能力：能进行实例制作步骤分析，具备一定自主学习和操作能力。

（3）方法能力：具备软件操作能力、案例分析能力。

学习目标

（1）知识目标：掌握参数化建模及文字样条线、挤压工具的使用方法。

（2）技能目标：能运用 C4D 软件完成建模、材质、灯光及渲染任务。

（3）素质目标：具备一定的模型设计能力。

教学建议

1. 教师活动

教师示范运用 C4D 软件制作实例，并指导学生进行课堂实训。

2. 学生活动

学生认真听取教师的讲解，观看教师示范，在教师的指导下进行课堂实训。

一、学习问题导入

各位同学，大家好！通过前面的任务学习，大家初步了解了 C4D 的工作界面和基本操作方法。本次任务将通过案例实训让大家了解制作一个完整的 C4D 作品的工作流程。本次任务的制作流程包括模型创建、模型修改、场景布光、材质调节、渲染输出和后期处理等。

二、学习任务讲解与技能实训

案例制作实训：礼物盒建模，制作效果如图 1-67 所示。

步骤一：观察礼物盒的外形，思考其构造特点。这个礼物盒主要由盒身、盒盖、绑带和丝带结四部分构成，如图 1-68 所示。

步骤二：新建一个立方体，“尺寸 .Y”更改为 180cm。接着为立方体添加半径为 4cm 的圆角，如图 1-69 所示。

图 1-67

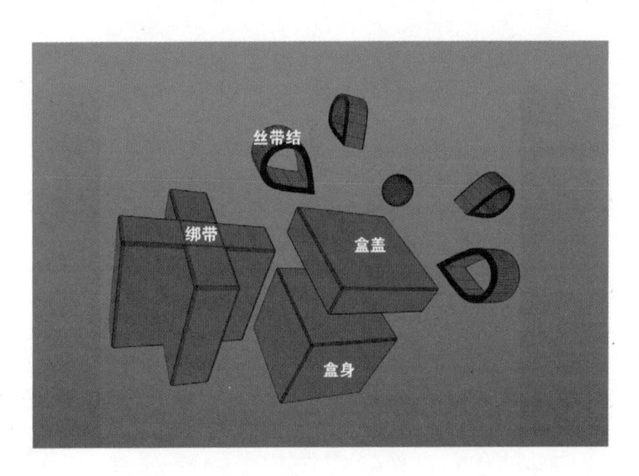

图 1-68

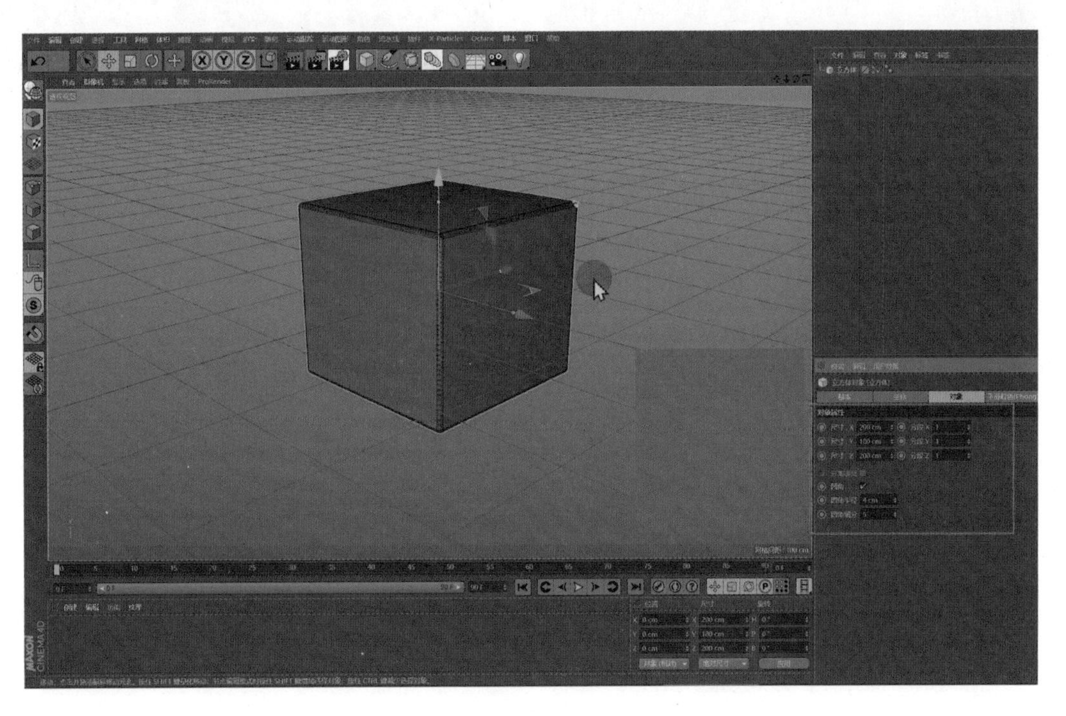

图 1-69

步骤三：再新建一个立方体作为盒盖，参数设置为“尺寸.X”210cm，“尺寸.Y” 60cm，“尺寸.Z”210cm，添加半径为4cm的圆角，选中盒盖的Y轴，同时按住Shift键，将盒盖向上移动70cm，如图1-70所示。

步骤四：创建丝带，创建立方体，参数设置为“尺寸.X”218cm，“尺寸.Y”208cm，“尺寸.Z”60cm，添加半径为4cm的圆角，如图1-71所示。按住Ctrl+C复制这个立方体，按住Ctrl+V粘贴，“R.H”设置为90°，如图1-72所示。

步骤五：转到正视图，新建圆环样条，半径为30cm，转为可编辑模式，在点模式下，选中左边的点按住Shift键向左移动30cm，点鼠标右键选择刚性插值，如图1-73所示。回到模型模式，在圆环的属性面板修改坐标，“R.H”设置为90°，“R.B”设置为-30°，“P.X”设置为0cm，“P.Y”设置为135cm，“P.Z”设置为70cm，如图1-74所示。

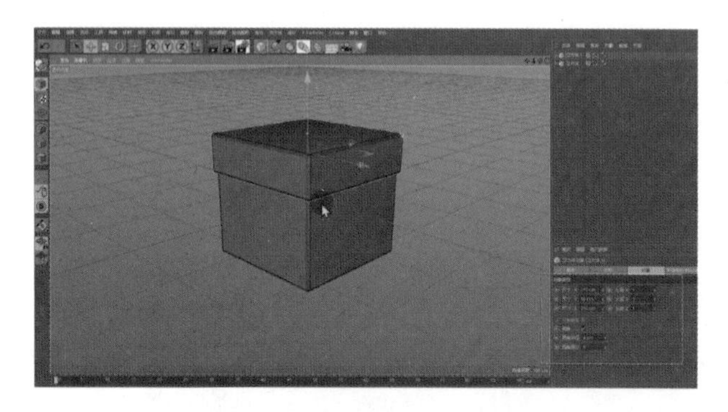

图1-70

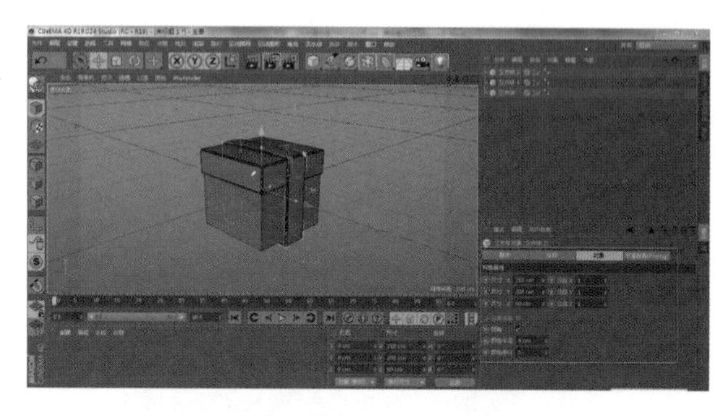

图1-71

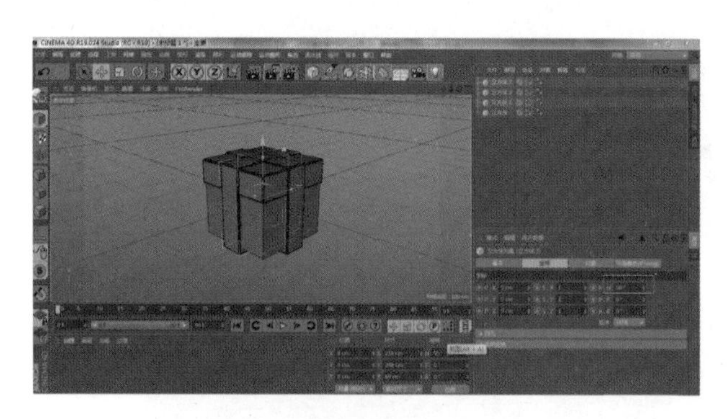

图1-72

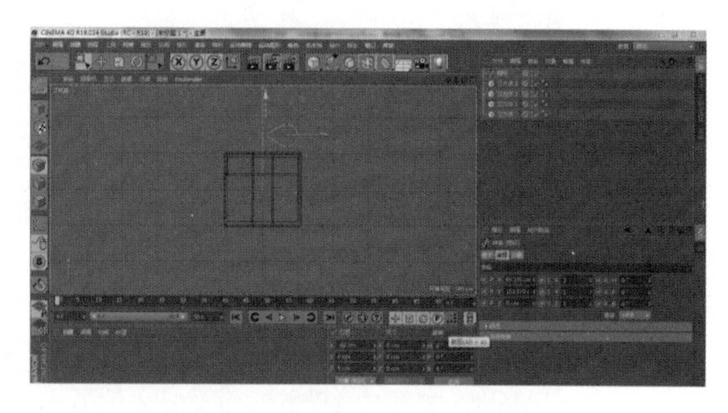

图1-73

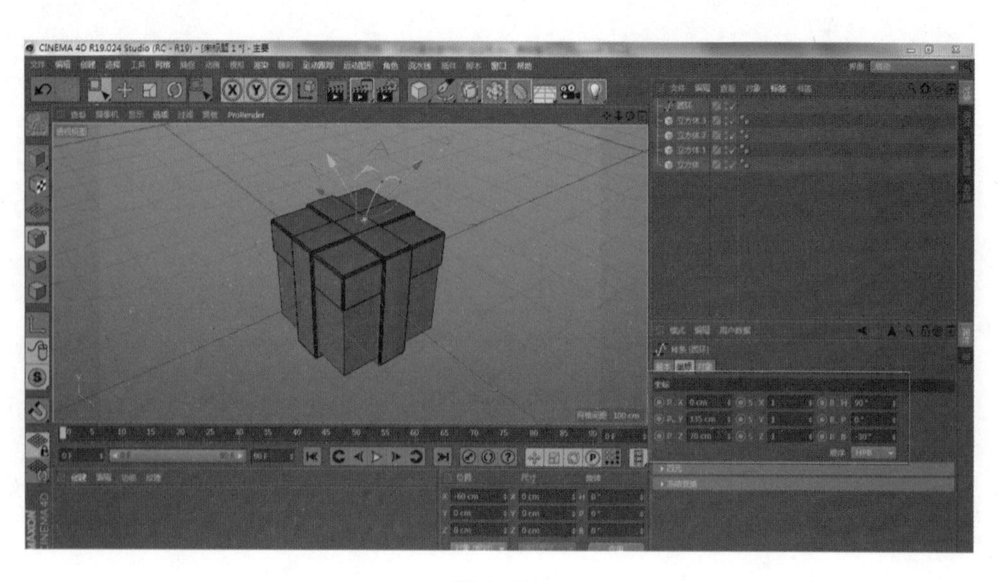

图1-74

步骤六：添加扫描工具，再创建矩形样条线，宽度为 8cm，高度为 50cm，圆角半径为 4cm。这个矩形作为扫描的横截面，如图 1-75 所示。在对象管理器中将矩形和圆环分别拖入扫描中作为扫描的子级（第一层子级为矩形横截面，第二层子级为圆环路径），如图 1-76 所示。再使用阵列命令复制多份，阵列的属性栏设置半径为 0，副本为 3，如图 1-77 所示。最后，创建一个球体（半径 25cm，分段 50，位置“P.X”为 0cm，“P.Y”为 105cm，“P.Z”为 0cm），调整好大小和位置之后蝴蝶结也做好了。在对象管理器中选择所有的图层，按快捷键 Alt+G 编组。图层取名为礼物盒，最终效果如图 1-78 所示。

步骤七：切换至右视图（快捷键：鼠标中键），点击“启用捕捉”和“工作平面捕捉”“网格点捕捉”，如图 1-79 所示。

步骤八：使用“画笔工具”在礼物盒周围绘制 L 形线条，然后选择“实时选择工具”，选中右下角的拐点，用鼠标右键点击线条，在弹出的菜单中选择“倒角”，如图 1-80 所示。

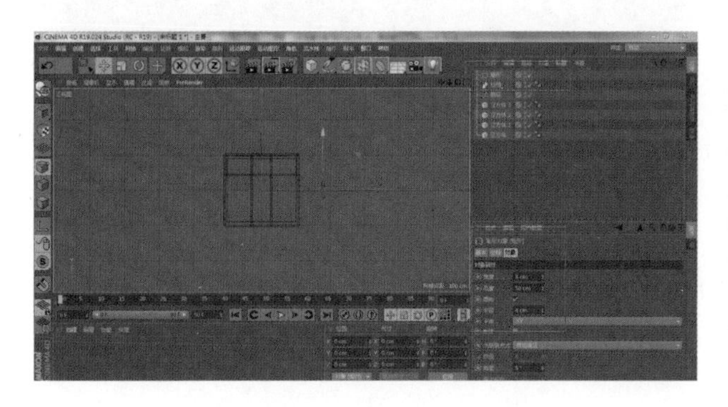

图 1-75

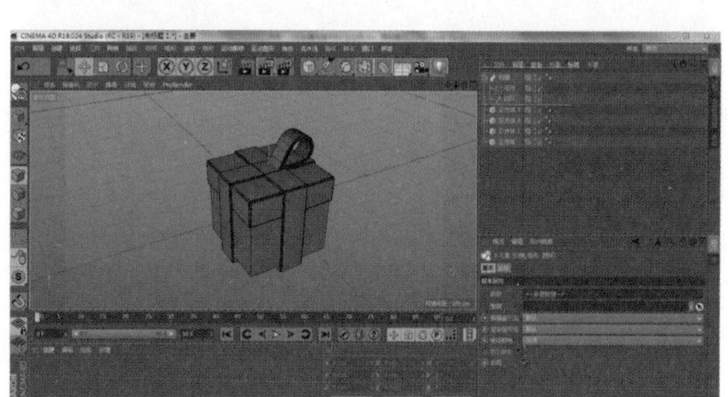

图 1-76

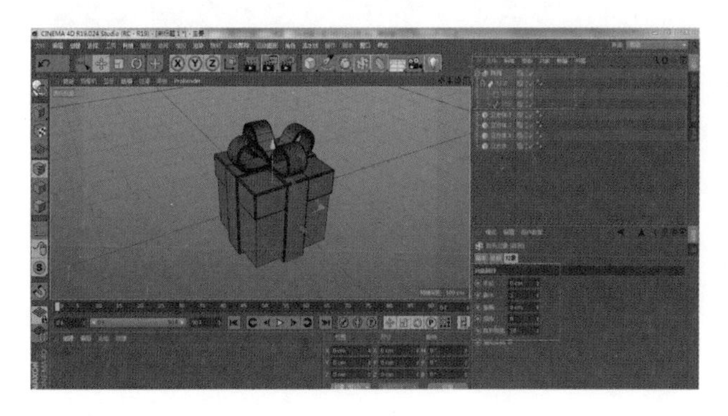

图 1-77

图 1-78

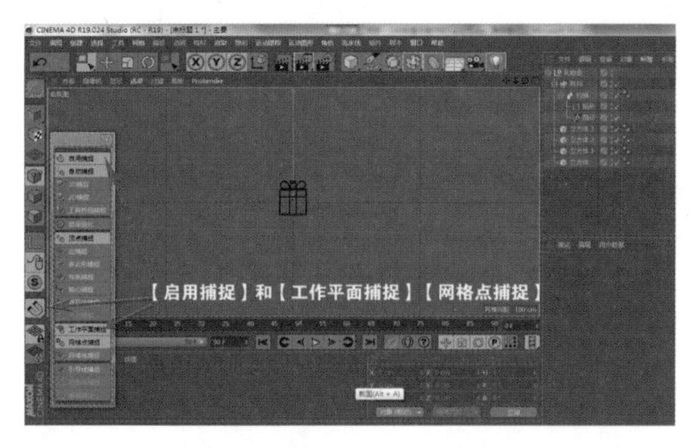

图 1-79

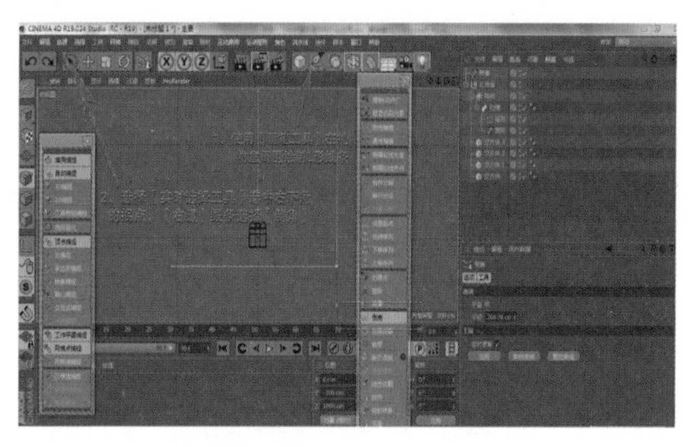

图 1-80

步骤九：调整倒角的半径为 200cm，点击“应用”，切换至“透视视图”，新建“挤压”并将样条拖入其下，调整“挤压”对象下的“移动”，将线条挤压为一个面，完成背景板的制作，如图 1-81 所示。

步骤十：取消“启用捕捉”，新建“目标聚光灯”，调整灯光从左上角照射向球体，设置“灯光”常规下的“类型”为区域光，使灯光效果更加柔和，如图 1-82 所示。

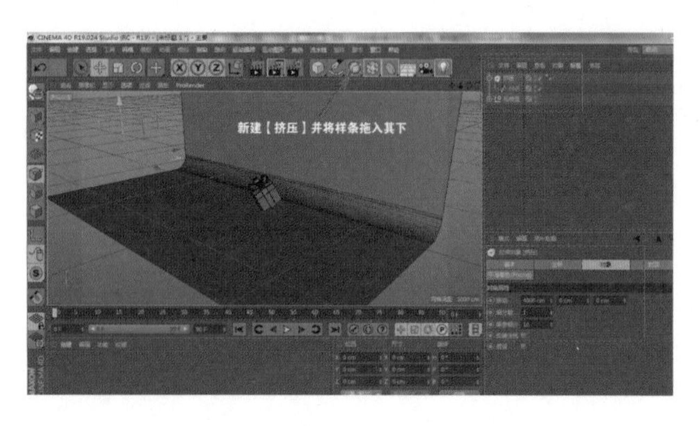

图 1-81

图 1-82

步骤十一：调整“细节”中的外部半径为 300cm，设置“衰减－平方倒数（物理精度）”，让光源随着传播距离的增加逐渐变弱，调整半径衰减为 1200cm，增加场景的亮度，如图 1-83 所示。

步骤十二：在“坐标”中设置“P.X”为 -1000cm，“P.Y”为 800cm，“P.Z”为 -600cm，让阴影显示三分之一的面积，达到最好的模型立体感，如图 1-84 所示。

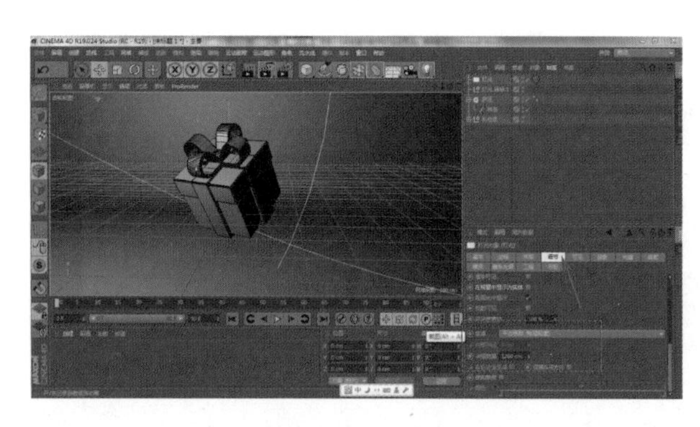

图 1-83

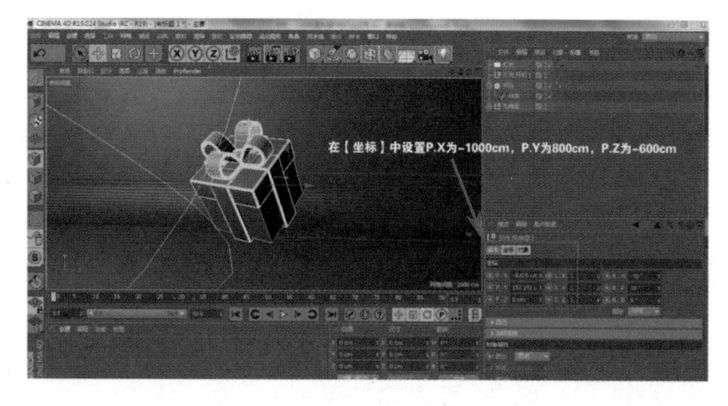

图 1-84

步骤十三：复制并粘贴灯光，调整“常规”中的强度为 35%，调整“细节”中的外部半径为 200cm，调整半径衰减为 1500cm，在“坐标”中设置“P.X”为 1000cm，“P.Y”为 0cm，“P.Z”为 -800cm，使灯光从右上角照射球体，增加阴影处的细节，如图 1-85 所示。

步骤十四：复制并粘贴“灯光 .1”，调整“常规”中的强度为 30%，调整“细节”中的外部半径为 500cm，调整半径衰减为 1500cm，在“坐标”中设置“P.X”为 0cm，“P.Y”为 1000cm，“P.Z”为 0cm，使灯光从顶部照射球体，进一步提升亮部细节，如图 1-86 所示。

步骤十五：选中三个灯光并编组（快捷键：Alt+G），命名为“灯光”，将挤压重命名为“L 形背景板”，然后新建“摄像机”，进入摄像机后调整其“坐标”，使摄像机位于礼物盒正前方，位置坐标为“P.X”为 0cm，“P.Y”为 0cm，“P.Z”为 -800cm，“R.H”“R.P”“R.B”都为 0cm，如图 1-87 所示。

步骤十六：新建材质球，双击材质球打开“材质编辑器”，设置“颜色”的参数为“H”为 20°，“S”为 0%，“V”为 100%，使颜色显示为纯白色，如图 1-88 所示。

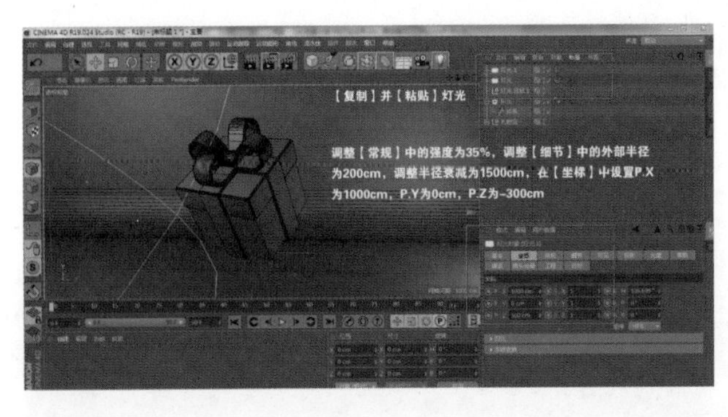

图 1-85

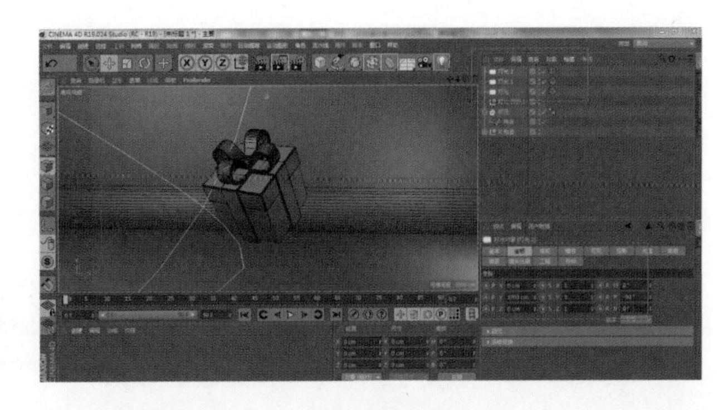

图 1-86

图 1-87

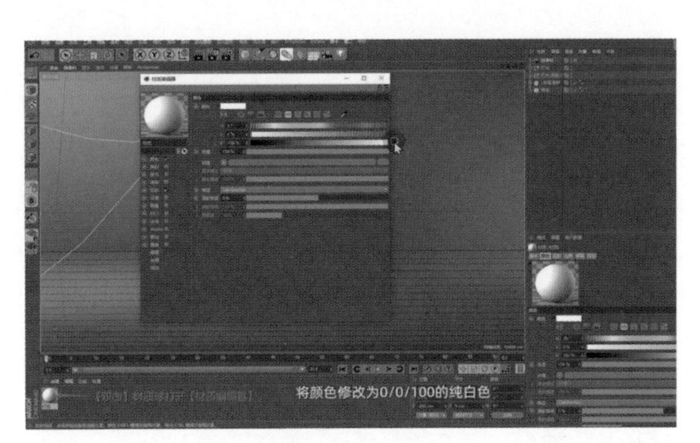

图 1-88

步骤十七：将材质拖到背景板模型，然后打开“渲染设置”，在“输出”中设置宽度和高度为 2000 像素 ×2000 像素，选择“效果 - 全局光照”，设置“预设 - 室内 - 高品质”，如图 1-89 所示。

步骤十八：选择“效果 - 环境吸收”，然后关闭窗口，新建“天空”，进一步提高场景的亮度，如图 1-90 所示。

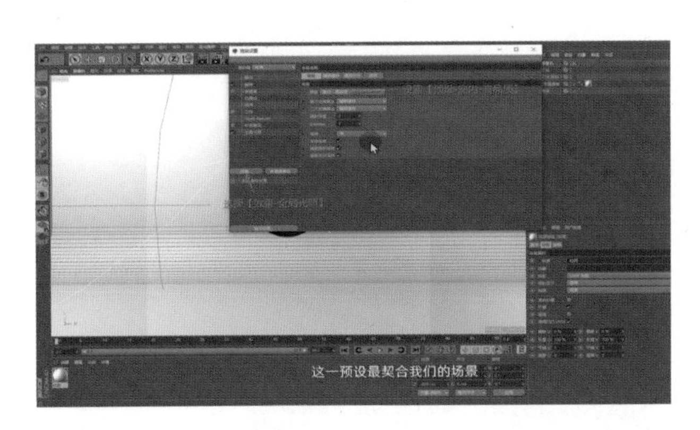

图 1-89

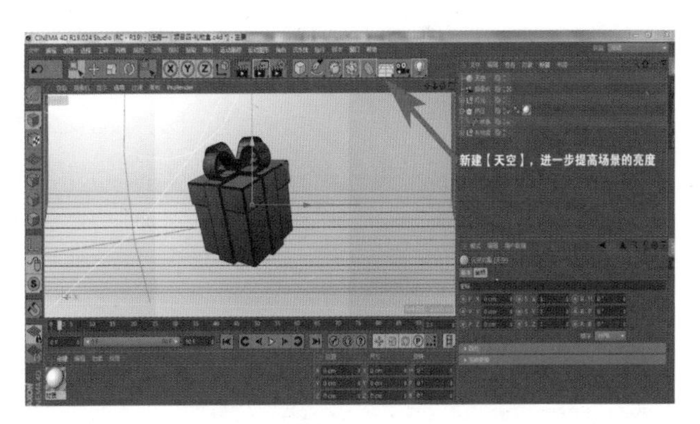

图 1-90

步骤十九：新建材质球，打开“材质编辑器”，设置“颜色”的“H”“S”“V”分别为 40°、70%、100%，使颜色显示为黄色；新建材质球，设置“颜色”的“H”“S”“V”分别为 20°、70%、100%，使颜色显示为橙色，如图 1-91 所示。

步骤二十：将材质拖到相应的模型，在礼物盒图层上右键点击组选择“Cinema 4D 标签 - 合成”，如图 1-92 所示。

图 1-91

图 1-92

步骤二十一：在合成标签“对象缓存”中勾选“启用缓存 1”，在“渲染设置”中勾选“多通道”，添加“多通道渲染 - 对象缓存”，如图 1-93 所示。

步骤二十二：点击“渲染到图片查看器”，渲染完成后点击“保存”，格式为 PSD，勾选“Alpha”通道，点击“确定”保存，如图 1-94 所示。

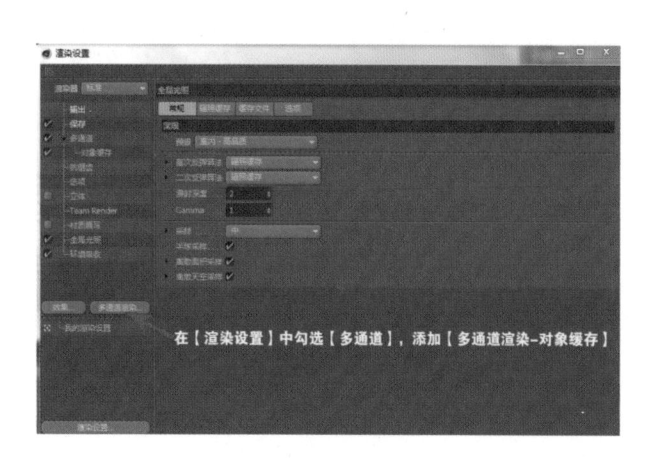

图 1-93

图 1-94

步骤二十三：使用 Photoshop 打开保存的文件，在“通道”中“载入选区”（快捷键：按住 Ctrl 键点击预览图），载入“对象缓存 1”的选区，如图 1-95 所示。

步骤二十四：在“图层”中为图层 0 添加“蒙版”，即可得到透明背景，然后在此图层下方新建图层，填充紫色作为背景色，如图 1-96 所示。

图 1-95

图 1-96

步骤二十五：接下来进行调色，添加“可选颜色”并“创建剪切蒙版”（快捷键：按住 Alt 键左击图层中间），使其仅作用于下方的单个图层，颜色选择红色，调整青色为 -100%；颜色选择黄色，调整青色为 -100%、洋红为 40%、黄色为 80%、黑色为 -50%；颜色选择黑色，调整青色为 -30%、洋红为 10%、黄色为 10%，如图 1-97 所示。

步骤二十六：颜色选择黑色，调整青色为 -30%，洋红和黄色为 10%，然后添加“色相 / 饱和度”并“创建剪切蒙版”，调整饱和度为 15，让模型的色彩更饱满，如图 1-98 所示。

步骤二十七：添加“曲线”并“创建剪切蒙版”，选择“预设 - 线性对比度”，即可完成 3D 图标的渲染和调色，如图 1-99 所示。

图 1-97

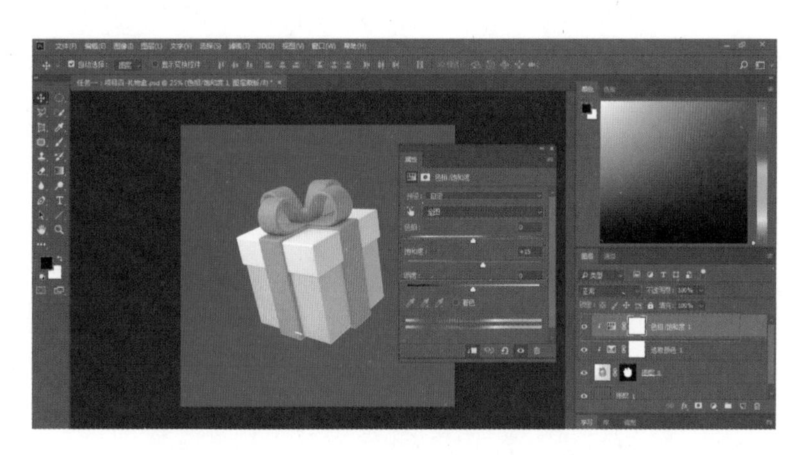

图 1-98

图 1-99

步骤二十八：最终效果如图 1-100 所示。

图 1-100

三、学习任务小结

通过本次任务的实训练习，同学们初步掌握了运用 C4D 软件独立完成简单建模、材质、灯光及渲染任务的方法和步骤，并完成了礼品包装盒的制作实训。课后，大家要反复练习本次任务所学操作方法，提高实践操作技能。

四、课后作业

独立完成以下海报制作，如图 1-101 所示。

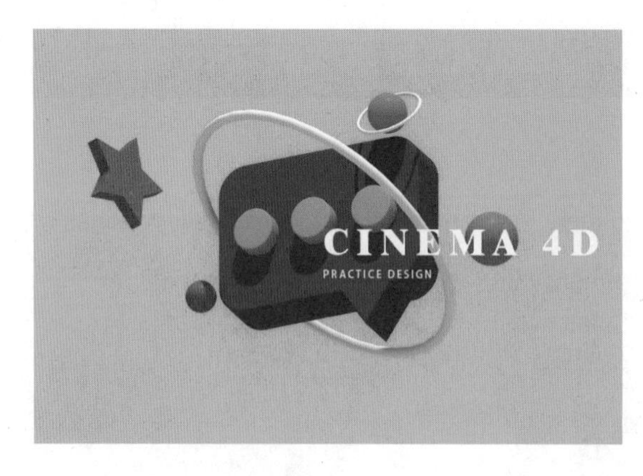

图 1-101

项目二

建模的基础知识

学习任务一　基础几何体建模实训
学习任务二　样条曲线建模实训
学习任务三　NURBS 建模实训
学习任务四　多边形建模实训
学习任务五　变形工具组建模实训
学习任务六　雕刻建模实训

基础几何体建模实训

教学目标

（1）专业能力：具备基础几何体建模的专业技能。

（2）社会能力：能够了解 C4D 基础几何体建模的尺寸规格。

（3）方法能力：具备软件操作能力和软件应用能力。

学习目标

（1）知识目标：C4D 软件的基础几何体建模方法与步骤。

（2）技能目标：能进行基础几何体建模。

（3）素质目标：提高软件操作技能，提高学习效率。

教学建议

1. 教师活动

示范 C4D 基础几何体建模的方法，指导学生进行基础几何体练习。

2. 学生活动

认真听取教师讲解 C4D 基础几何体建模的方法，并在教师的指导下进行实训。

一、学习问题导入

各位同学，大家好！基础几何体建模是 C4D 软件的主要功能，能够帮助我们完成基本场景的搭建以及基础物品的制作。本次任务，我们一起来学习 C4D 基础几何体建模的方法。

二、学习任务讲解与技能实训

1. 基础几何体建模

C4D 中文版建模用到的指令主要是通过长按立方体得到的命令。使用的主要命令具体如图 2-1 所示。

图 2-1

2. 正方体制作步骤

步骤一：打开电脑，进入电脑桌面，找到 C4D R19 并启动。

步骤二：点击立方体，新建一个立方体。

步骤三：点击箭头如图 2-2 所示的小圆点，往上或往下移动，可调整正方体的高度。

步骤四：点击箭头如图 2-3 所示的小圆点，往左或往右移动，可调整正方体的长度。

步骤五：点击箭头如图 2-4 所示的小圆点，往左或往右移动，可调整正方体的宽度。

正方体中的圆环和平面一般用作反光板，剩下的几何体一般用作基础几何体的建模，人偶、引导线、地貌、多边形并不常用。

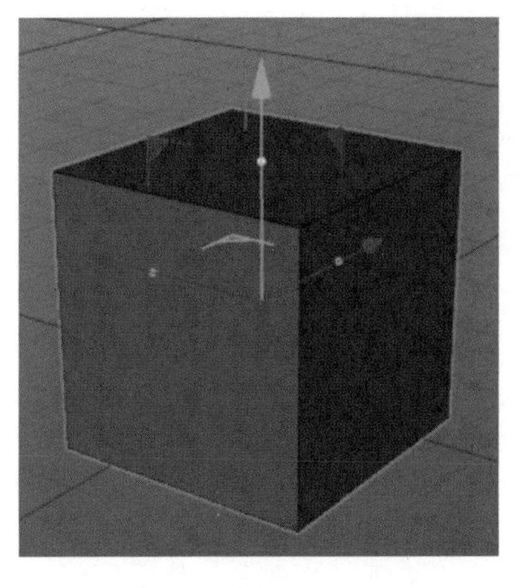

图 2-2

图 2-3

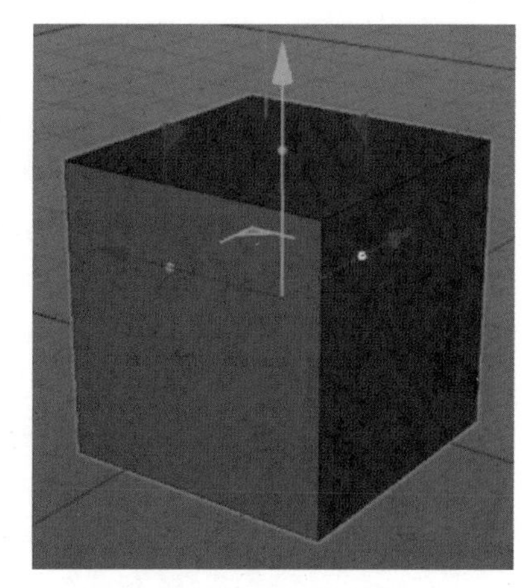

图 2-4

3. 空白对象使用方法

图 2-5

步骤一：新建立方体，将立方体放入“空白”的子集中，如图 2-5 所示。单独移动立方体，空白对象是没有反应的，但是移动空白对象，立方体就会跟着一起移动，并且缩放、旋转都一致。

步骤二：新建 3 个立方体，将所有立方体放入“空白”的子集中，旋转能够得到如图 2-6 所示的效果。

步骤三：将前面的工具都删除，新建一个空白对象以及摄像机，右键点击图 2-7 中的“摄像机”，选择“CINEMA 4D 标签”中的“目标”，如图 2-8 所示。把“空白”标签放到“目标对象”中，如图 2-9 所示。在摄像机视角中，移动空白对象，摄像机会跟着一起移动，这样就可以对空白对象打关键帧。

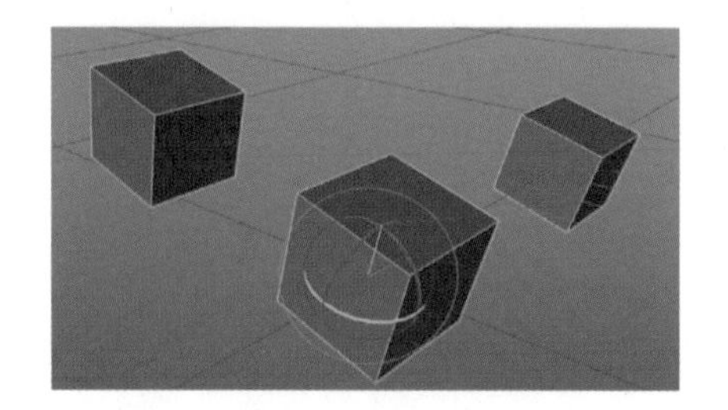

图 2-6

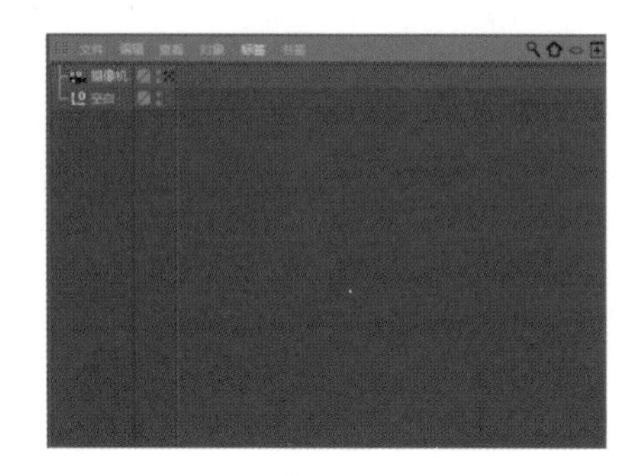

图 2-7

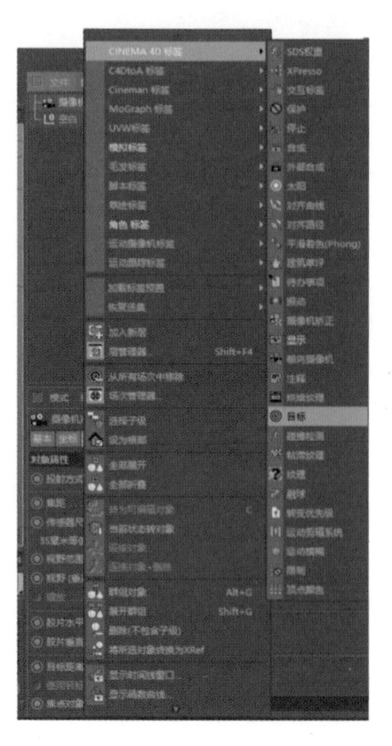

图 2-8

4. 立方体的参数

新建立方体后，立方体“对象”的参数如图 2-10 所示。可以更改 X、Y、Z 轴的分段数，将所有的分段数改为 10 后，如图 2-11 所示，点击“显示”中的“光影着色（线条）”，将图形转换为可编辑对象后，可以单独移动图 2-12 中的任意点、线、面，使其成为想要的形状，其他基础几何图形使用方法类似。

图 2-9

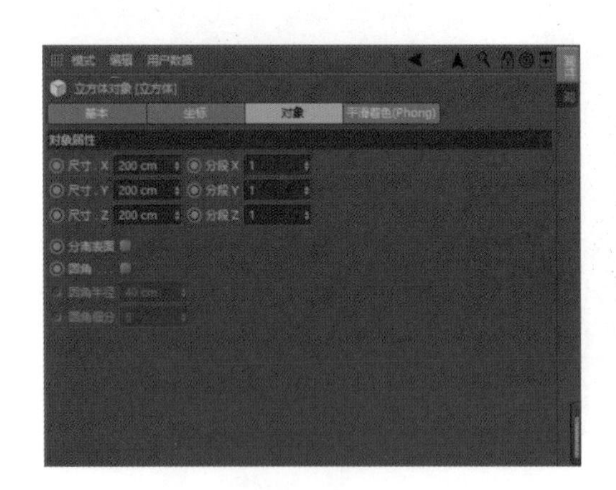

图 2-10

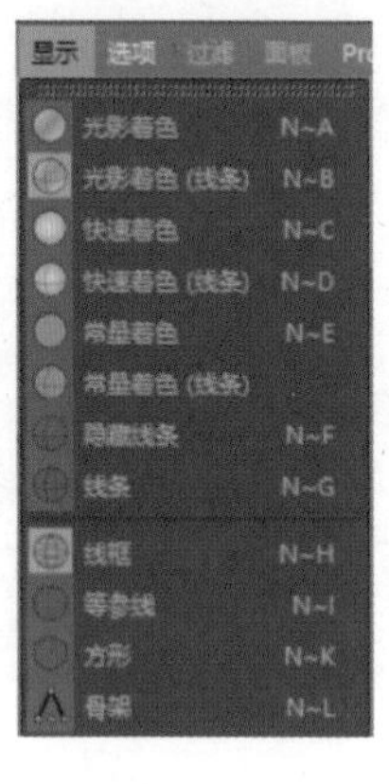

图 2-11

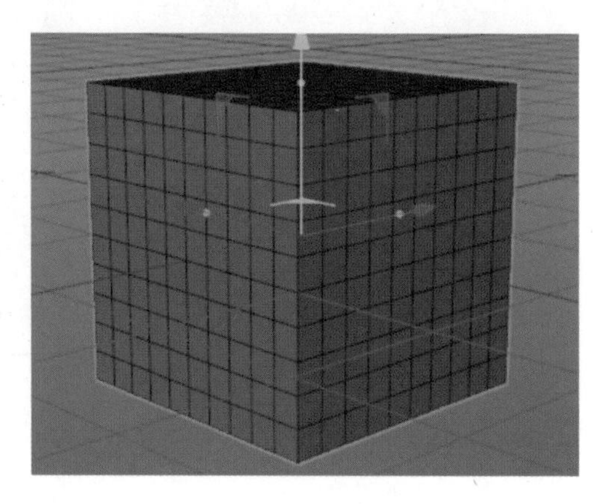

图 2-12

5. 基础几何体实际操作案例步骤

实训案例：运用基础几何体，制作如图 2-13 所示的小车。

步骤一：新建一个立方体，调整成合适的大小，作为小汽车的底盘。按住 Ctrl 键往上拖，复制一个正方体，改变其形状，作为底盘的厚度，再根据三视图复制一个作为车身，如图 2-14 所示。

步骤二：如图 2-15 所示，选中黄色边框的正方体，按住 C 键将其转为可编辑对象，如图 2-16 所示，变换方向，然后拖动，得到图 2-17 所示图形。

图 2-13

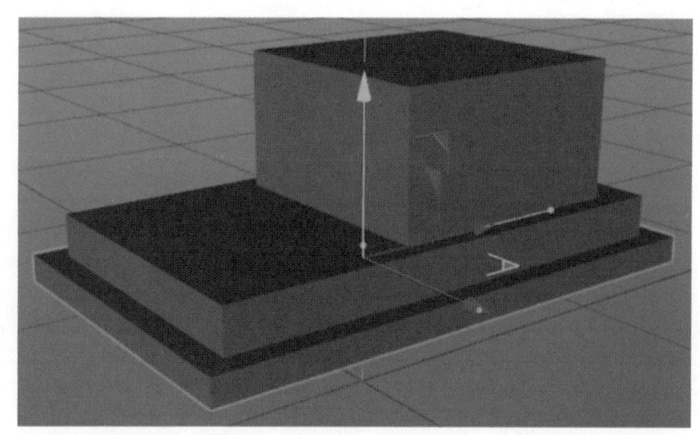

图 2-14

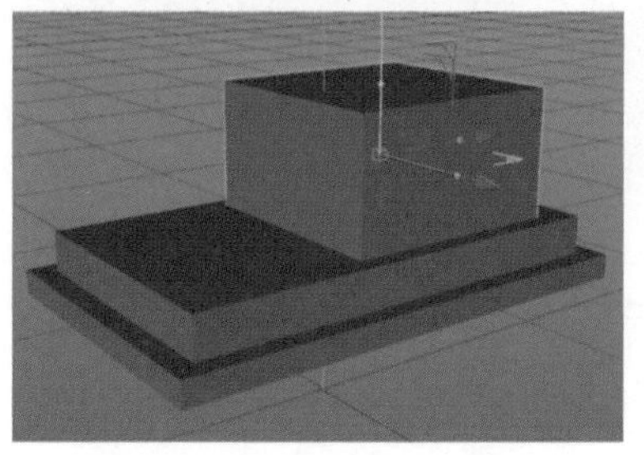

图 2-15

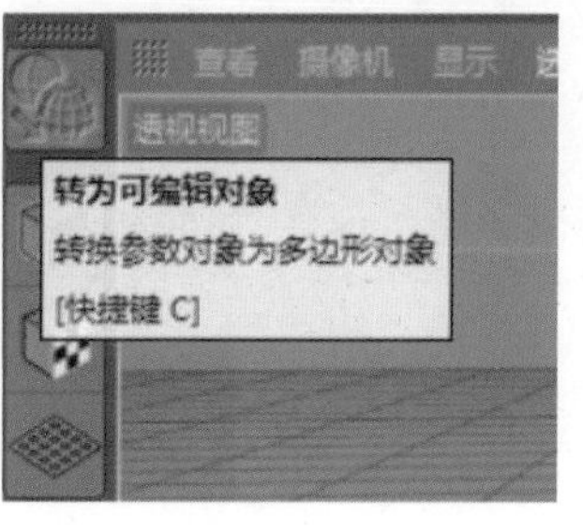

图 2-16

图 2-17

步骤三：复制第三个正方体，按 T 键缩放，将其作为车子上的窗户，如图 2-18 所示。

步骤四：再复制一个长方体作为两边的玻璃，选中图 2-19 中的线段拖动，进行缩小，如图 2-20 所示。新建一个立方体，在右视图中对齐前面的窗户，如图 2-21 所示。

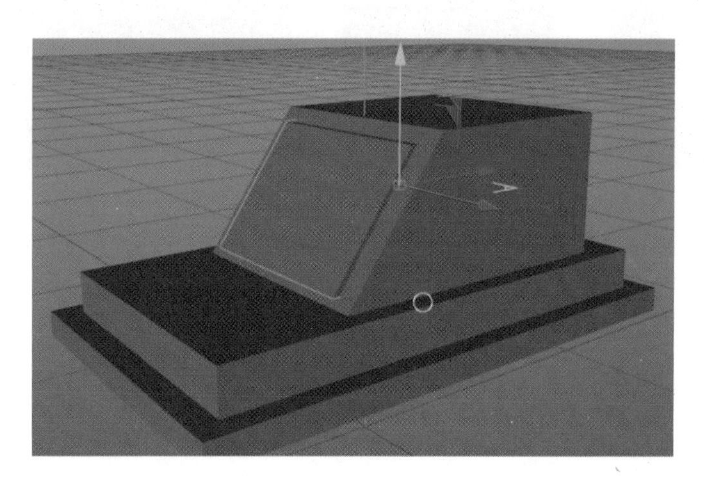

图 2-18

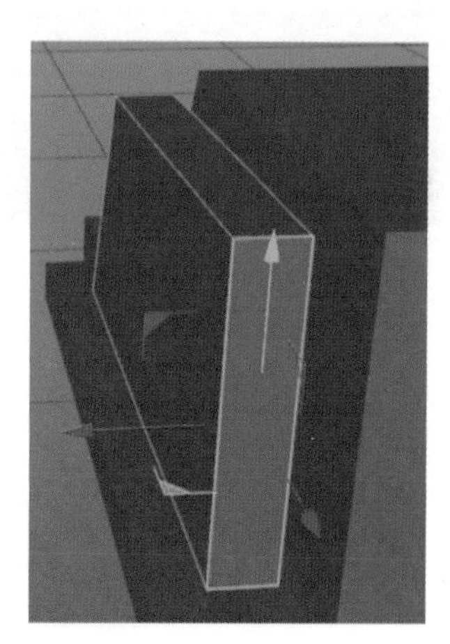

图 2-19

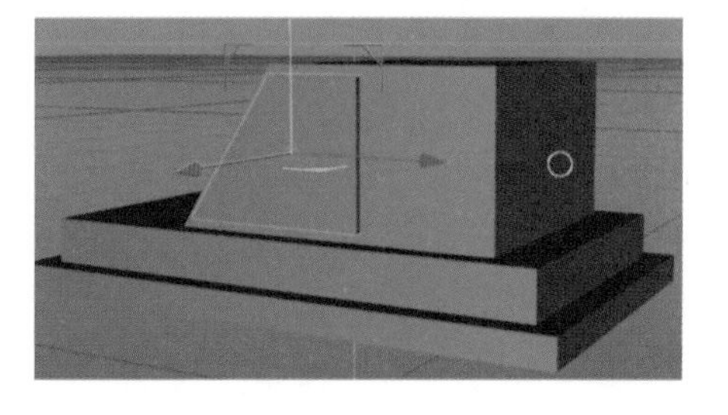

图 2-20

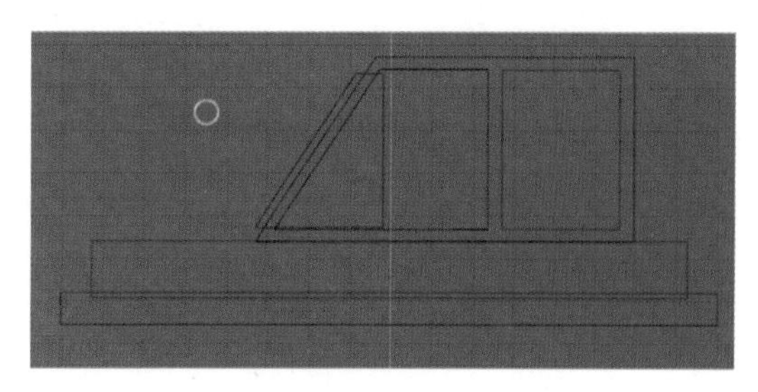

图 2-21

步骤五：另一边使用同样的方法，在顶视图中选中两块玻璃，按住 Ctrl 键进行拖动，将其复制到左边，如图 2-22 所示，得到图 2-23 所示效果。

步骤六：新建圆柱，按“旋转”工具，将圆柱旋转为图 2-24 所示图形。多复制几个圆柱，并做成图 2-24 的样子，先按 Ctrl+G 把这三个圆柱体编组，在右视图复制一个到后方，如图 2-25 所示。最后将右边的轮子整体复制到左边，在复制的时候会发现两个轮子的轮廓是朝右的，所以还需要使用“旋转”工具，按住 Shift 键进行旋转可以旋转整数度数（45°、90° 等），在顶视图调整位置并检查是否有误，如图 2-26 所示。

步骤七：在车上安装一些小的装饰，新建一个立方体，调整大小，将其作为车牌，新建一个圆柱体来制作车灯。最终效果如图 2-27 所示。

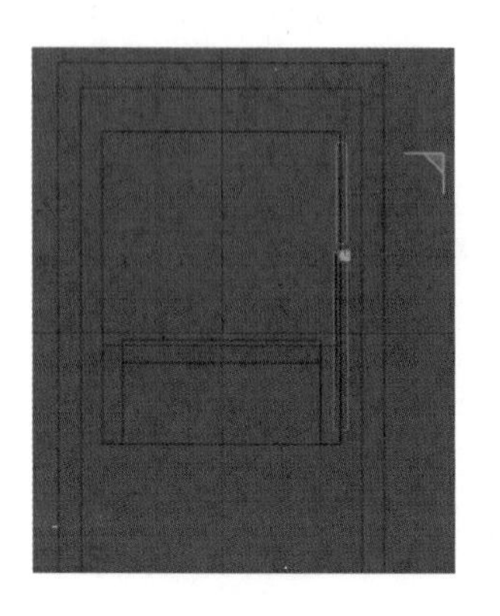

图 2-22

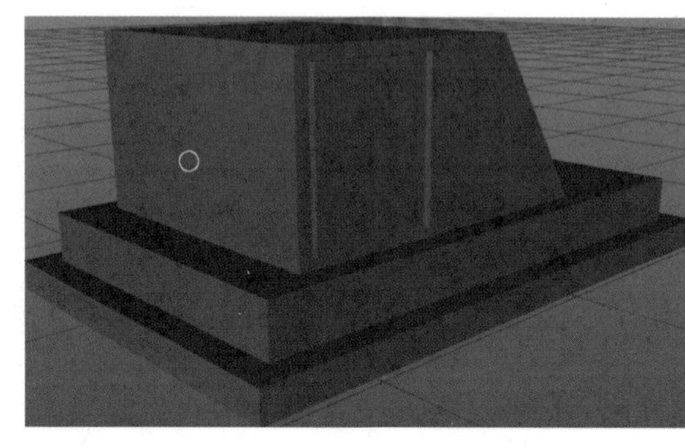

图 2-23

图 2-24

图 2-25

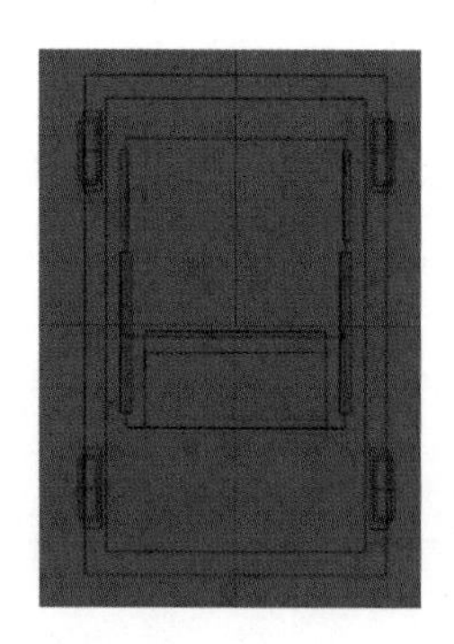

图 2-26

图 2-27

三、学习任务小结

本次任务主要学习了 C4D 的基础操作方法以及运用基础的几何型来进行简单建模的步骤和流程。课后，同学们要反复练习本次任务所学的建模方法和步骤，全面提升自己运用 C4D 软件建模的技能。

四、作业布置

找一张警车模型图片，运用 C4D 软件为其建模。

样条曲线建模实训

教学目标

（1）专业能力：具备样条曲线建模的专业技能。

（2）社会能力：能够了解 C4D 样条曲线建模的操作方式。

（3）方法能力：具备软件操作能力和软件应用能力。

学习目标

（1）知识目标：掌握 C4D 软件的样条曲线建模方法与步骤。

（2）技能目标：能进行样条曲线建模。

（3）素质目标：提高软件操作技能，提高学习效率。

教学建议

1. 教师活动

教师示范 C4D 样条曲线建模的方法，并指导学生进行样条曲线建模练习。

2. 学生活动

1. 认真观看教师示范 C4D 样条曲线建模的方法，并在教师的指导下进行样条曲线建模练习。

一、学习问题导入

各位同学，大家好！本次任务我们一起来学习 C4D 软件的样条曲线建模方法。样条曲线建模是 C4D 软件的主要功能之一，能够帮助我们完成基本场景的搭建以及基础物品的制作。

二、学习任务讲解与技能实训

1. 样条曲线

C4D 中文版建模用到的指令主要是画笔，长按画笔能够得到图 2-28 所示工具。画笔工具使用的主要命令有画笔、草绘、平滑样条、样条弧线工具、圆弧、圆环、螺旋、多边、矩形、星形、文本、矢量化、四边、蔓叶类曲线、齿轮、摆线、公式、花瓣、轮廓，主要使用蓝色样条部分以及画笔工具来绘制形状。

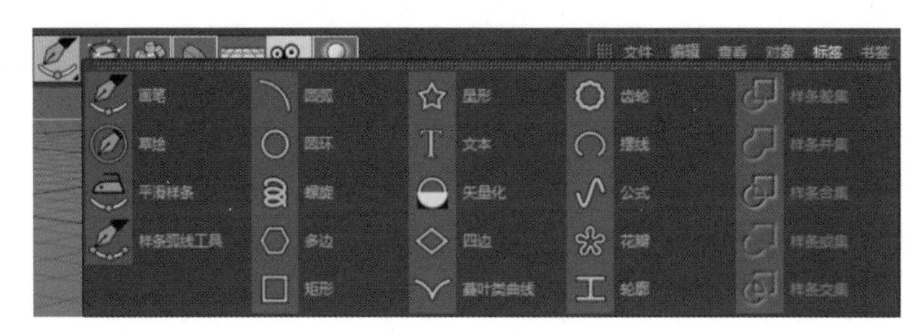

图 2-28

2. 圆弧工具的使用方法

步骤一：长按画笔工具，新建圆弧，如图 2-29 所示。如图 2-30 所示，圆弧对象有很多对象属性可以更改。其中，类型包括四种，即圆弧、扇区、分段、环状，如图 2-31 ~ 2-34 所示。

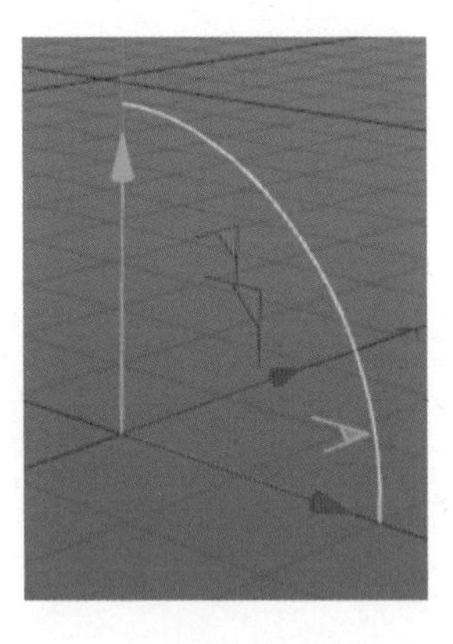

图 2-29

图 2-30

图 2-31

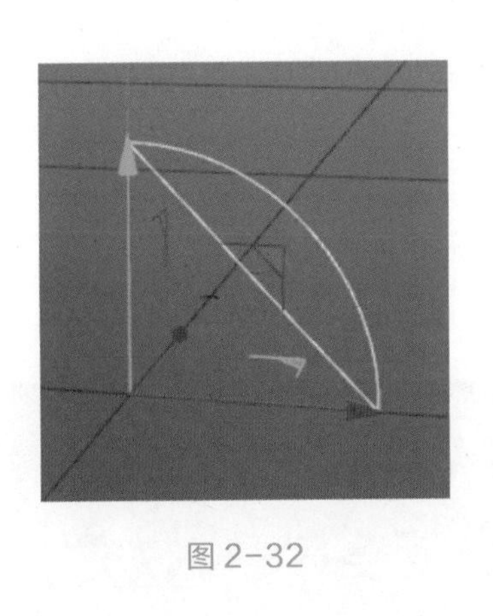

图 2-32

图 2-33

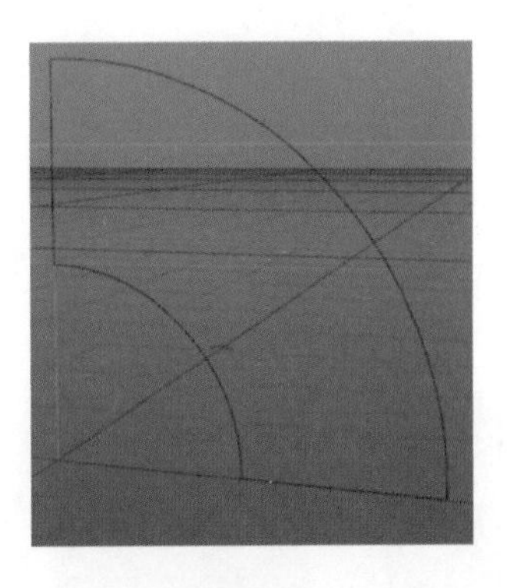

图 2-34

步骤二：调整“半径”，包括调整外部半径和内部半径，如图 2-35 ~图 2-37 所示。

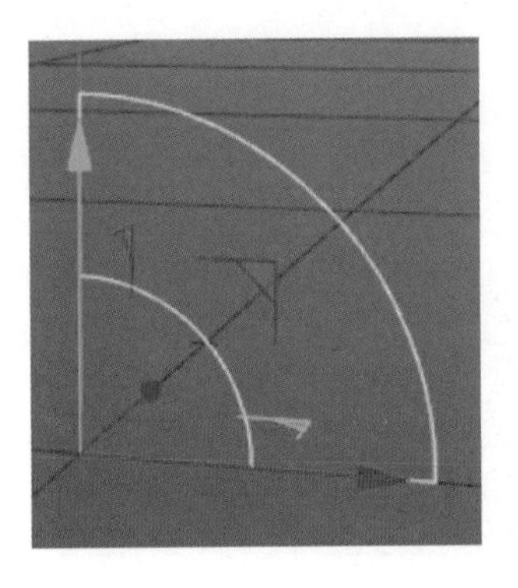

图 2-35

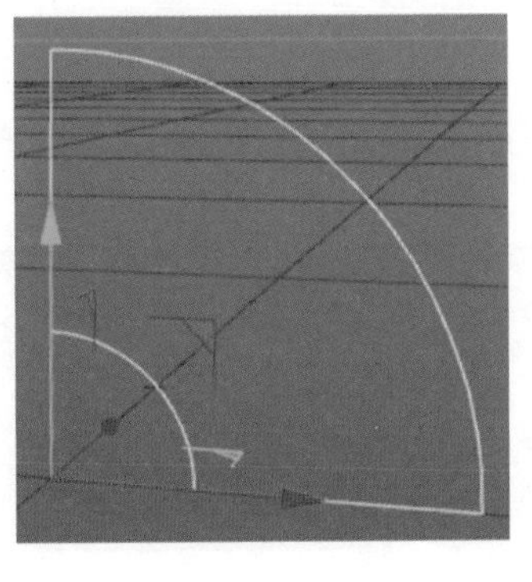

图 2-36

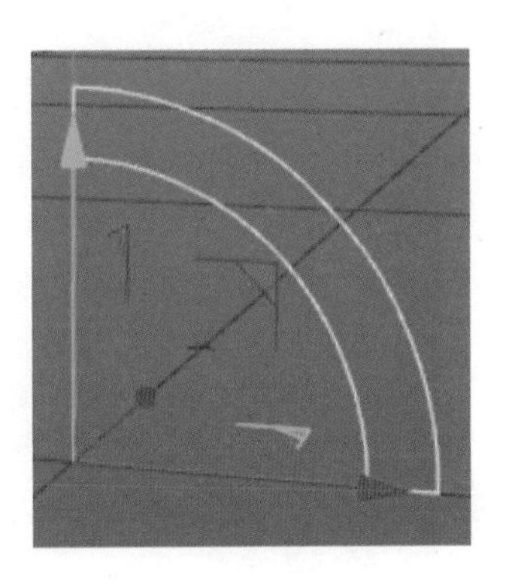

图 2-37

步骤三：调整“开始角度”“结束角度”，可以调整环状的周长，如图 2-38 和图 2-39 所示。

步骤四：“平面”中可以选择 XY 轴、ZY 轴、XZ 轴，进行轴向切换，如图 2-40 ~图 2-42 所示。

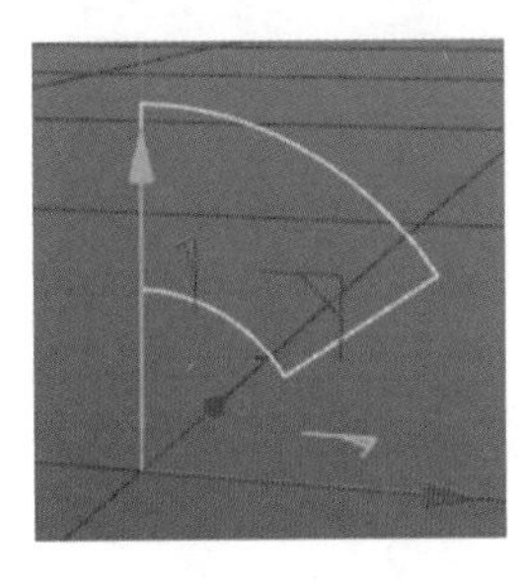

图 2-38

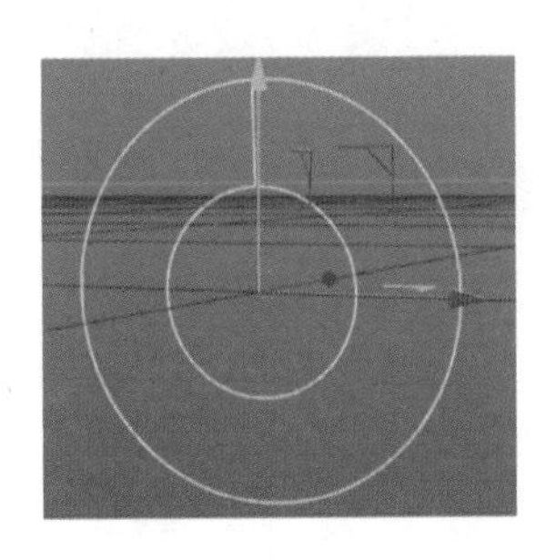

图 2-39

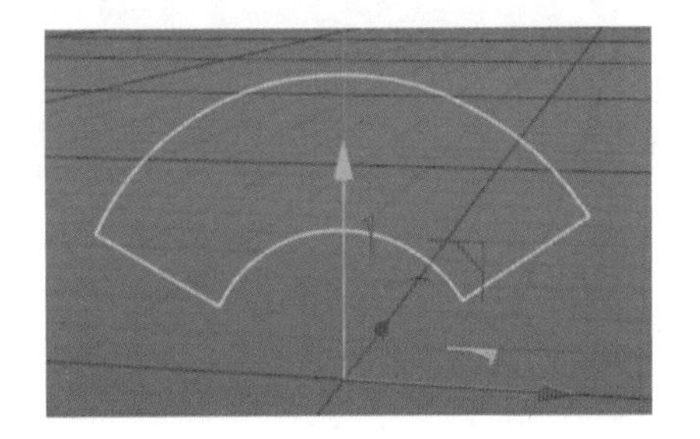

图 2-40

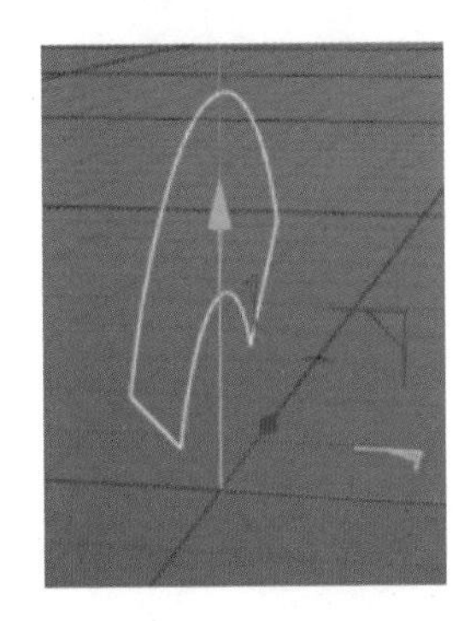

图 2-41

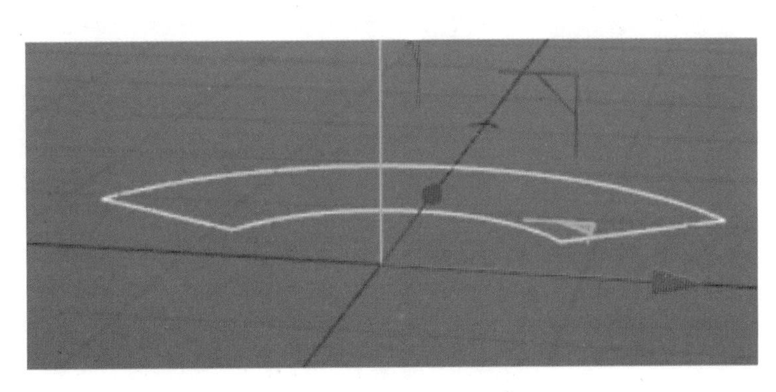

图 2-42

步骤五：勾选“反转”，把图像转为可编辑对象后，可以看到起点和终点的位置进行了反转，如图 2-43 和图 2-44 所示。

步骤六：如图 2-45 所示，矩形中的“点插值”包括无、自然、统一、自动适应和细分。如图 2-46 所示，图左点插值是统一，图右点插值是自然。

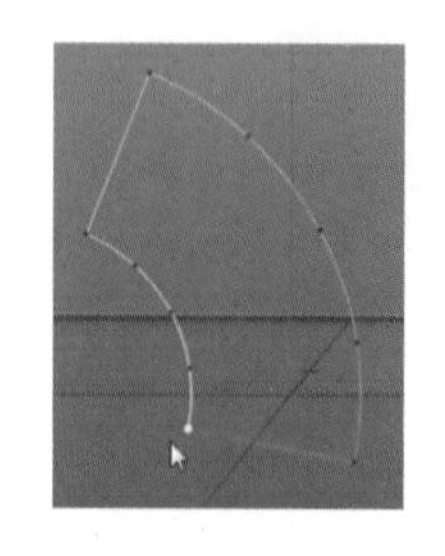

图 2-43

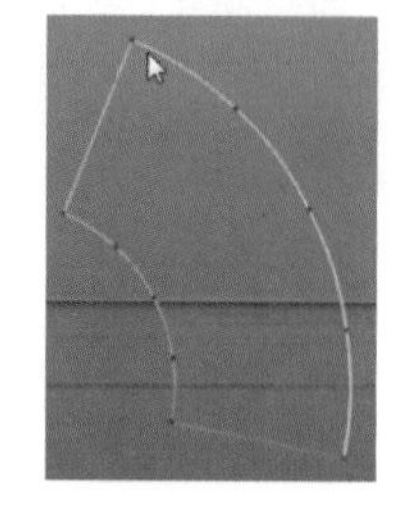

图 2-44

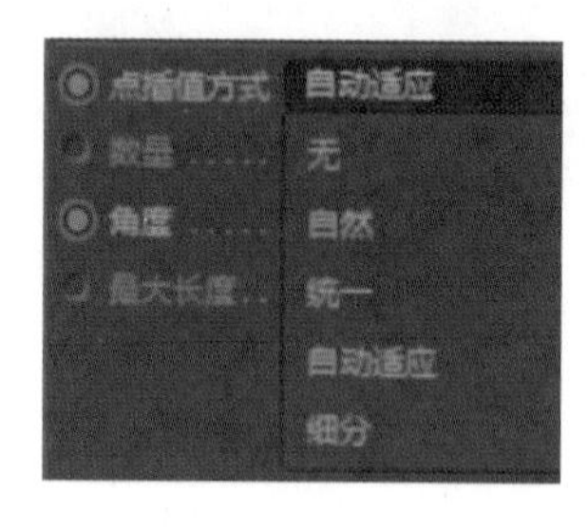

图 2-45

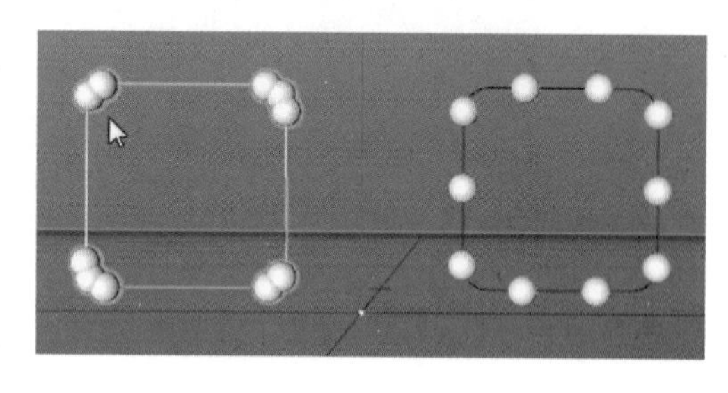

图 2-46

步骤七：点击画笔中的“螺旋”，调整其“对象”中的属性值可改变螺旋的方向，如图 2-47 ~ 图 2-50 所示。

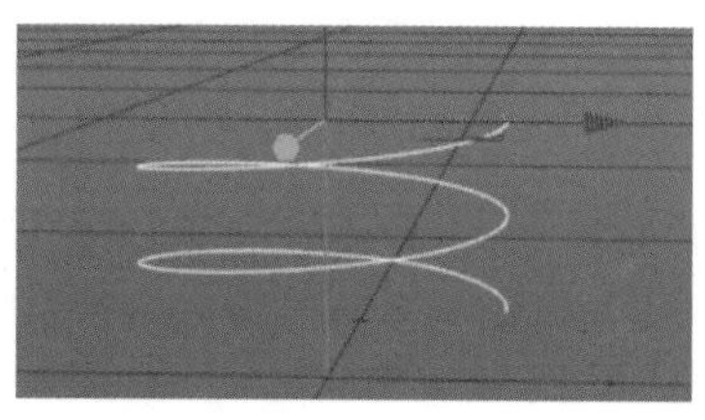

图 2-47

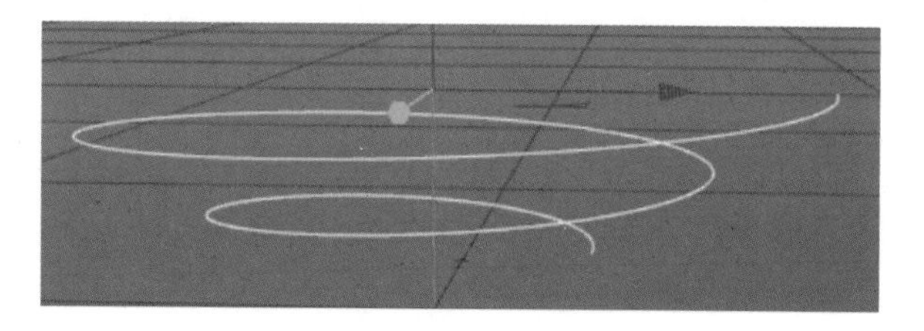

图 2-48

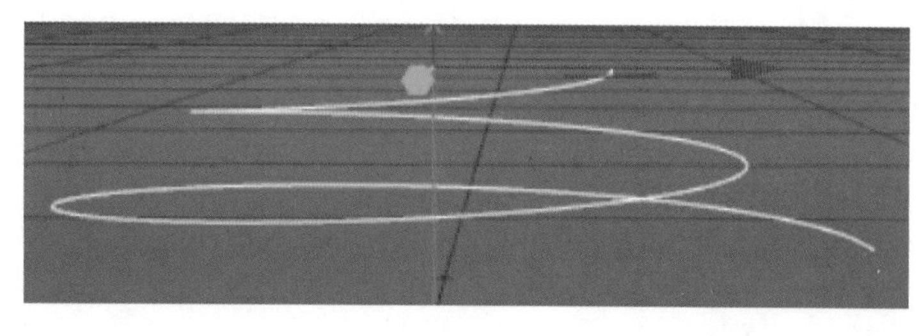

图 2-49

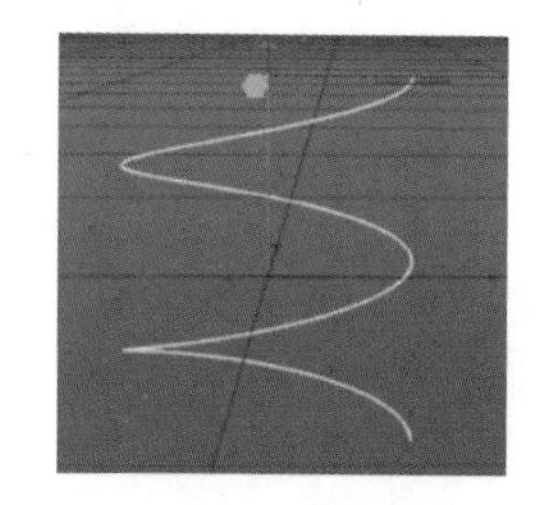

图 2-50

步骤八：点击画笔中的“多边”，可选择对象中的侧边的数量进行对比，如图 2-51 和图 2-52 所示。

步骤九：点击画笔中的“星形”，可选择对象中的点进行调整，如图 2-53 和图 2-54 所示。

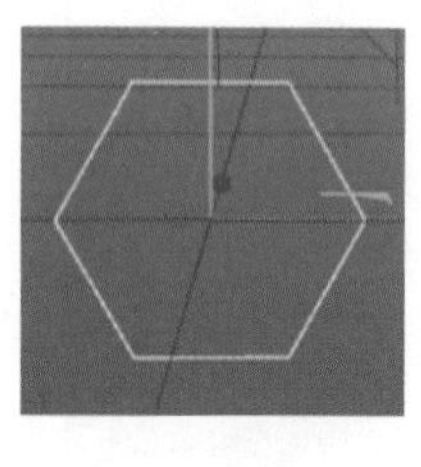

图 2-51

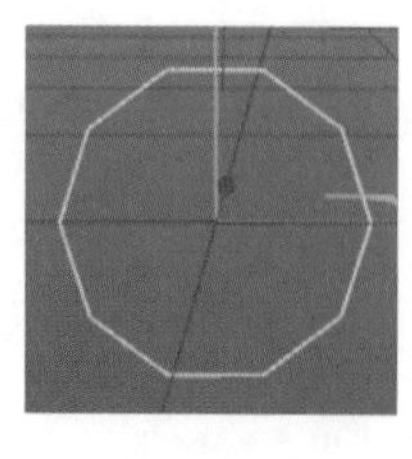

图 2-52

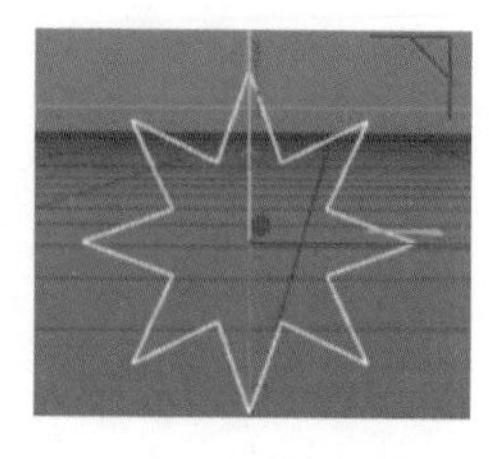

图 2-53

图 2-54

步骤十：点击画笔中的“文本”，可以更改文本对象中的高度、水平间隔以及垂直间隔，如图 2-55 ~ 图 2-58 所示。

步骤十一：点击画笔中的“齿轮”，可以从对象、齿以及嵌体中改变齿轮的形状和内部构造，如图 2-59 ~ 图 2-61 所示。

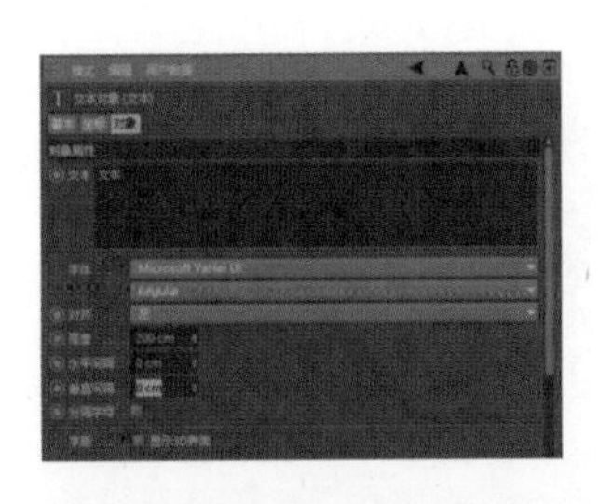

图 2-55

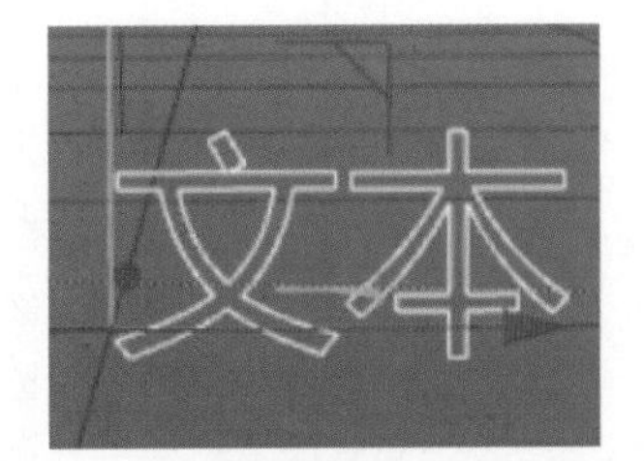

图 2-56

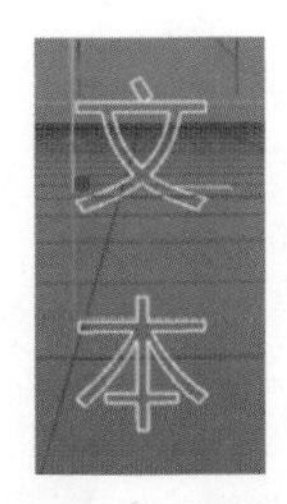

图 2-57

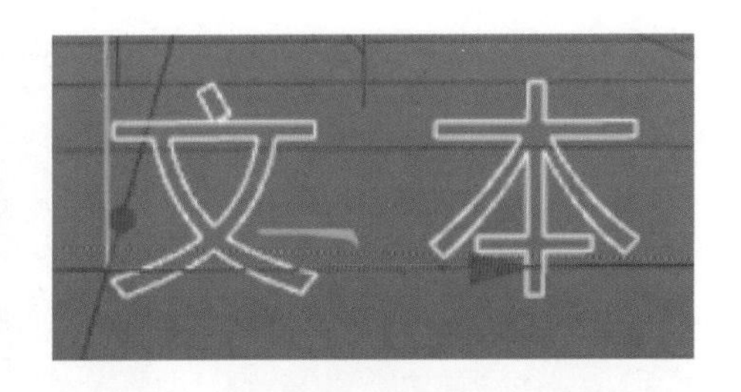

图 2-58

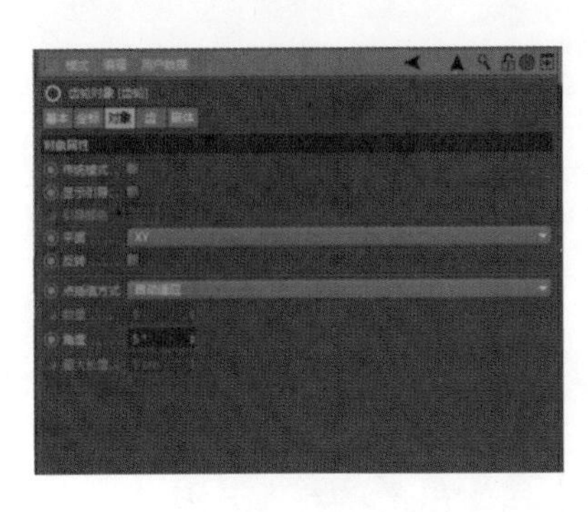

图 2-59

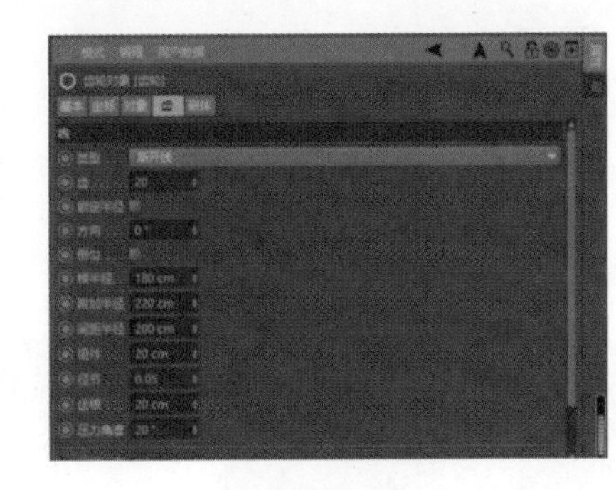

图 2-60

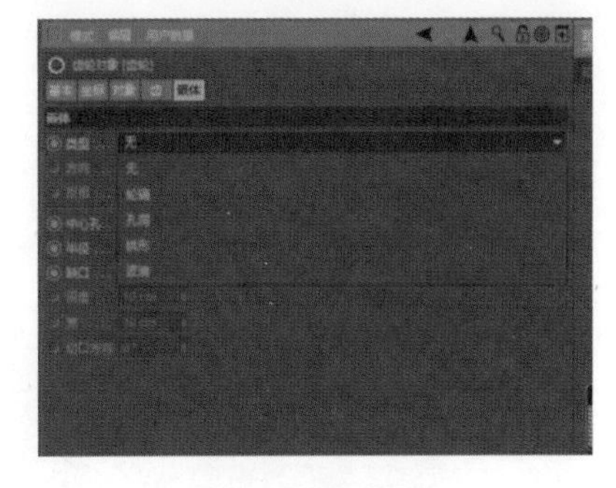

图 2-61

3. 样条曲线建模案例

点击画笔工具中的“圆环”工具，切换到正视图，点击“转为可编辑对象”，转换到“点”模式，点击鼠标右键，在弹出的菜单栏中选择“创建轮廓”，如图 2-62 所示，往外拖曳，得到一个同样的圆，如图 2-63 所示。再新建一个画笔中的“矩形”，如图 2-64 所示，移动矩形的位置，将其放到旁边，选中矩形和圆环，点击画笔中的“样条差集”，得到一个剪切后的半圆形，如图 2-65 所示。然后长按“细分曲面”，选择“挤压”工具，将圆环拖到挤压工具下，可以得到一个有厚度的半圆，如图 2-66 所示。

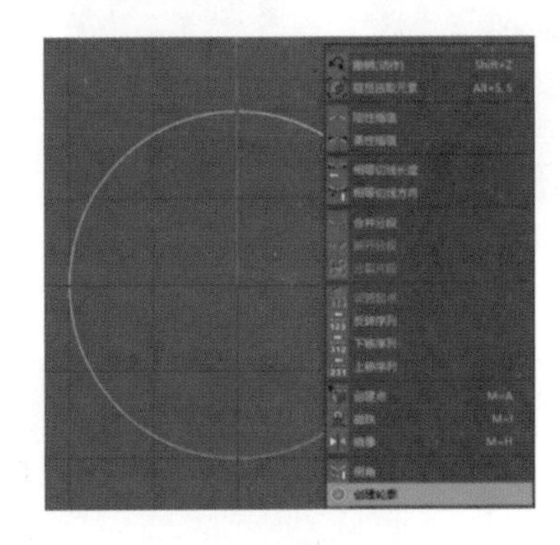

图 2-62

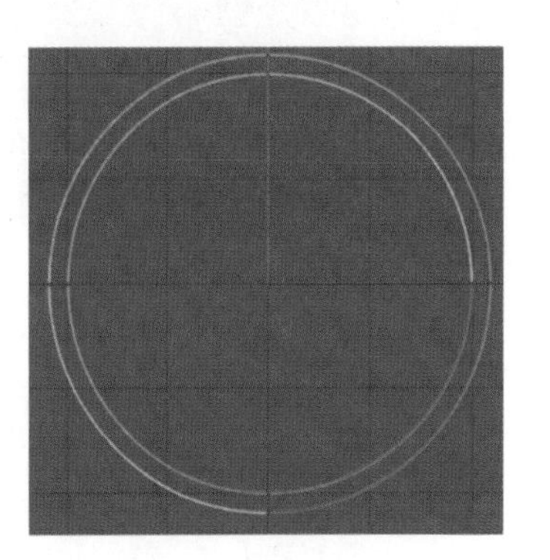

图 2-63

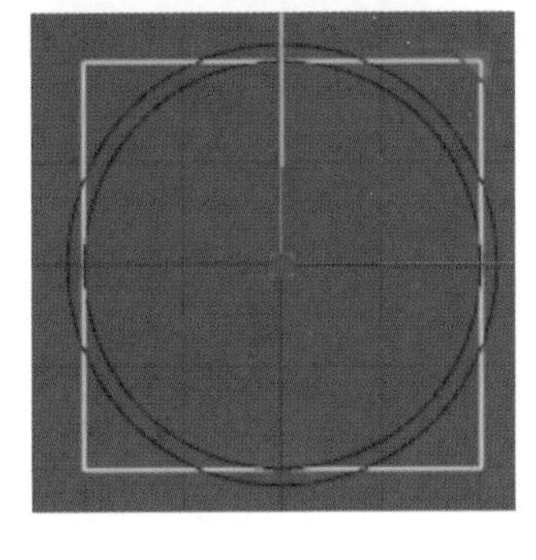

图 2-64

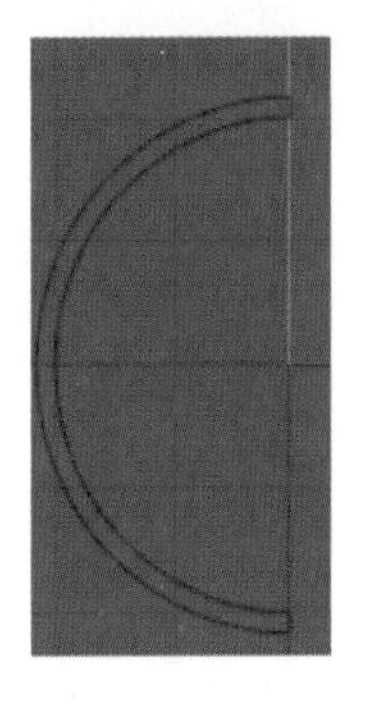

图 2-65

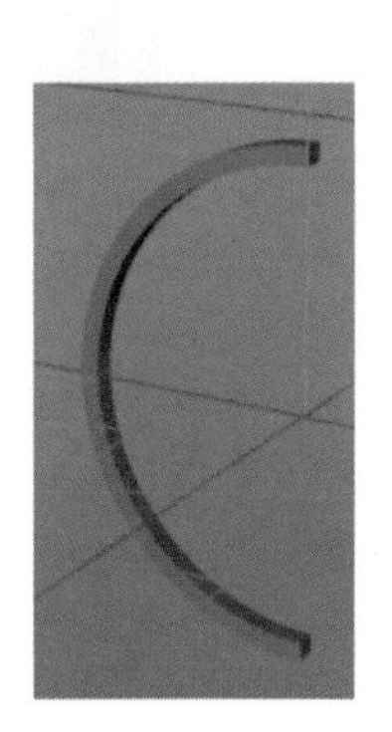

图 2-66

4. 样条工具

下面补充关于样条工具的相关说明。

（1）样条差集：剪掉两个图形重合的部分，如图 2-67 和图 2-68 所示。

（2）样条并集：合并两个图形，如图 2-69 和图 2-70 所示。

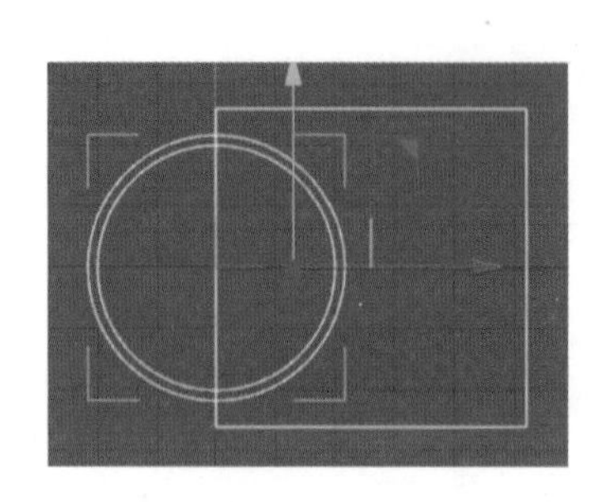

图 2-67

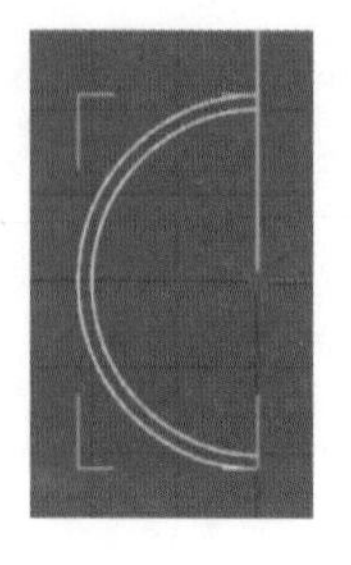

图 2-68

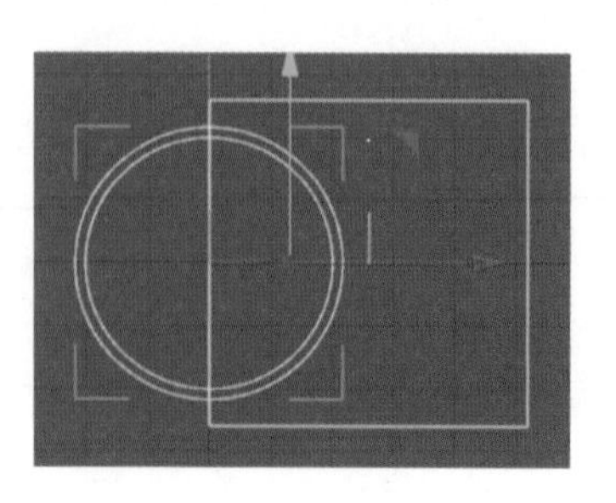

图 2-69

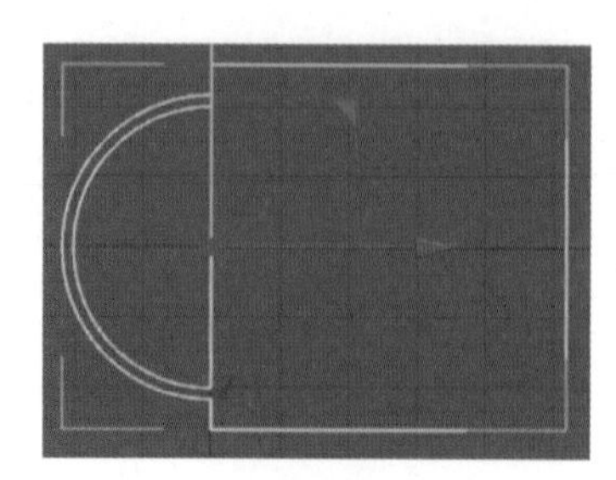

图 2-70

（3）样条合集：显示重合的下面部分，如图 2-71 和图 2-72 所示。

（4）样条或集：通过挤压可以看到重合的下面部分被剪掉了，如图 2-73 和图 2-74 所示。

（5）样条交集：所有的形状保留，如图 2-75 和图 2-76 所示。

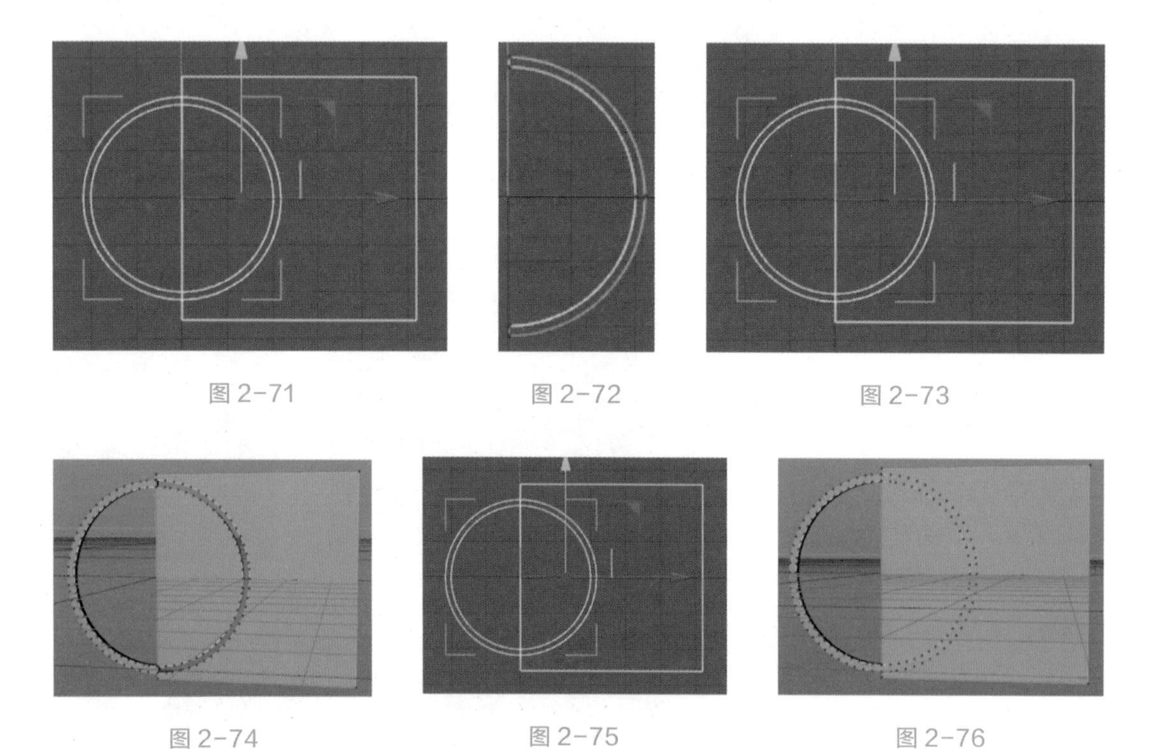

图 2-71　图 2-72　图 2-73

图 2-74　图 2-75　图 2-76

三、学习任务小结

本次任务主要学习了基础几何体建模、正方体制作步骤、空白对象使用方法，立方体的参数等内容。课后，大家要反复练习这些命令，熟悉其使用方法。

四、课后作业

运用样条曲线建模工具制作一个 logo。

NURBS 建模实训

教学目标

（1）专业能力：具备 NURBS 建模的专业技能。

（2）社会能力：能够了解 C4D NURBS 建模的操作方式。

（3）方法能力：具备软件操作能力和软件应用能力。

学习目标

（1）知识目标：掌握 C4D 软件的 NURBS 建模方法与步骤。

（2）技能目标：能进行 NURBS 建模。

（3）素质目标：提高软件操作技能，提高学习效率。

教学建议

1. 教师活动

教师示范 C4D NURBS 建模的方法，并指导学生进行 NURBS 建模练习。

2. 学生活动

学会说呢过认真观看教师示范 C4D NURBS 建模的方法，并在教师的指导下进行 NURBS 建模练习。

一、学习问题导入

各位同学，大家好！本次任务我们将学习 NURBS 建模的方法。NURBS 建模常用的方法包括旋转、扫描、挤压、放样、贝塞尔等，如图 2-77 所示。不同的工具有不同的使用方法，这些方法能够帮助我们完成基本场景的搭建以及基础物品的制作。

图 2-77

二、学习任务讲解与技能实训

1. 挤压

参考项目学习任务二中的“样条曲线建模案例”中挤压工具的使用方法。

2. 放样

以蘑菇的制作为例讲解放样。

步骤一：长按画笔工具，新建“圆环”工具，将圆环旋转 90°，如图 2-78 所示。将最下圈的圆环缩小一点作为蘑菇的根部，不停地按 Ctrl 键复制圆环并调整大小，得到图 2-79 和图 2-80 所示图形。

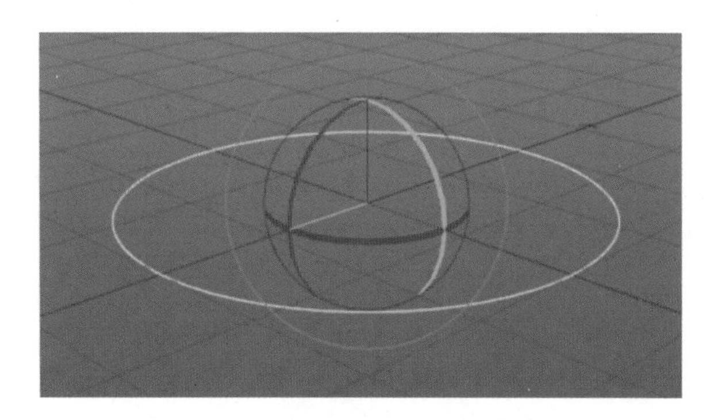

图 2-78

图 2-79

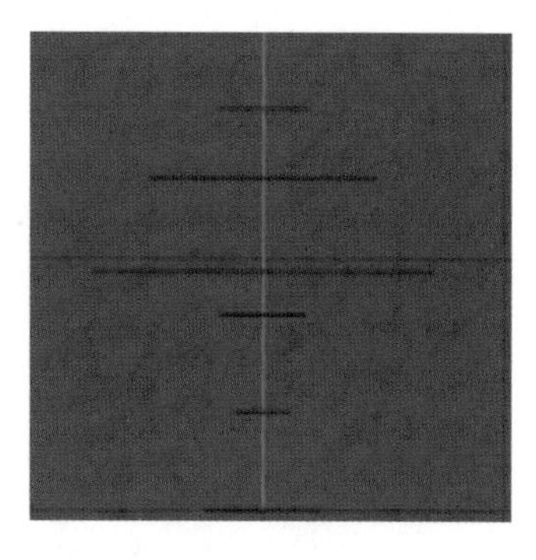

图 2-80

步骤二：长按“细分曲面”，选择“放样”，选中所有的圆环，如图 2-81 所示，放到放样中，如图 2-82 所示，得到图 2-83 所示图形。再将各个圆环略微调整大小，得到图 2-84 所示图形。

图 2-81

图 2-82

图 2-83

图 2-84

3. 旋转

以松树制作为例讲解旋转。

步骤一：在正视图中用画笔工具绘制单边松树的形状，按住 Esc 键结束绘制，不需要封闭图形。如图 2-85 所示，指出来的两个橙色的点要在同一条轴上，XZ 都应该为 0cm。

步骤二：长按“细分曲面”，选择“旋转”，将绘制的线条放到旋转层级，如图 2-86 所示。根据成品图修改得到图 2-87。如果表面不够光滑，可以在对象中调高细分数。

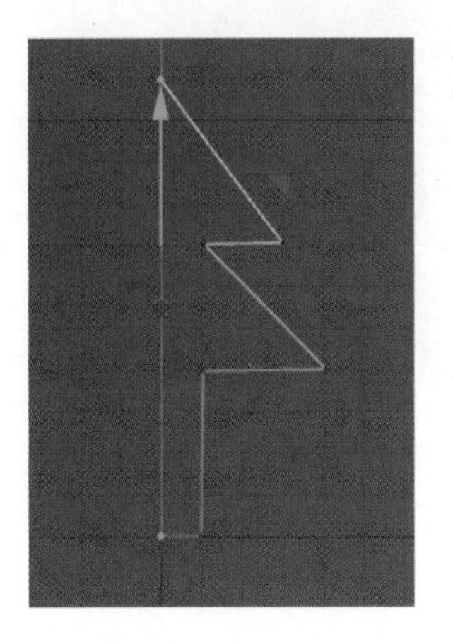

图 2-85

图 2-86

图 2-87

4. 扫描

以拱门制作为例讲解扫描。

步骤一：长按“画笔”工具绘制一个路径，再绘制一个样条，如图 2-88 所示。再进行轴心重置，如图 2-89 所示，重置后得到图 2-90 和图 2-91 所示图形。

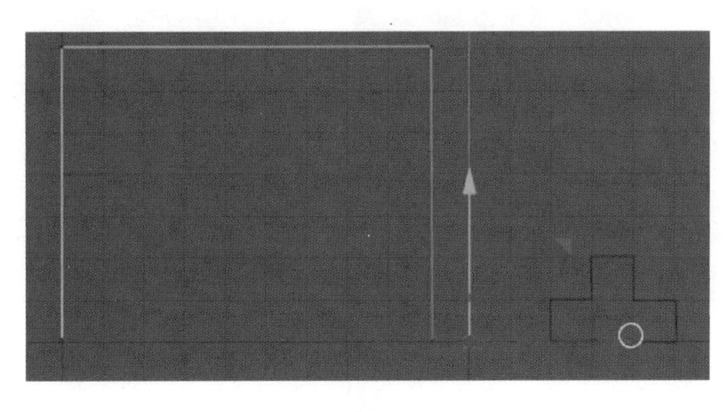

图 2-88

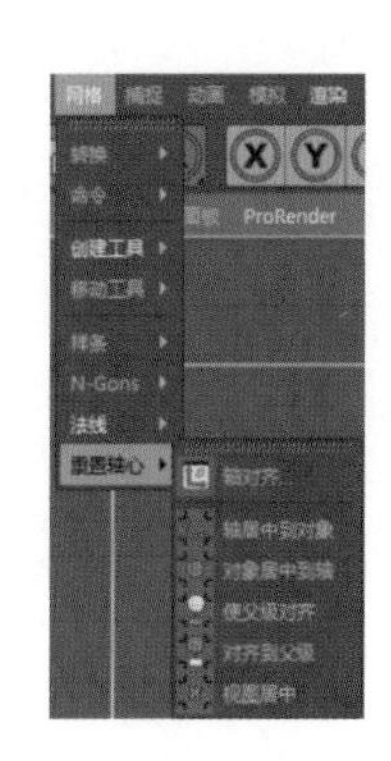

图 2-89

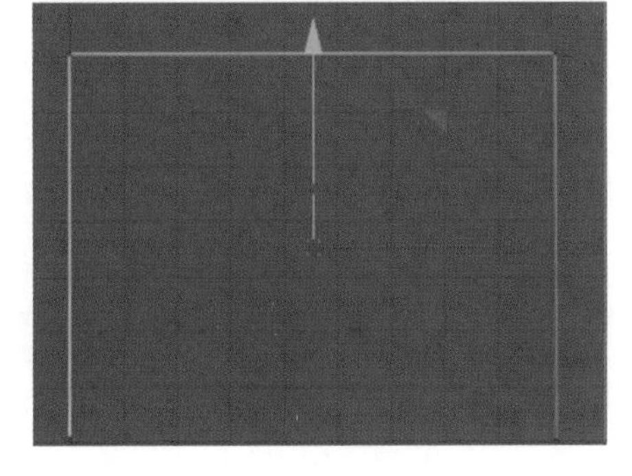

图 2-90

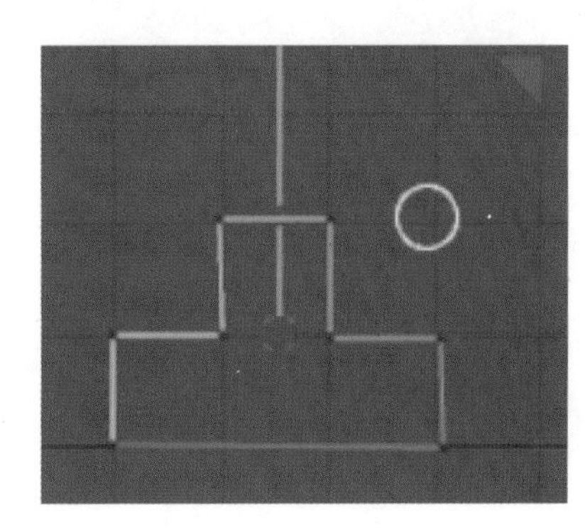

图 2-91

步骤二：长按“细分曲面”，选择“扫描”工具，扫描工具会把上面的部分作为截面，下面的部分作为路径。在制作扫描时要注意顺序和截面的方向，其中调整轴心的位置非常重要，图 2-92 并不是理想的图形。这就需要将两个 T 字相对，打开轴心工具，使用旋转工具进行调整，如果还是无法旋转，那么就要在点的模式下选中所有的点，然后用旋转工具进行调整，最终得到图 2-93 所示图形。

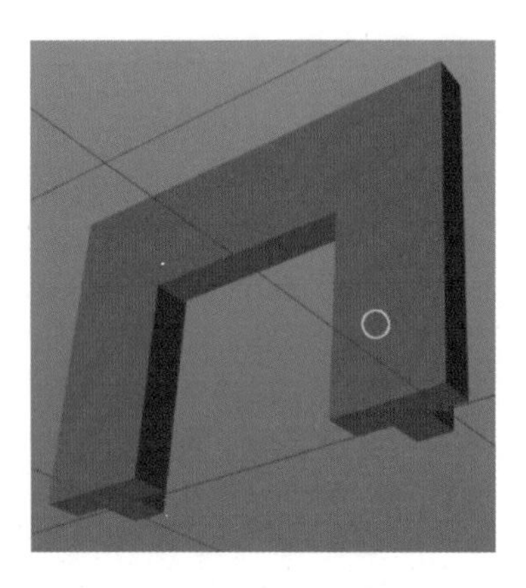

图 2-92

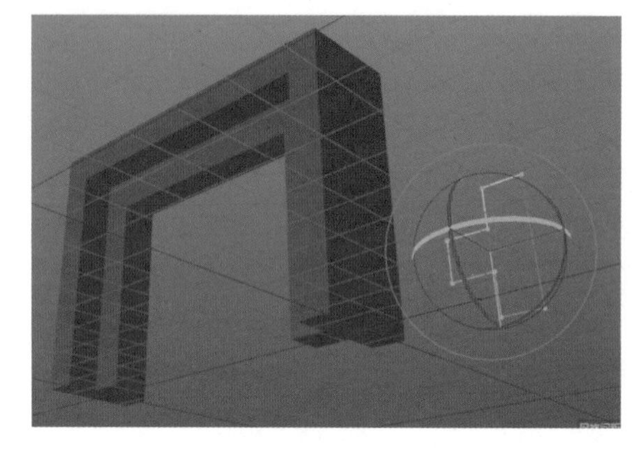

图 2-93

5. 贝塞尔

步骤一：长按“细分曲面”工具选择“贝塞尔”，得到图 2-94 所示图形。在图 2-95 中，水平细分越多，水平被分割的部分越多，垂直细分也是一样。数字越大，代表进行操作后形状越细腻，水平网点以及垂直网点代表在水平和垂直方向能够编辑的点的数量，如图 2-96 所示。

步骤二：将垂直网点和水平网点的数量都改成 5，并对图形的点进行移动，如图 2-97 和图 2-98 所示，可以得到一个非常流畅顺滑的图形。如果细分不够，那么图形就会非常生硬。一般我们很少使用贝塞尔工具，多使用平面和细分曲面工具来操作。

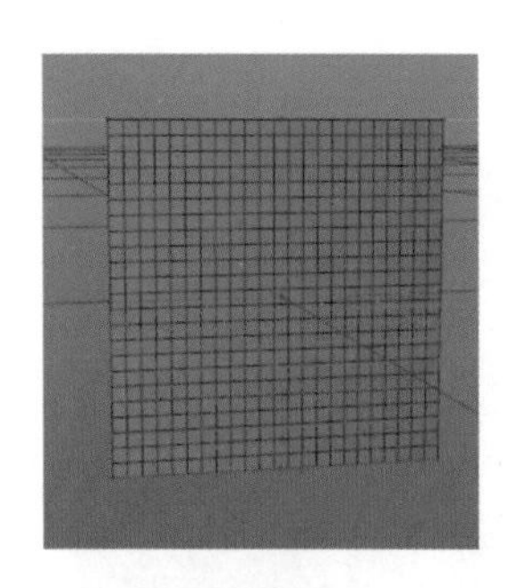

图 2-94

图 2-95

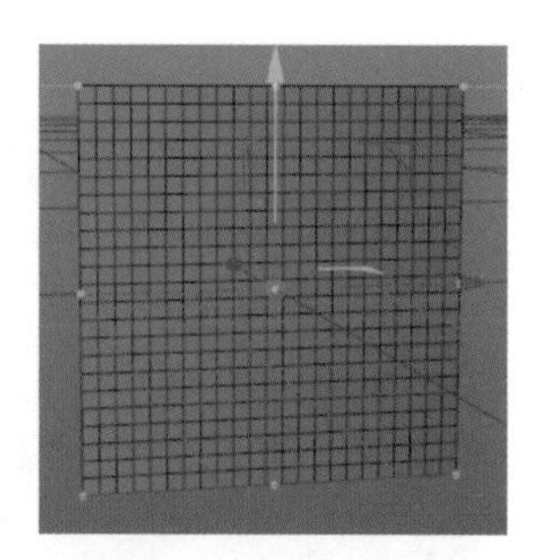

图 2-96

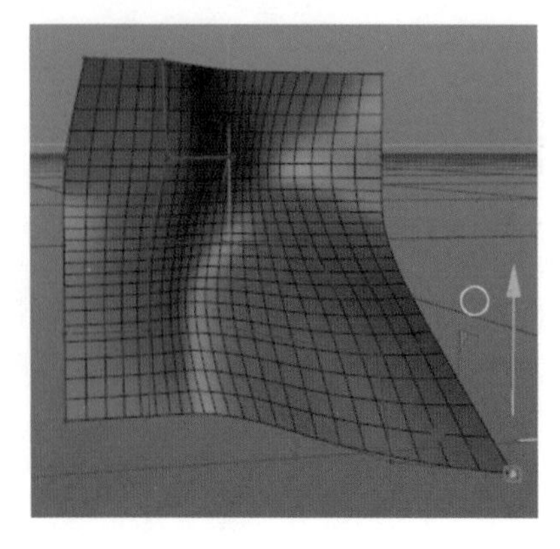

图 2-97

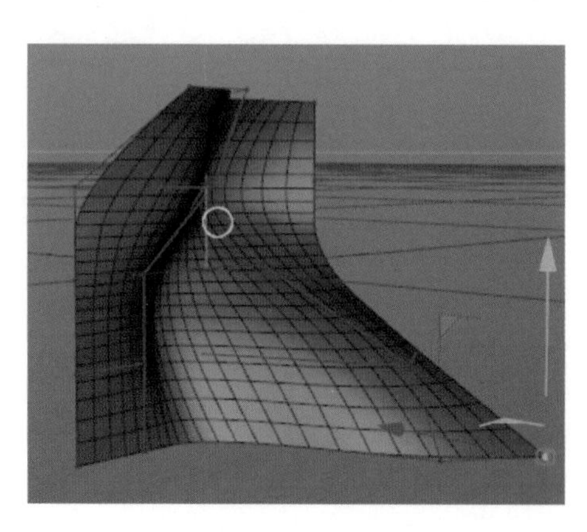

图 2-98

三、学习任务小结

本次任务主要学习了 C4D 软件中 NURBS 建模方法，分别是挤压、旋转、放样、扫描、贝塞尔工具。在使用这些方法时，要根据物体的特性来选择，并熟知工具的工作原理。课后，同学们要反复练习本次任务所学的 NURBS 建模方法，掌握其中的操作技巧。

四、作业布置

分别使用挤压、旋转、放样、扫描工具进行小型场景的制作。

多边形建模实训

教学目标

（1）专业能力：具备多边形建模的专业技能。

（2）社会能力：能够了解 C4D 多边形建模的操作方法。

（3）方法能力：具备软件操作能力和软件应用能力。

学习目标

（1）知识目标：掌握 C4D 软件的多边形建模方法与步骤。

（2）技能目标：能进行多边形建模。

（3）素质目标：提高软件操作技能，提高学习效率。

教学建议

1. 教师活动

教师示范 C4D 多边形建模的方法，并指导学生进行多边形建模练习。

2. 学生活动

学生认真观看教师示范 C4D 多边形建模的方法，并在教师的指导下进行多边形建模练习。

一、学习问题导入

多边形建模就是运用调整、添加以及减少点线面的方法，帮助我们完成基本物体的搭建以及基础物品的制作。多边形建模其图标如图 2-99 所示。

图 2-99

二、学习任务讲解与技能实训

步骤一：长按“立方体”，新建一个立方体，拉长 Y 轴得到图 2-100；宽度压扁得到图 2-101。将分段 Y 改为 3，如图 2-102 所示，将分段 Z 改为 2，将图形转换成可编辑对象（快捷键 C），将显示改为“光影着色（线条）”。

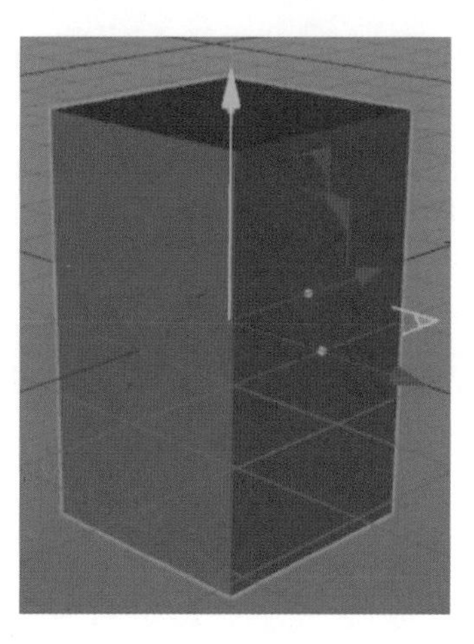

图 2-100

图 2-101

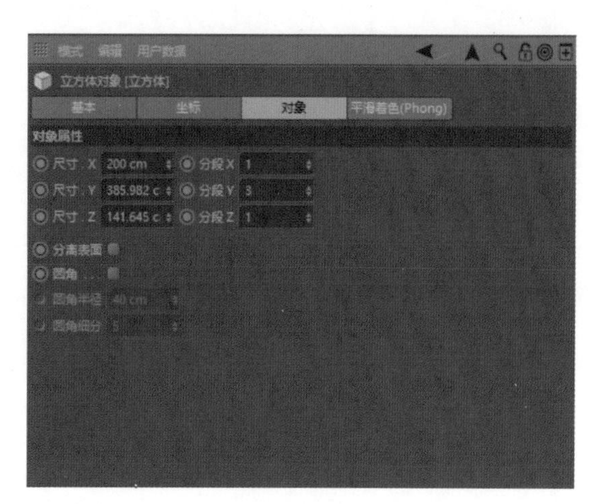

图 2-102

步骤二：切换成点的模式，选中图 2-103 中橙色的点，点击缩放工具，得到图 2-104。选中图 2-105 的面，按住移动工具，拖动选中的面按 Ctrl 往上拉，得到图 2-106。

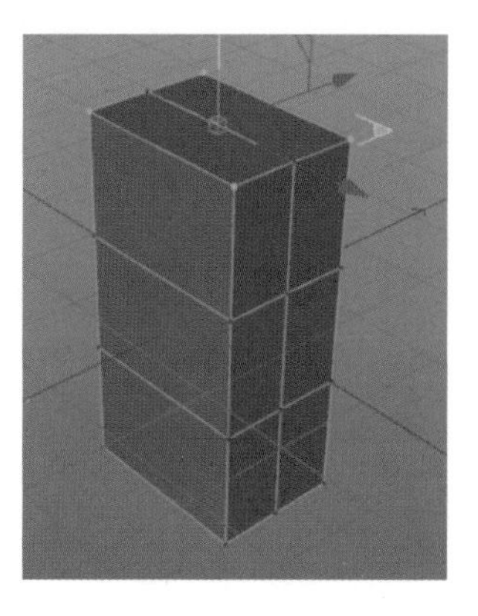

图 2-103

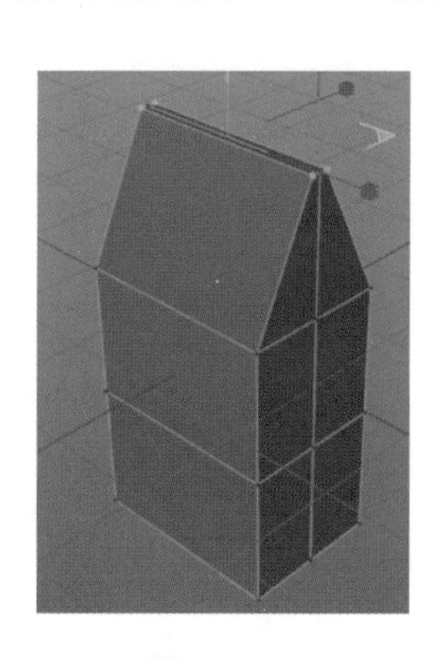

图 2-104

图 2-105

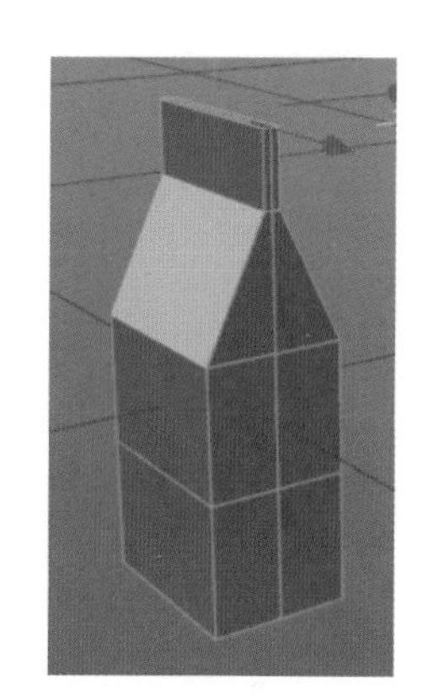

图 2-106

步骤三：长按“细分曲面”，点击“细分曲面”工具，将立方体放到“细分曲面”的子集，得到图 2-107。

步骤四：如果需要把图形的边缘变得锋利一些，按住鼠标右键选择“循环切割”，如图 2-108 所示。另一边底部也要进行切割，得到图 2-109。

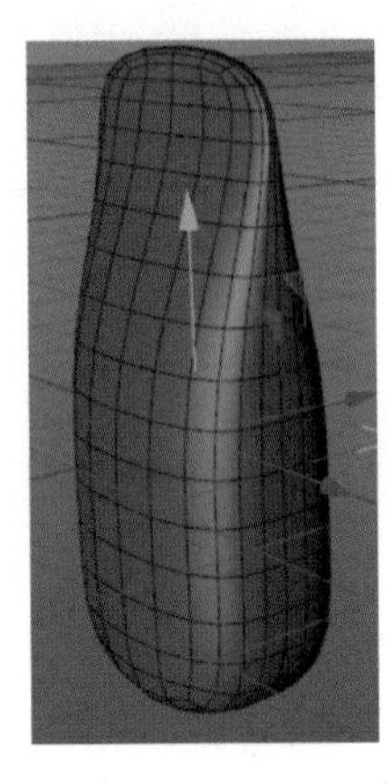

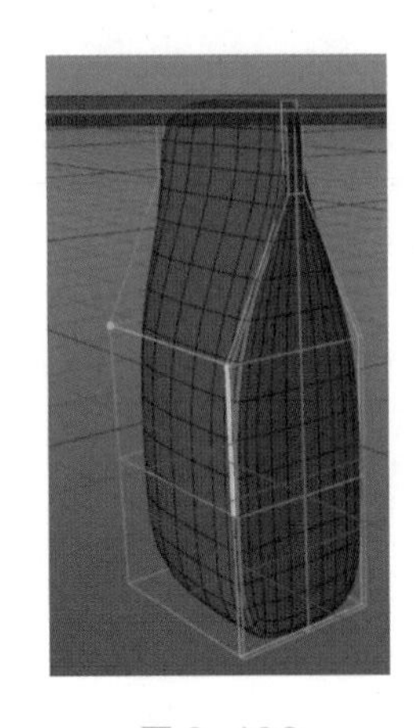

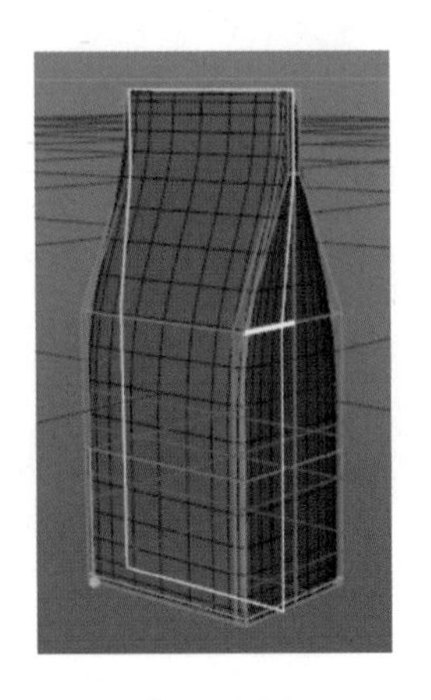

图 2-107　　图 2-108　　图 2-109

三、学习任务小结

本次任务主要学习了如何运用点线面的方式进行建模的方法和步骤，并且练习如何使用循环切割工具。同学们在制作过程中一定要注意布线的方向以及布线的数量，并在反复练习中掌握其中的方法和技巧。

四、课后作业

运用多边形建模的方式制作一套纸盒包装模型。

变形工具组建模实训

教学目标

（1）专业能力：具备变形工具的专业技能。

（2）社会能力：能够了解 C4D 变形工具组的操作方式。

（3）方法能力：软件操作能力、软件应用能力。

学习目标

（1）知识目标：掌握 C4D 软件的变形工具组建模方法与步骤。

（2）技能目标：能进行变形工具组建模。

（3）素质目标：提高软件操作技能，提高学习效率。

教学建议

1. 教师活动

教师示范 C4D 变形工具组建模的方法，并指导学生进行变形工作组建模练习。

2. 学生活动

学生认真观看教师示范 C4D 变形工具组建模的方法，并在教师的指导下进行变形工作组建模练习。

一、学习问题导入

变形工具组建模就是运用扭曲、螺旋、融解、修正、球化、导轨、置换、倒角、膨胀、FFD、爆炸、颤动、表面、样条约束、公式、斜切、网格、爆炸 FX、变形、包裹、摄像机、风力、锥化、挤压 & 伸展、破碎、收缩包裹、样条、碰撞、平滑的方法，完成基本物体的搭建以及基础物品的制作，如图 2-110 所示。

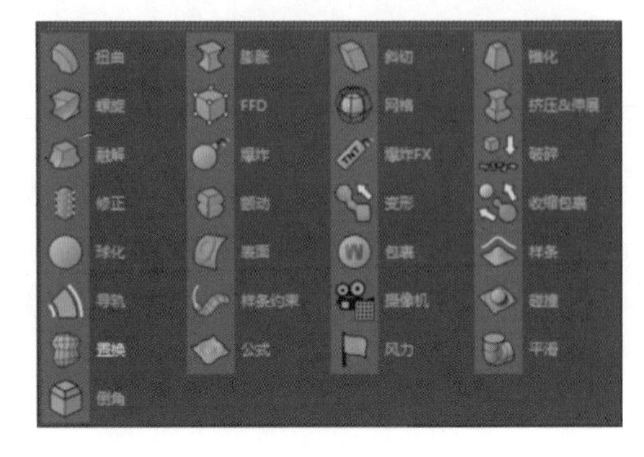

图 2-110

二、学习任务讲解与技能实训

变形工具组工具的使用方法如下。

（1）膨胀。

步骤一：长按 新建一个立方体，变形工具组里的工具都是作为子集来使用的，将变形工具组放到形状的子集，将膨胀放到图形的子集后会得到图 2-111 和图 2-112。图 2-112 中的尺寸是编辑器的尺寸（图 2-111 外面蓝色框的尺寸）。如果要改变里面的形状，首先要增加对象中的分段，如图 2-113 所示。将分段 X、分段 Y、分段 Z 增加，打开显示中的“光影着色（线条）”，效果如图 2-114 所示。选中“膨胀”，改变膨胀中的参数，可以改变立方体形状，效果如图 2-115 所示。匹配到父级可以将蓝色的框完全贴合至立方体，但是匹配后模式就无法使用。

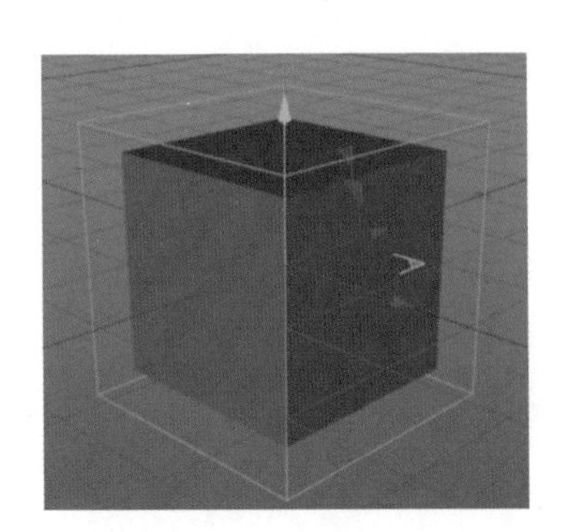

图 2-111

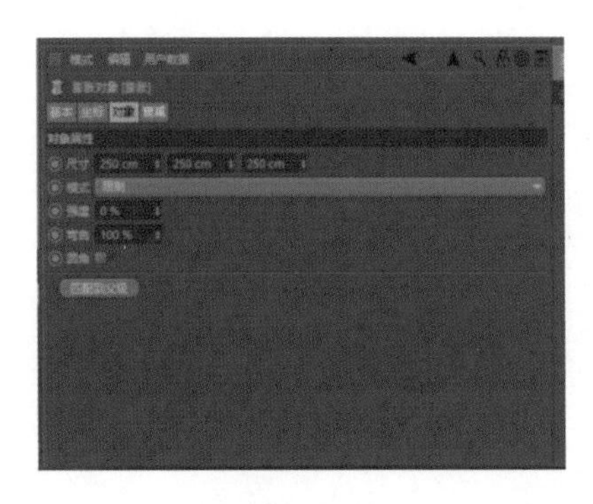

图 2-112

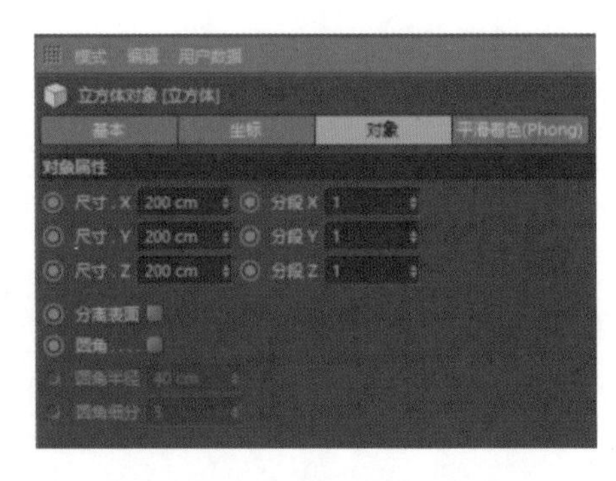

图 2-113

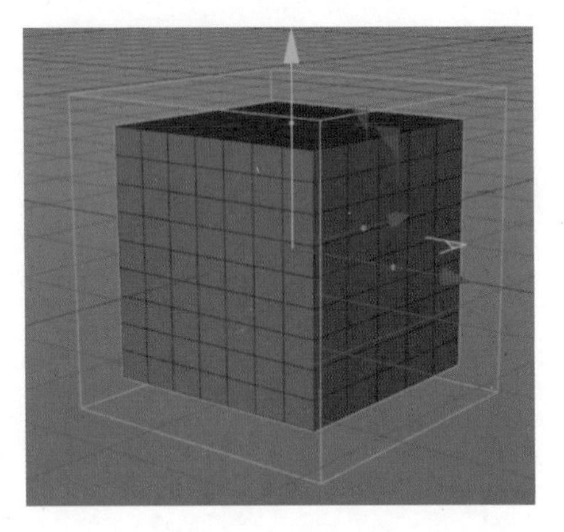

图 2-114

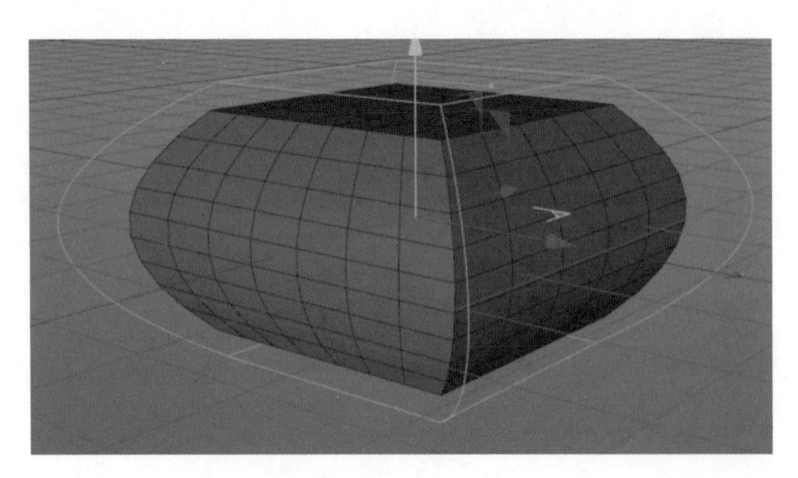

图 2-115

变形工具组中的其他工具，如扭曲、螺旋、融解、球化、爆炸、样条约束、公式、倒角、FFD、斜切、网格、爆炸FX、变形、包裹、摄像机、风力、锥化、挤压&伸展、破碎、收缩包裹、样条、碰撞、平滑与膨胀使用方法一致，如图2-116～图2-128所示。

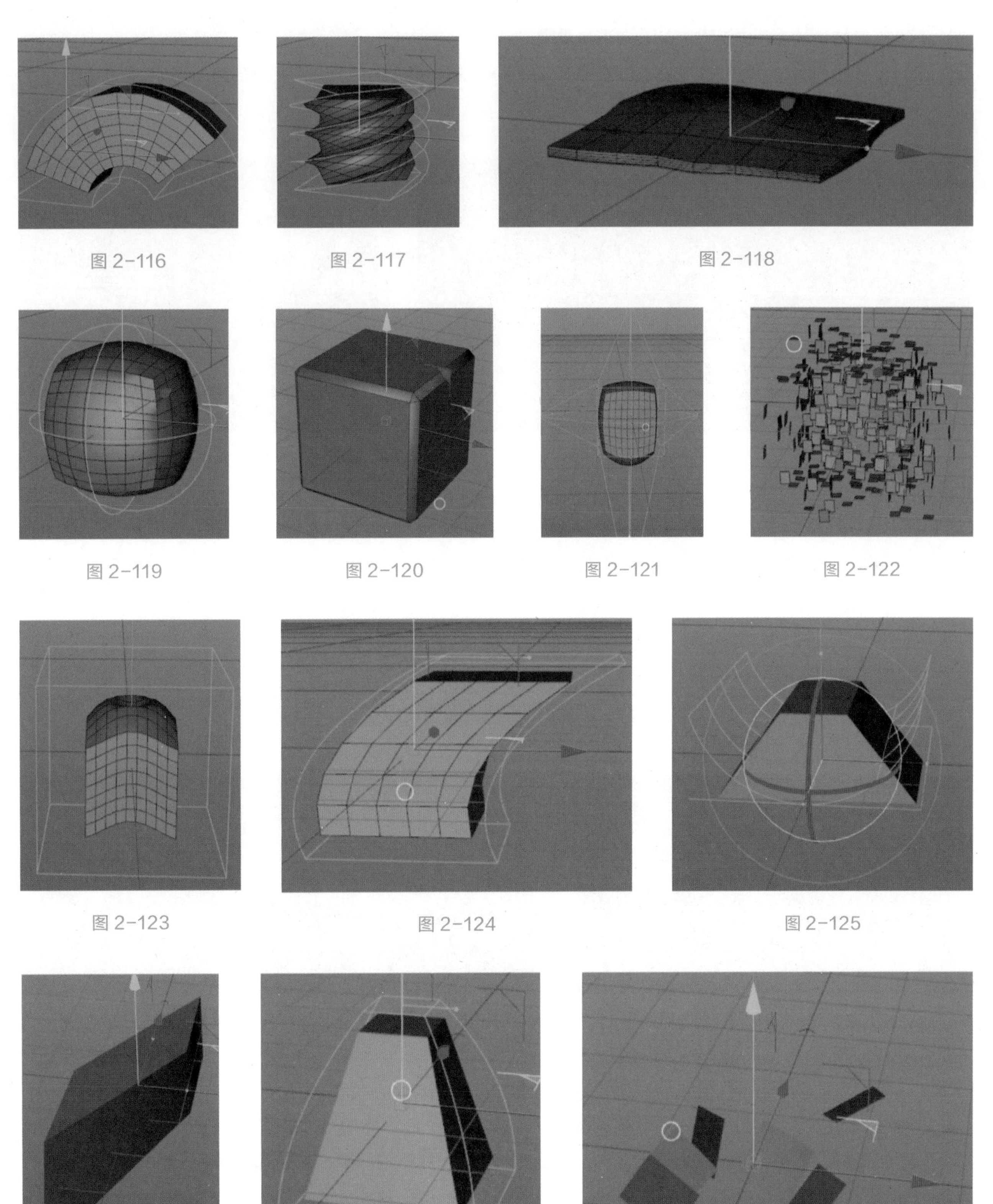

图2-116　图2-117　图2-118

图2-119　图2-120　图2-121　图2-122

图2-123　图2-124　图2-125

图2-126　图2-127　图2-128

（2）修正。

修正工具可以为原始模型增加一个保护器，可以在原始模型的基础上进行点、线、面的修改操作。

（3）导轨。

新建立方体，将导轨放到立方体的子集，得到图 2-129。然后使用画笔工具在顶视图中立方体的旁边绘制两条曲线，再将左边的样条放到左边 Z 曲线中，将右边的样条放到右边 Z 曲线中，可以得到图 2-130。

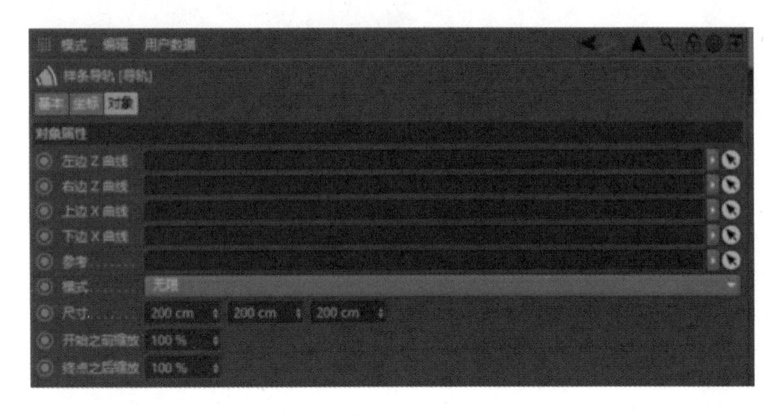

图 2-129

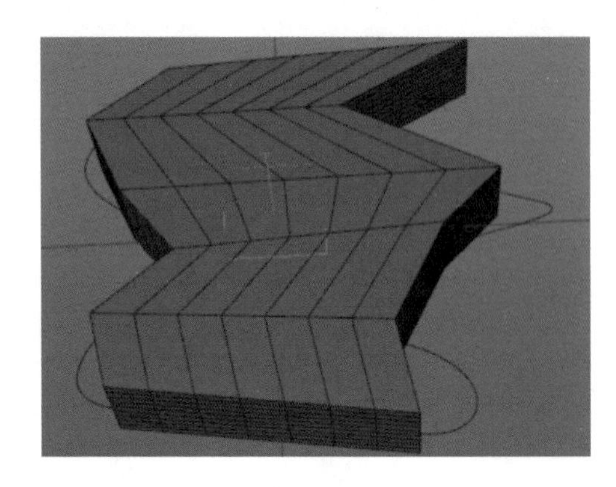

图 2-130

（4）置换。

变形工作组中的置换一般搭配渲染工具使用，可以将导入图片的材质与本身图形的材质进行替换。

（5）颤动。

变形工作组中的颤动一般和动画一起搭配制作，会有抖动的动画效果。

（6）样条约束。

新建一个立方体，点击“样条约束”，将样条拖到样条约束的“样条”中，如图 2-131 所示，得到图 2-132。

图 2-131

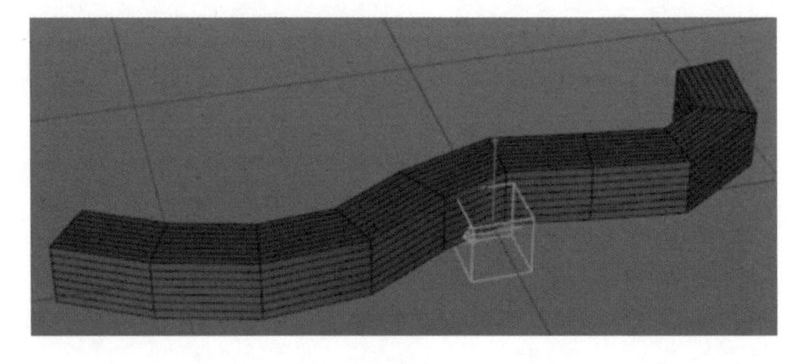

图 2-132

（7）网格、变形。

新建一个立方体，点击“网格”工具，将网格放到立方体的子集，再新建一个球体，将球体转为可编辑对象后，打开“透显”，可以看到球体变成透明，然后将球体拖入网格的网笼中，点击球体，点击“点”模式，可以拖动球体上的点来改变内部立方体的形状，如图 2-133 所示。

（8）爆炸 FX。

新建立方体，将爆炸 FX 拖到立方体的子集，效果如图 2-134 所示。

（9）挤压＆伸展。

使用方法一致，将挤压＆伸展拖到立方体的子集，类似膨胀的升级版。

顶部：影响顶部数值的多少，数值越小，影响越小。

中部：调整中部位置，决定变形器的影响。

底部：影响顶部数值的多少，数值越小，影响越小。

方向：控制挤压方向。

因子：调整向内或向外挤压的效果。

膨胀：调整变形的强度。

平滑起点：调整起点的平滑强度。

平滑终点：调整终点的平滑强度。

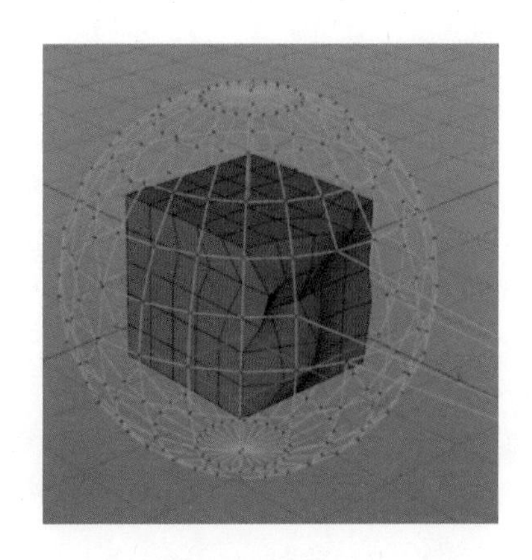

图 2-133

（10）收缩包裹。

目标对象：被包裹的对象。

模式如下：

沿着法线：模型法线面指向物体的面才会收缩包裹；

目标轴：全部贴到模型表面；

来源轴：模型与被包裹对象模型的轴心进行匹配；

强度：收缩包裹的程度；

最大距离：决定模型是否收缩包裹。

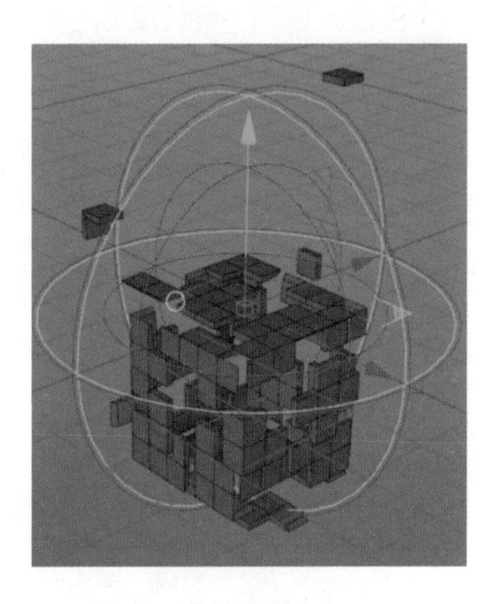

图 2-134

新建一个球体和一个宝石，再点击“收缩包裹”，将收缩包裹放到球体的子集，将宝石拖入目标对象中，调整强度，球体会包裹在宝石的外面，如图 2-135 所示。

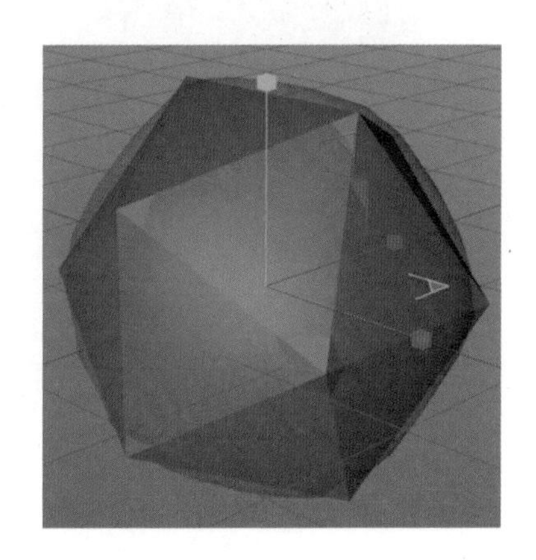

图 2-135

（11）样条。

样条：做河流、凹槽比较多。

原始曲线：设定原始曲线样条。

修改曲线：设定修改曲线样条。

样条曲线近似：采样值，影响凹槽效果，默认即可。

半径：控制半径大小。

使用长度：当原始与修改曲线细分点不一致时，勾选后会优化。

完整多边形：起到优化面作用，使转角处更加圆润。

形状：控制凹槽形状。

新建一个平面，用贝塞尔工具绘制两条曲线，将这两条曲线拖入样条曲线和修改曲线中，选中样条往上拖，选中样条 1 往下拖，可以得到图 2-136。

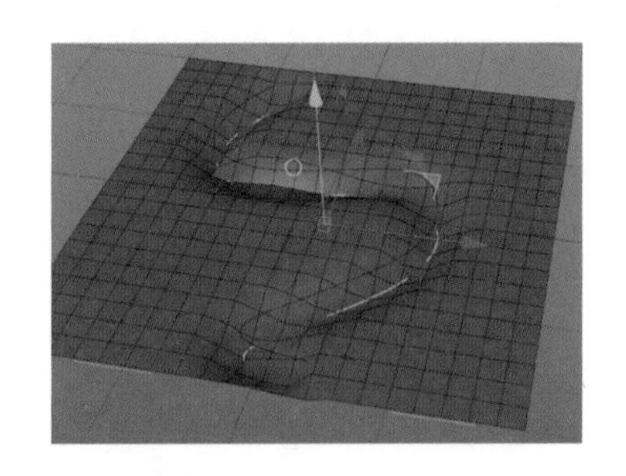

图 2-136

（12）碰撞。

交错：发力物体，碰撞后会被受力面覆盖住。

内部：发力物体，超过受力面，则直接穿过去。

内部（强度）：发力物体会一直压受力面，且不会穿过去。

外部：受力面刚接触发力物体就会包裹。

外部（体积）：有开口且有体积的发力物体，优化外部效果。

新建一个球体和平面，再点击“碰撞”，将其拖入平面的子集，把球体放到“碰撞器”的“对象”中，将球体往下移动，得到图 2-137。

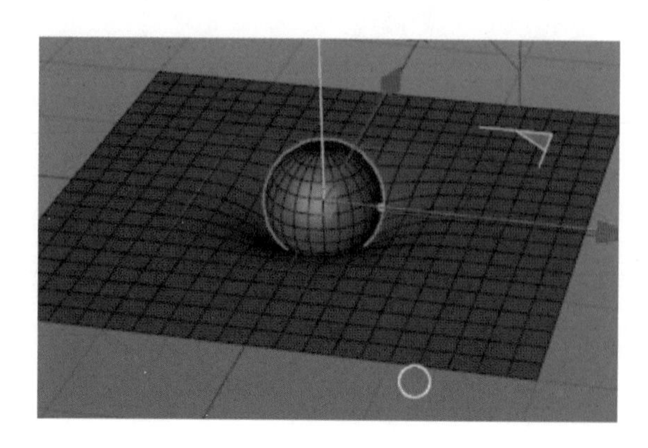

图 2-137

（13）平滑。

强度：控制平滑强度。

类型：选择模式。

迭代：数值越大，平滑效果越明显。

硬度：控制硬度。

保持置换：针对极端凸起的点，平滑不会做处理。

新建一个地形工具，将地形的参数调整一下，如图 2-138 所示，得到一个参差不齐的地形，然后将平滑放到地形工具的子集，得到图 2-139。

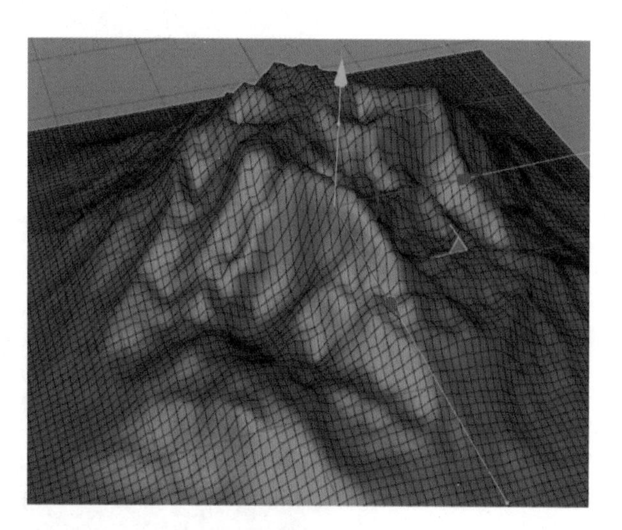

图 2-138

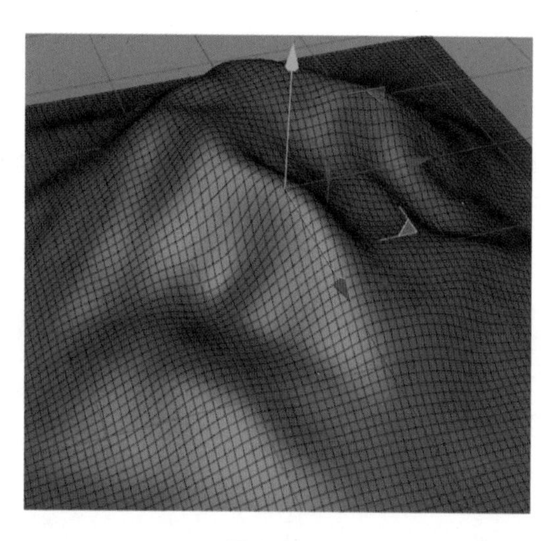

图 2-139

三、学习任务小结

本次任务主要学习了运用变形工具组进行建模的方法。课后，大家要反复练习本次任务所学的变形组工具的使用方法，做到熟能生巧。

四、课后作业

运用变形工具组的建模方式制作一个小型动画的基础模型。

雕刻建模实训

教学目标

（1）专业能力：具备雕刻建模的专业技能。

（2）社会能力：能够了解 C4D 雕刻建模的操作方式。

（3）方法能力：软件操作能力、软件应用能力。

学习目标

（1）知识目标：掌握 C4D 软件的雕刻建模方法与步骤。

（2）技能目标：能进行雕刻建模。

（3）素质目标：提高软件操作技能，提高学习效率。

教学建议

1. 教师活动

教师示范 C4D 雕刻建模的方法，并指导学生进行雕刻建模练习。

2. 学生活动

学生认真观看教师示范 C4D 雕刻建模的方法，并在教师的指导下进行雕刻建模练习。

一、学习问题导入

雕刻建模有几种雕刻工具，包括细分、减少、增加、体素网格、拉起、抓取、平滑、蜡雕、切刀、挤捏、压平、膨胀、放大、填充、重复、铲平、擦除、选择、蒙板等，如图 2-140 所示。不同的工具有不同的使用方法，它们能够帮助我们完成基本物体雕刻以及制作。

图 2-140

二、学习任务讲解与技能实训

下面以制作奶酪字体为例讲解雕刻建模实训。

步骤一：新建一个胶囊工具，打开显示中的“光影着色（线条）”，点击“界面—启动”中的“Sculpt”界面，如图 2-141 所示，会得到雕刻的工具界面。将胶囊转为可编辑对象，细分要开大一点，这样物体会更加细致，“细分”下面的“增加”和“减少”可增加细分和减少细分，这样凸起和凹陷的过渡才会比较自然，点击“拉起”工具，用鼠标在想要凸起的地方滑动，可以使选择的部分凸起，如图 2-142 所示。按住 Ctrl 键则会按压凸起的部分，使其变得凹陷，如图 2-143 所示。

图 2-141

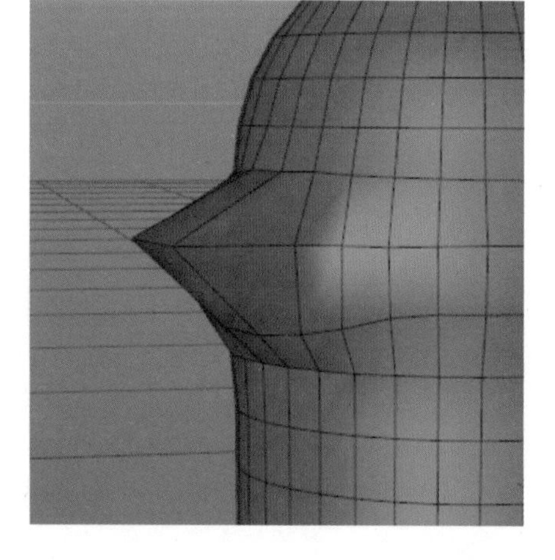

图 2-142

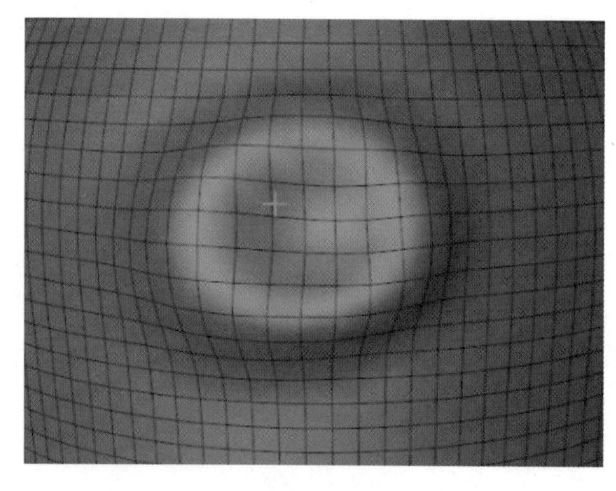

图 2-143

步骤二：点击“抓取”工具后，按住鼠标键进行拖曳，可以拉起你想要选择的部分，如图 2-144 和图 2-145 所示。

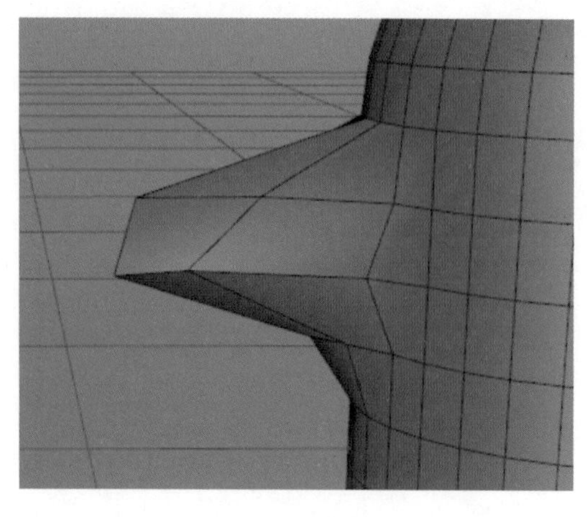

图 2-144

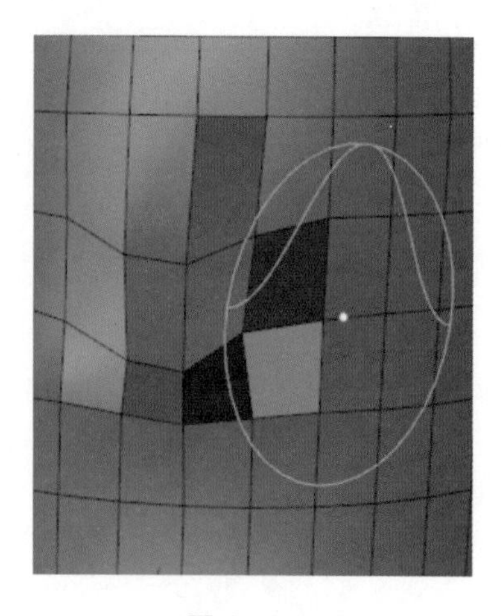

图 2-145

步骤三：点击选择“平滑”工具后，按住鼠标在凹陷或凸起处进行拖曳，可以将凹陷或凸起的地方变得平滑。

蜡雕是笔刷在表面刷出平直的线条，切刀工具就像一把刀一样，有明显的缝隙。挤捏工具就是把缝隙捏得更紧一点。压平就跟电熨斗一样，把对象压得更平整。膨胀是在原有结构上增加膨胀。放大，类似于拉起，但主要作用是强化现有效果，让凹的地方更凹。填充类似蜡雕，将凹陷的部分填满。重复，便于对称。擦除，将雕刻的内容复原。蒙板，框选操作范围。

步骤四：建立一个 E 形的字母，如图 2-146 所示。分段不够，转为可编辑对象后，进入面的模式，选中所有的面，然后点击鼠标右键，点击“细分”，如图 2-147 所示。细分两到三次，如图 2-148 所示。然后在雕刻面板中再点击一次细分，会得到一个非常细腻的 E 字，如图 2-149 所示。

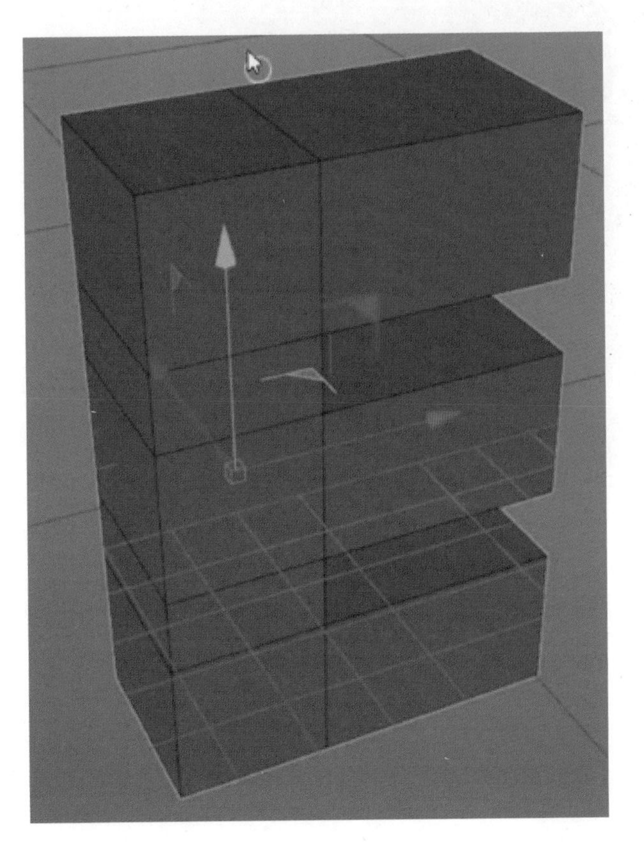

图 2-146

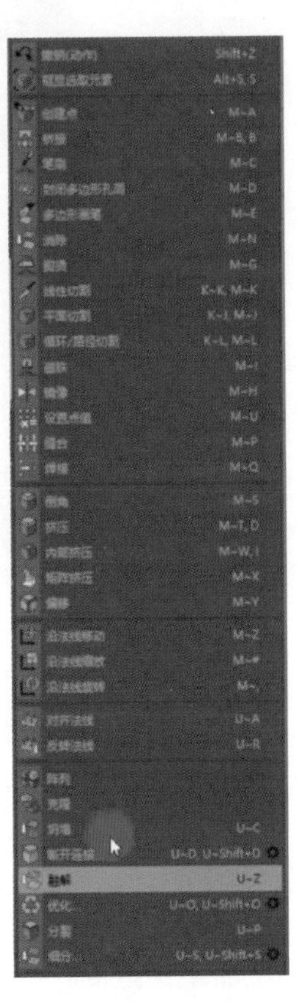

图 2-147

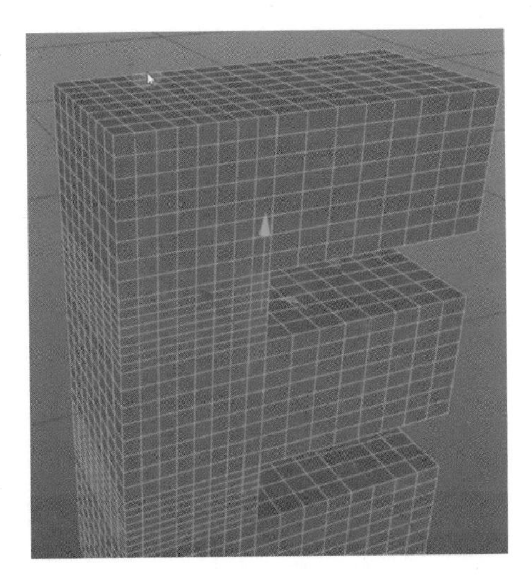

图 2-148

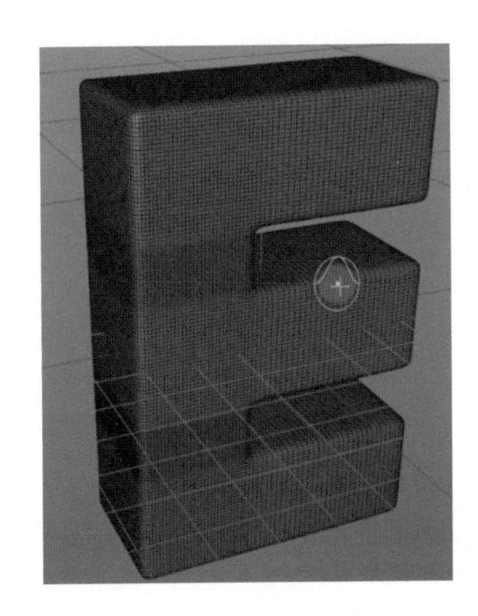

图 2-149

步骤五：使用雕刻工具对 E 字进行调整（按住鼠标中键往上拉是增加压力，往下拉是减少压力；按住鼠标中键往右拖是增大画笔大小，往左拖动是减小画笔大小），得到图 2-150。

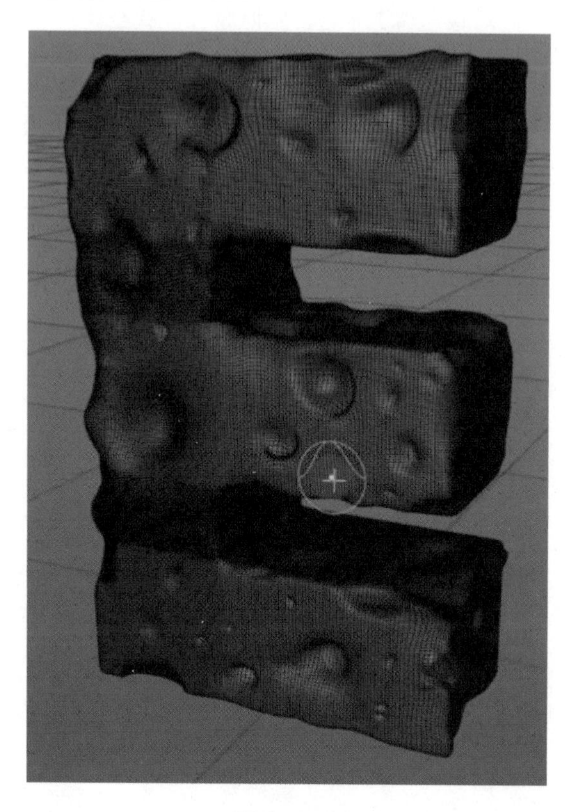

图 2-150

三、学习任务小结

本次任务主要学习了 C4D 软件的雕刻建模方式，使用了细分、减少、增加、体素网格、拉起、抓取、平滑、蜡雕、切刀、挤捏、压平、膨胀、放大、填充、重复、铲平、擦除、选择等方法进行奶酪字母的制作。课后，大家要反复练习本次任务所学工具，做到熟能生巧。

四、课后作业

用本节所学方法把自己名字中的大写字母做成奶酪字母。

学习任务一　静物场景综合实训

学习任务二　双向流新风系统模型制作综合实训

学习任务三　牙膏模型制作综合实训

静物场景综合实训

教学目标

（1）专业能力：能通过综合实例的学习，了解 C4D 渲染、灯光及常见材质的设置方法。

（2）社会能力：能养成善于动脑、勤于思考、及时发现问题的学习习惯；能收集、归纳和整理工程文件，并进行相关特点分析，具备 C4D 软件的自主学习和操作能力。

（3）方法能力：实训中能多问多思多动手，课后在专业技能上主动多拓展实践。

学习目标

（1）知识目标：了解 C4D 渲染、灯光及常见材质的基本设置方法。

（2）技能目标：能够根据不同场景选择不同类型的灯光，掌握常用材质的设置方法及渲染输出流程。

（3）素质目标：能够理解并记忆 C4D 灯光、材质、渲染等相关知识。

教学建议

1. 教师活动

教师通过分析案例，引入灯光、材质相关知识的讲解，引导学生进行思考。同时，运用多媒体课件、教学视频等多种教学手段，讲授 C4D 渲染、灯光及常见材质的设置方法，指导学生进行课堂实训。

2. 学生活动

学生认真听取教师的讲解，观看教师示范，在教师的指导下进行课堂实训。

一、学习问题导入

各位同学，大家好！现实生活中的物品因受到灯光的影响，我们才能够看到物品的材质，那么在 C4D 中如何给材质设置灯光、材质、渲染输出呢？本次任务我们将学习相关内容。

二、学习任务知识讲解与技能实训

1. 光与影

长按“灯光”按钮 ，系统会弹出“灯光”面板，里面罗列出系统自带的八种类型灯光：灯光、聚光灯、目标聚光灯、区域光、IES 灯光、远光灯、日光、PBR 灯光，如图 3-1 所示。

点击“灯光”，创建一盏泛光灯，如图 3-2 所示。在物件管理器中选中“灯光”，如图 3-3 所示。在属性管理器灯光属性选项卡中可以设置灯光的基本、坐标、常规、细节、可见、投影、光度、焦散、噪波、镜头光晕、工程等参数，如图 3-4 所示，达到项目设计的最终效果。

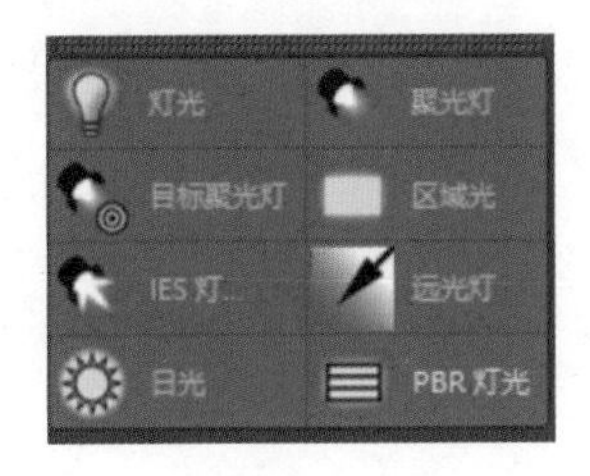

图 3-1

图 3-2

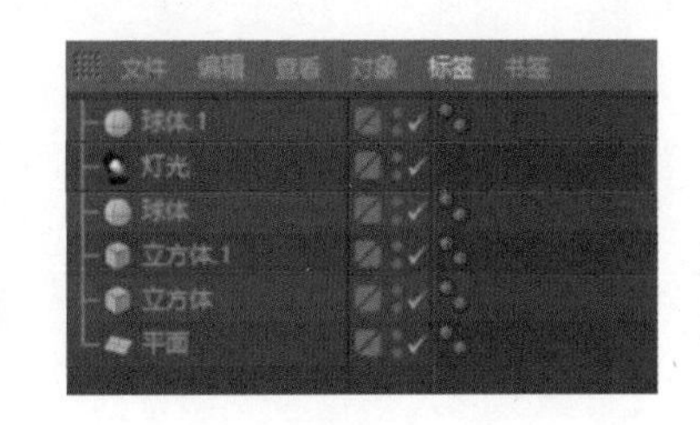

图 3-3

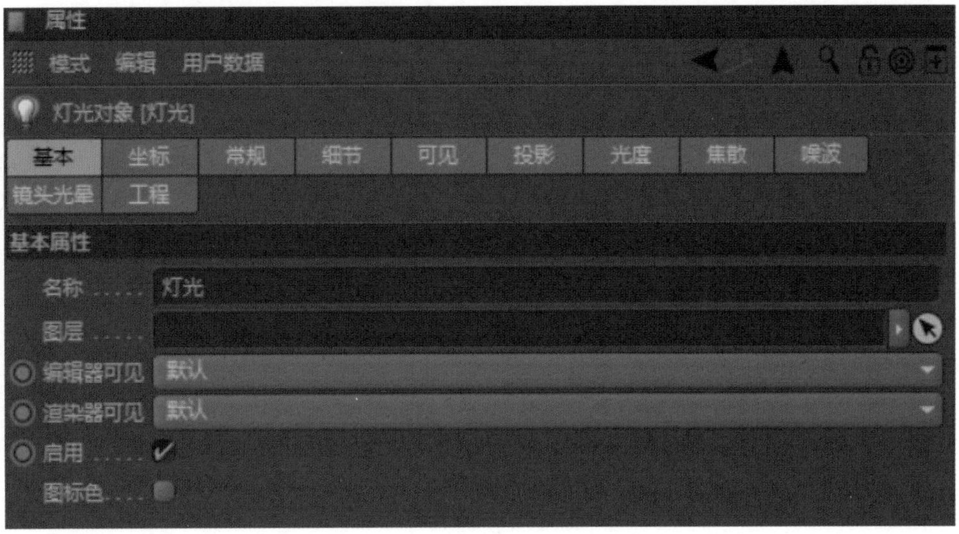

图 3-4

常用不同类型的灯光效果如图 3-5 所示。

IES 灯光常用于室内效果图中模拟射灯、台灯等灯光效果，往往需要配合 IES 外部文件使用。点击“IES 灯光”，出现选择外部文件对话框，如图 3-6 所示，选择“项目文件”“IES 文件夹”“光圈灯光 01”，调整灯光角度，效果如图 3-7 所示。

在场景中，灯光的投影效果不会显示，需要在属性管理器中设置“投影”选项卡，如图 3-8 和图 3-9 所示，渲染后可以看出投影的效果，如图 3-10 所示。

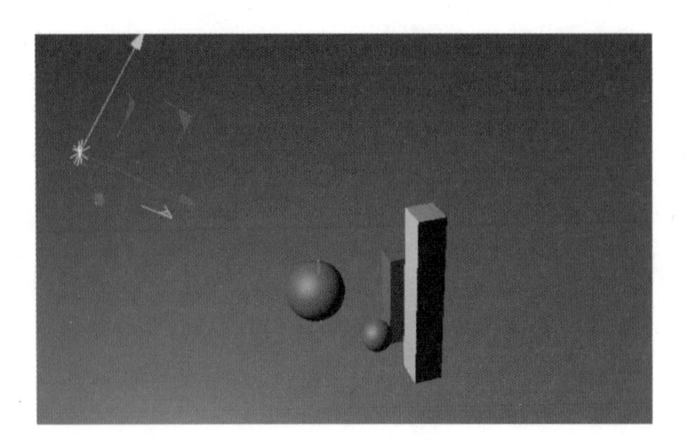

泛光灯

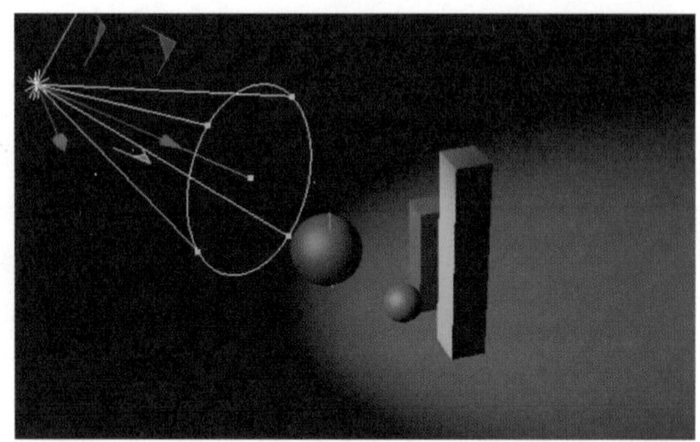

聚光灯

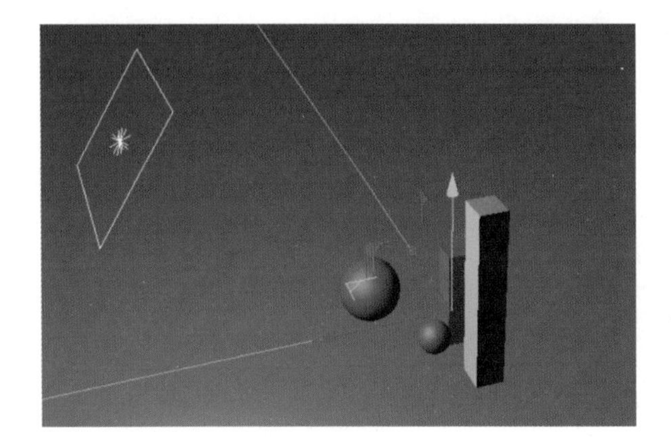

区域灯

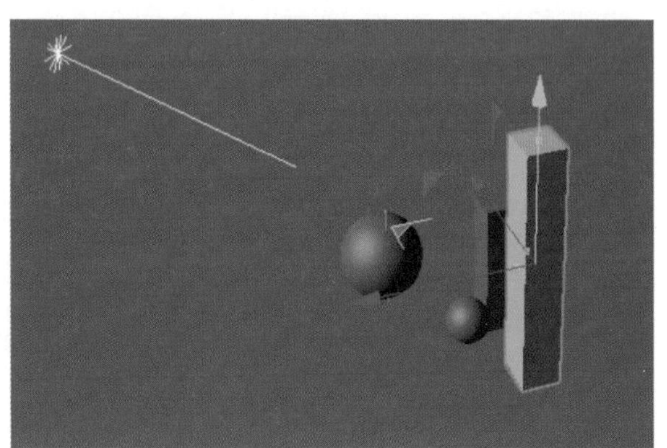

远光灯

图 3-5

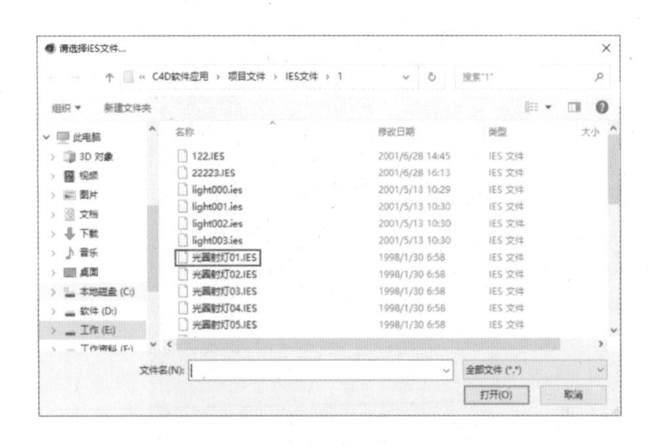

图 3-6

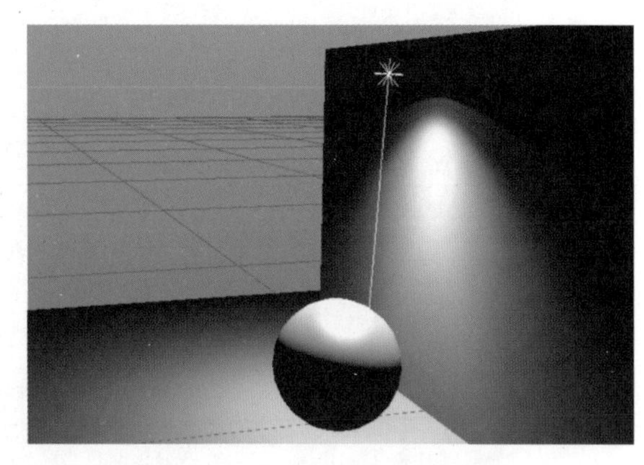

图 3-7

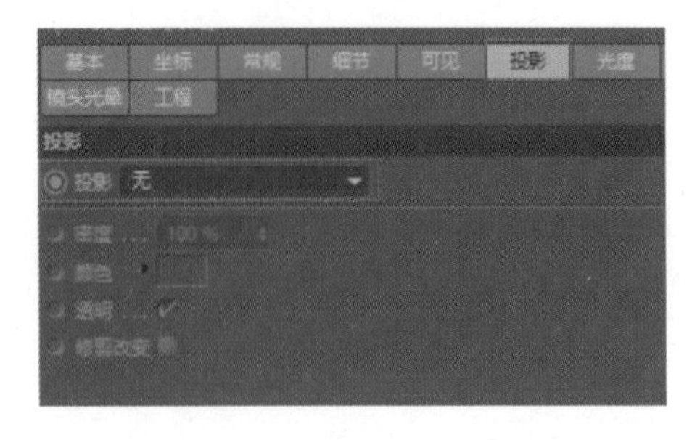

图 3-8

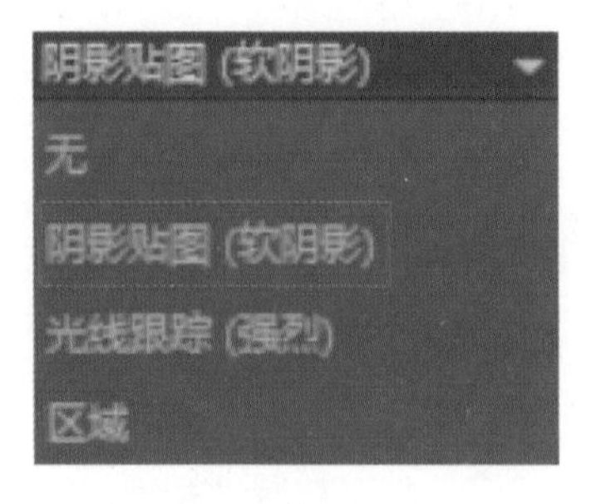

图 3-9

图 3-10

2. 材质

双击“材质窗口”中的空白区域即可创建材质球，然后双击材质球就可以打开“材质编辑器”面板，如图 3-11 所示。选择相关通道，可以对材质球进行调节。如选择颜色通道，调整 RGB、HSV 等参数就可以改变材质球的颜色，如图 3-12 所示。再次双击“材质窗口”中的空白区域，可创建出多个材质球，如图 3-13 所示。

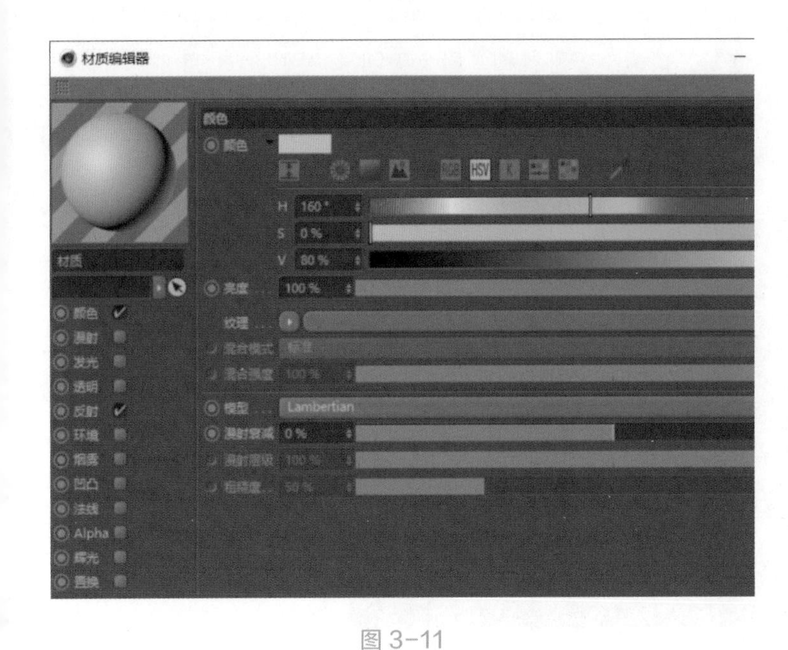

图 3-11

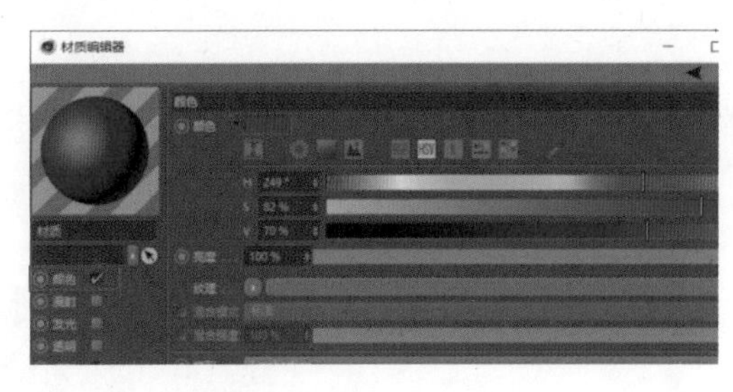

图 3-12

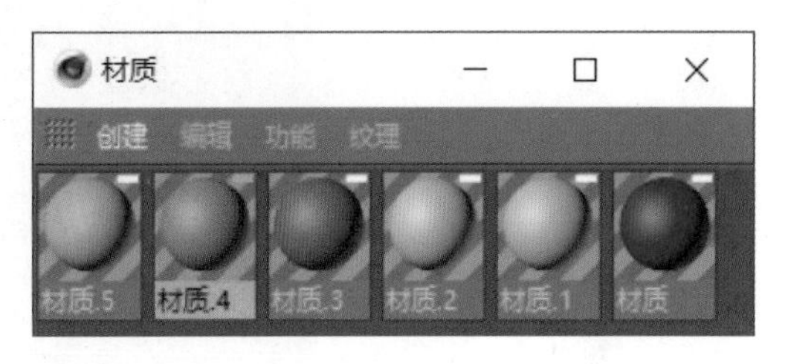

图 3-13

3. 渲染与输出

“渲染器”选项可以切换不同的渲染器，点击工具栏中“编辑渲染器”按钮，如图 3-14 所示。打开渲染编辑器，如图 3-15 所示。“标准”与“物理”渲染器是 C4D 自带的两个使用频率较高的渲染器。C4D 也有一些外置的渲染器，如 Redshift 和 Octan Render 等，但需要单独安装插件。本项目中的案例主要使用“标准”渲染器，在渲染景深与大量模糊效果时使用“物理”渲染器。

图 3-14

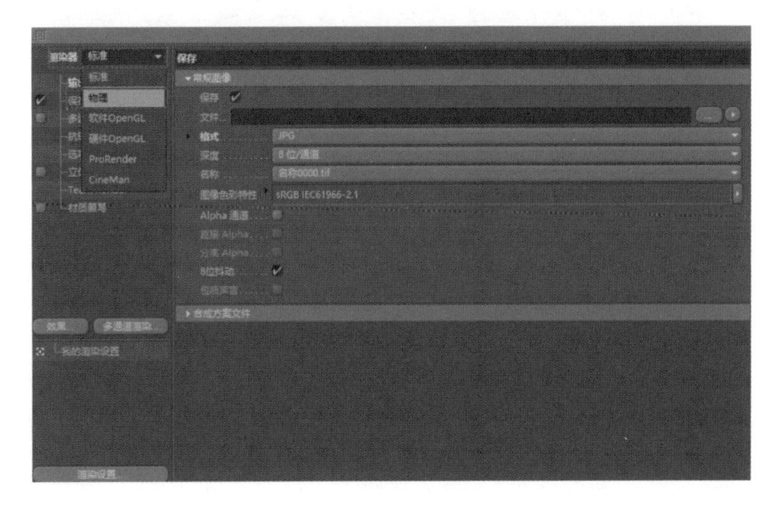

图 3-15

如图 3-16 所示，红框内的参数是我们经常要调整的参数。输出选项中的宽度和高度就是画面的大小，根据项目输出的实际需要进行调整，本项目中的案例都是图片格式，所以“帧范围”使用“当前帧”即可。如果需要渲染动画，就要设置动画开始与结束时间。

“保存”选项用于设置文件渲染完成后保存的路径。“格式”可以根据项目的具体要求进行选择，如果所渲染的场景中有 Alpha（透明）通道，则需要勾选“Alpha 通道”和“直接 Alpha 通道”两个选项，如图 3-17 所示。

“抗锯齿”选项在渲染成品时一般使用“最佳”。“最小级别”和“最大级别”分别为 1×1 和 4×4，如图 3-18 所示。在渲染玻璃或有较多深度的反射时，“抗锯齿”使用“最佳”，“最小级别”和“最大级别”分别为 2×2 和 4×4；在渲染测试阶段，“抗锯齿”使用“几何体”选项。

图 3-16

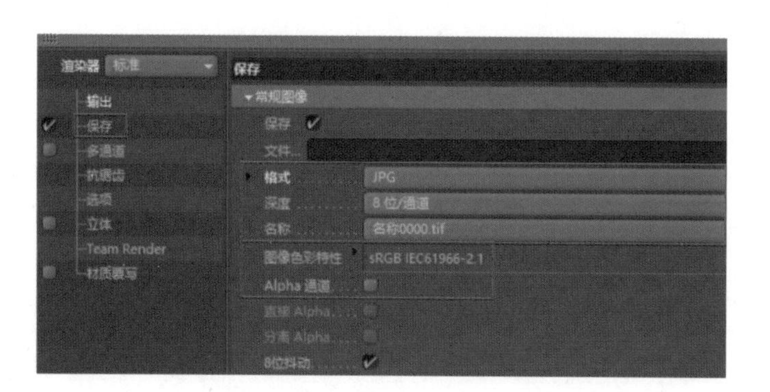

图 3-17

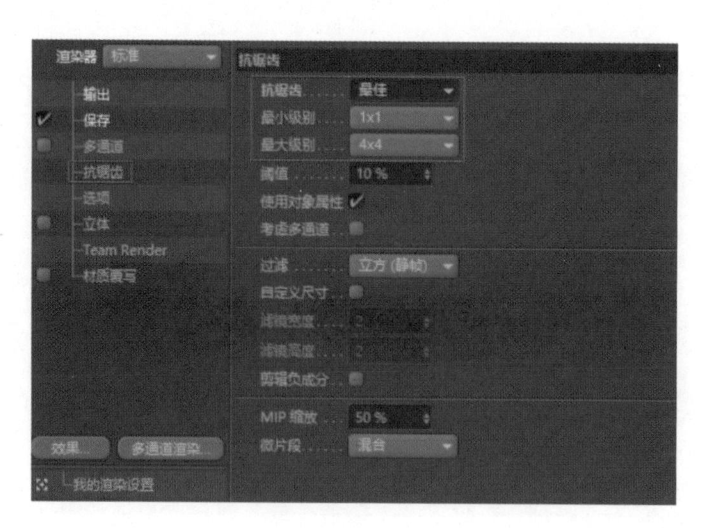

图 3-18

“全局光照”的英文一般写为 GI。在效果选项中加入“全局光照”后便开启了该效果，如图 3-19 所示。

开启“全局关照”后，场景中就会有全局光照的效果，但默认的参数并不理想，以下推荐的参数为通用场景的设置，使用这些参数设置就可以缩短渲染时间并保证渲染的质量。设置“首次反弹算法”为“辐照缓存”，“二次反弹算法”为“辐照缓存”，“漫射深度”为 4，“采样”为“自定义采样数量”，单击“采样”前面的黑色小三角按钮，展开“采样数量”选项，设置为 128。采样数量的值越大，全局光照的效果越好，数值通常为 64 ~ 512，如图 3-20 所示。

在“辐照缓存”选项设置中设置“记录密度”为“低”，“平滑”为 100%，如图 3-21 所示。

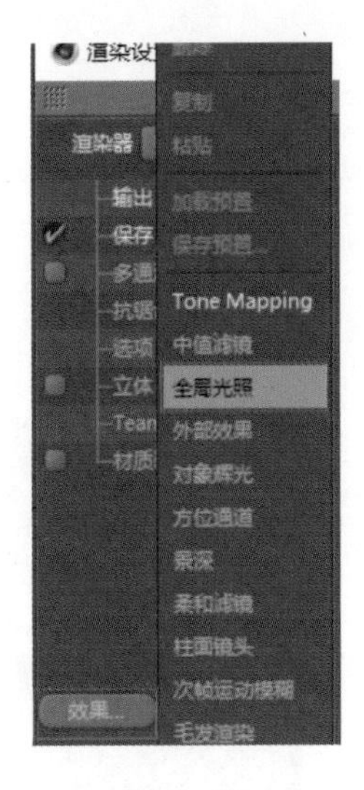

图 3-19

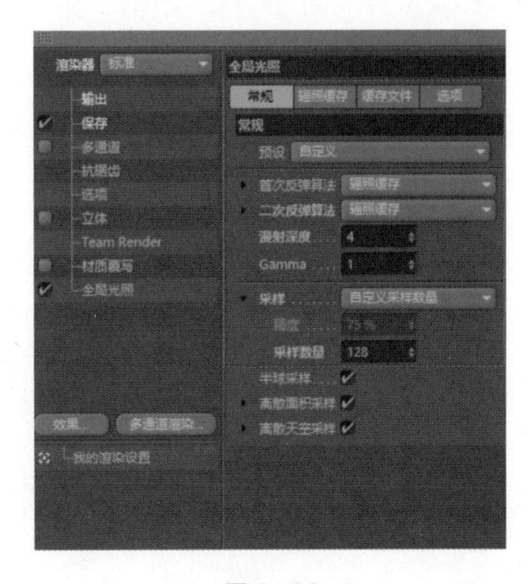

图 3-20

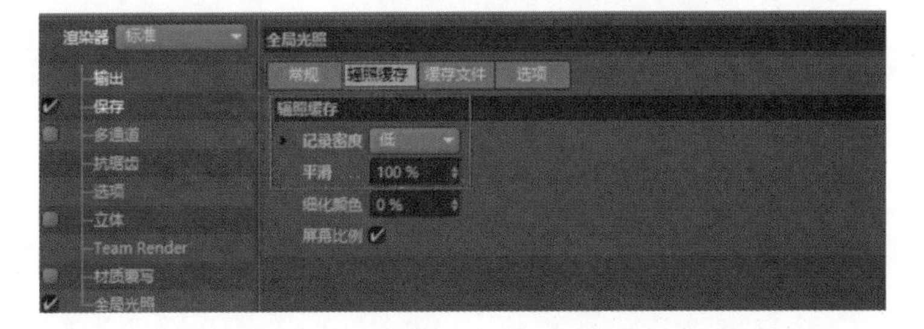

图 3-21

4. 综合实例练习

案例效果如图 3-22 所示。

图 3-22

（1）灯光设置。

本案例中采用正面光的方式进行布光，布光方式如图 3-23 所示。

调整主光源位置，如图 3-24 所示。

“主光源”参数设置如图 3-25 所示。

由于主光用的是“区域灯光”，需要设置区域灯光的大小，区域灯光的大小对光照的强度也会产生影响。区域光大小设置如图 3-26 所示。

设置好主光源后进行测试渲染，如果场景比较复杂，渲染时可以选择“阴影贴图（软阴影）”。测试过程中，可以通过调整灯光强度值来调整场景的整体亮度，强度数值越高，亮度越大。颜色选择默认的白色。渲染效果如图 3-27 所示。

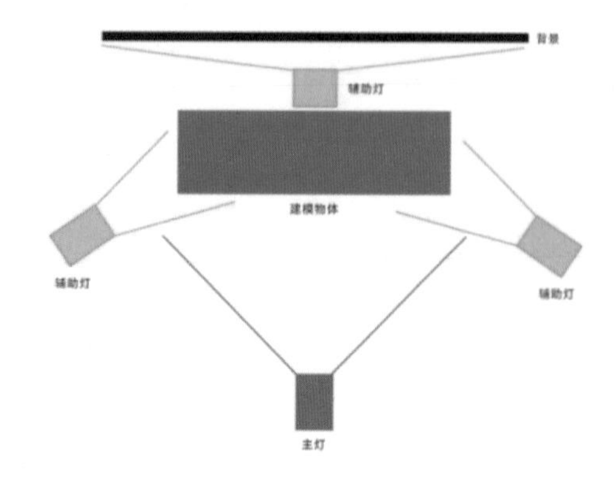

图 3-23

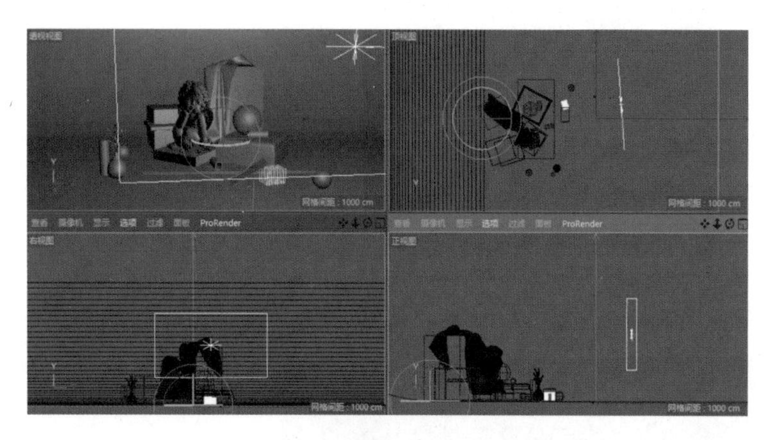

图 3-24

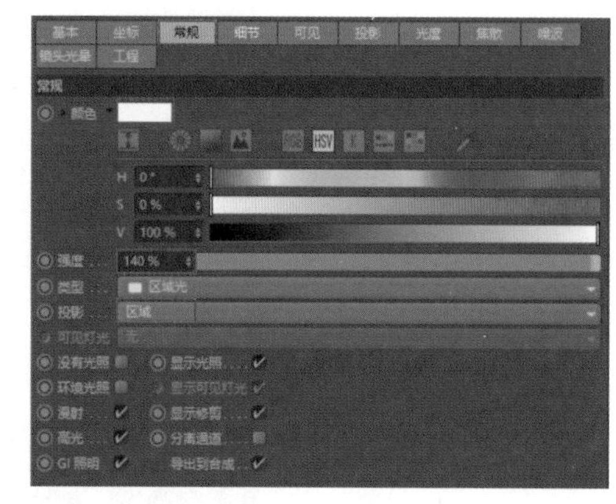

图 3-25

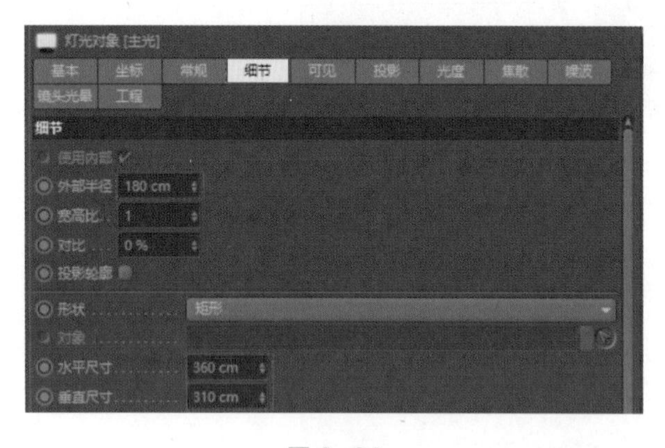

图 3-26

图 3-27

辅光源设置，在场景中创建两盏“区域灯光”，一盏“泛光灯”。辅光灯的位置调整如图 3-28 所示。

辅光 1 参数设置如图 3-29 和图 3-30 所示。

辅光的强度、区域大小可以根据实际需要调整，案例中的数值可以作为参考。

辅光 2 可以参考辅光 1 进行设置。

辅光 3 参数设置如图 3-31 所示。

设置辅光后的渲染效果如图 3-32 所示。

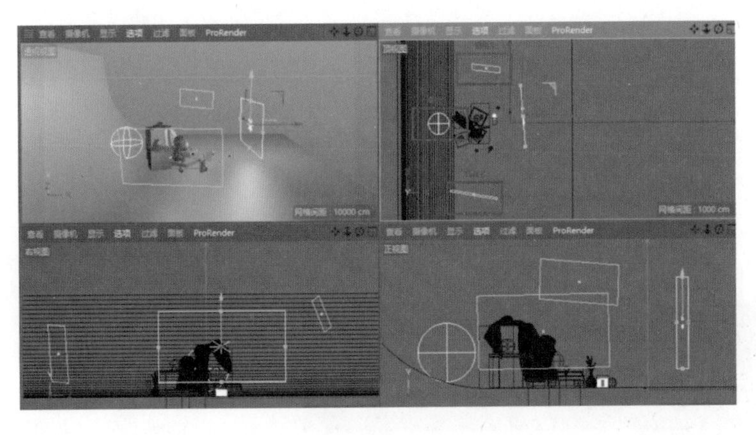

图 3-28

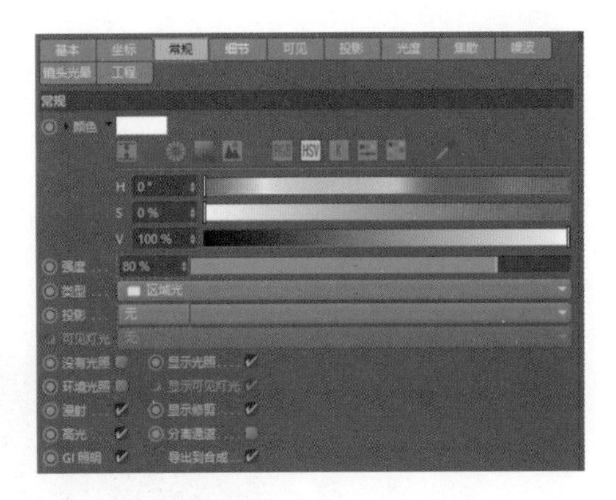

图 3-29

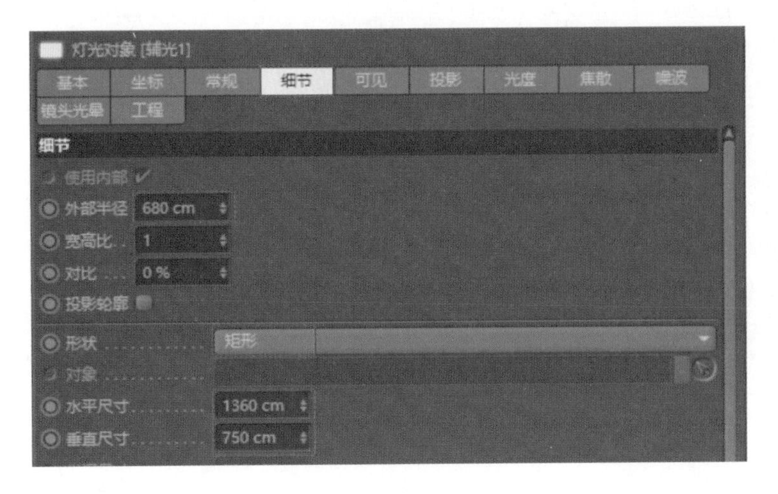

图 3-30

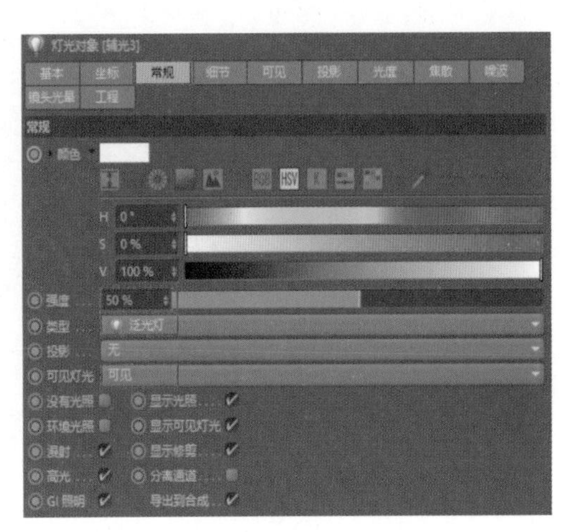

图 3-31

图 3-32

（2）材质设置。

① 雕塑石膏材质设置。

在“材质管理器”空白区域双击鼠标，创建材质球，命名“雕塑石膏材质”，用鼠标左键在材质球名称处双击，修改材质名称，如图 3-33 所示。

雕塑石膏材质的效果如图 3-34 所示。

图 3-33

图 3-34

双击材质球，打开材质编辑器，在“材质编辑器”中设置“颜色”为灰白色，然后在“素材图片一任务 1 贴图”中找到“墙面石材”贴图，接着把贴图加入“漫射”的纹理通道，再设置“混合模式”为“标准”，“混合强度”为 60，如图 3-35 和图 3-36 所示。

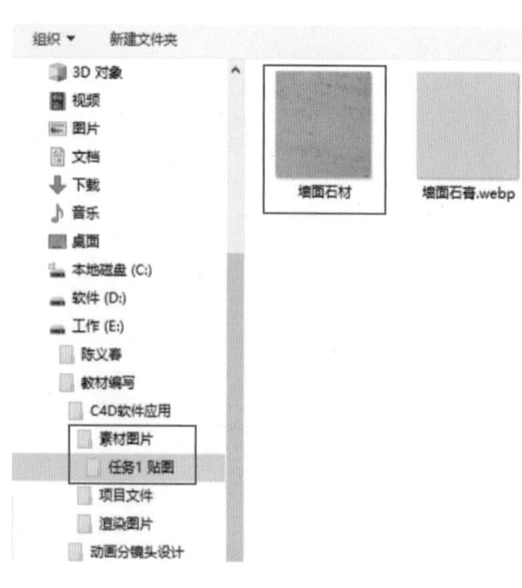

图 3-35

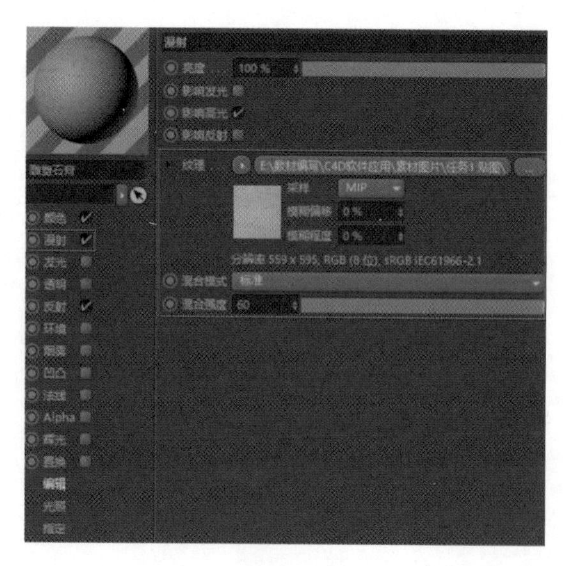

图 3-36

“漫射”选项只会拾取图片的黑白信息，并叠加到颜色上，所以材质的最终颜色还是由“颜色”选项来控制的，“漫射”选项只是为材质增加了黑白纹理。

勾选“反射”选项，设置“类型”为 GGX，“粗糙度”为 15%，接着利用“层颜色”来控制反射的强度，具体参数设置如图 3-37 所示。

在素材图片文件夹中找到“墙面石材”图片，加入“凹凸”选项的“纹理”通道中，如图 3-38 所示。

在“凹凸”选项中设置“强度”为 20%，然后增加一定的视差补偿让凹凸的效果更加明显，具体参数设置如图 3-39 所示。这样就完成了石膏材质的调节。

用户在调节参数时，需要进行渲染测试，观察效果后再决定参数值。

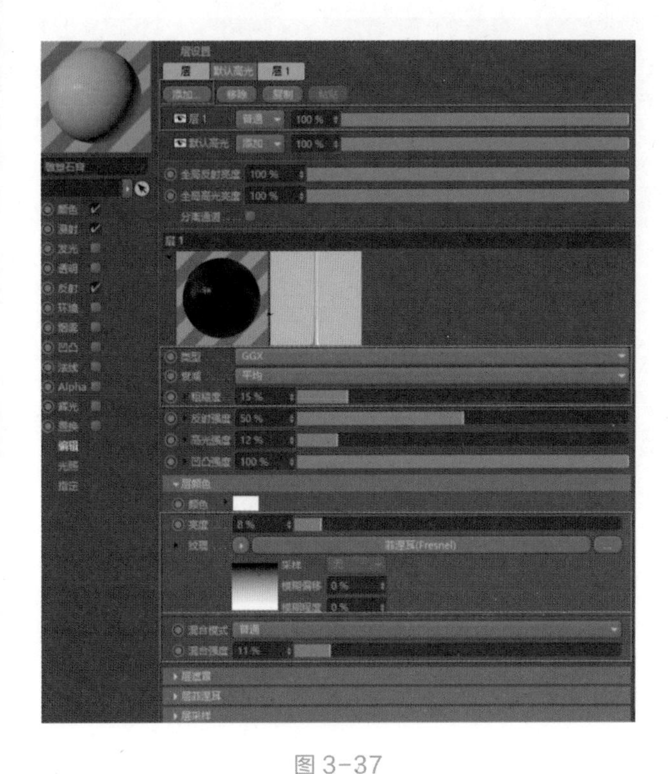

图 3-37

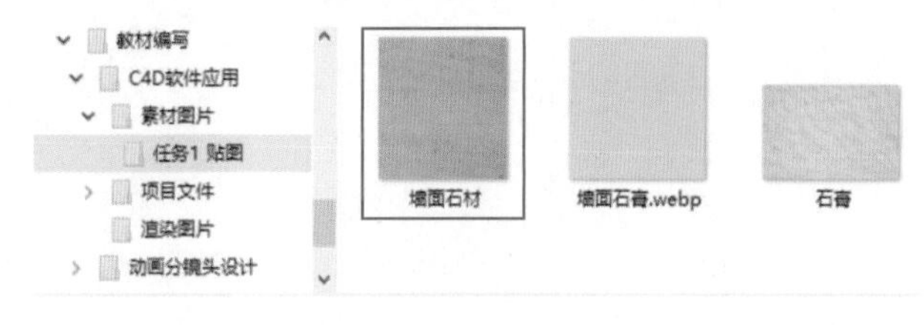

图 3-38

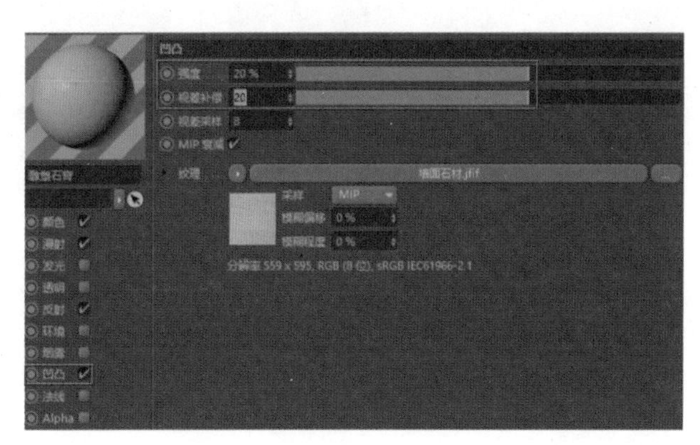

图 3-39

② 石材材质设置。

如图 3-40 所示是石材材质的渲染效果。

新建一个材质，在“任务 1 贴图”文件夹中找到“大理石”贴图，在“颜色”选项的“纹理”通道中添加大理石贴图，如图 3-41 和图 3-42 所示。

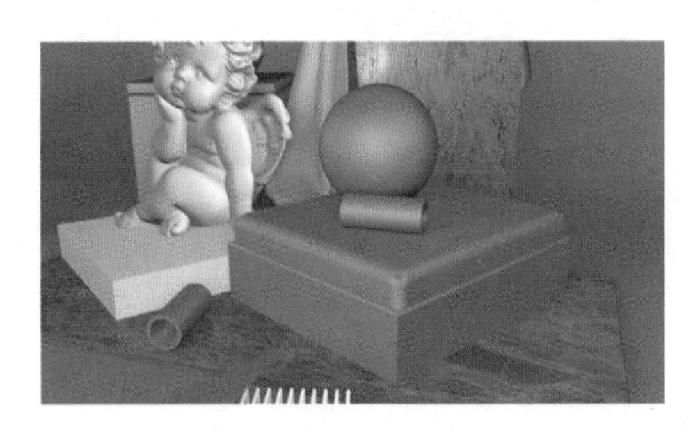

图 3-40

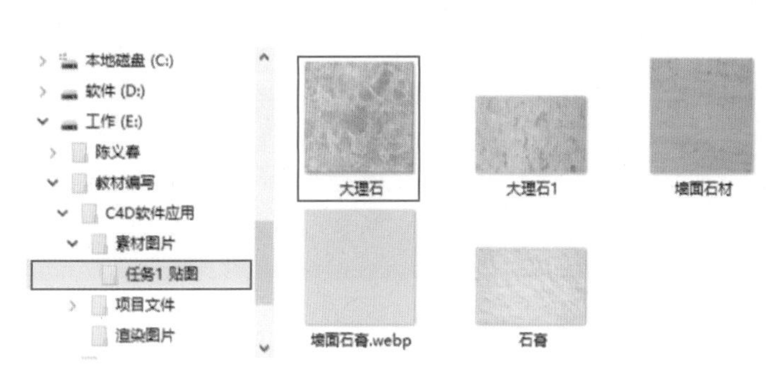

图 3-41

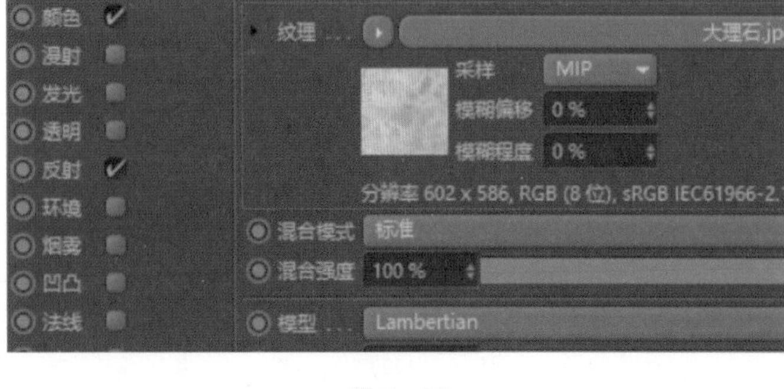

图 3-42

设置石材的反射，具体参数设置如图 3-43 所示。大自然中的石头多数反射是比较微弱的，但经过加工抛光后，可以增加石材反射的强度。

将“颜色”选项的“纹理”通道中加载的贴图再加载到“凹凸”选项的“纹理”通道中，参数设置如图 3-44 所示。

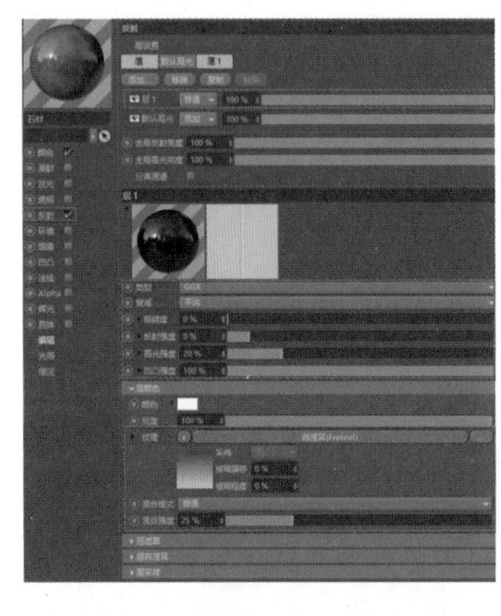

图 3-43

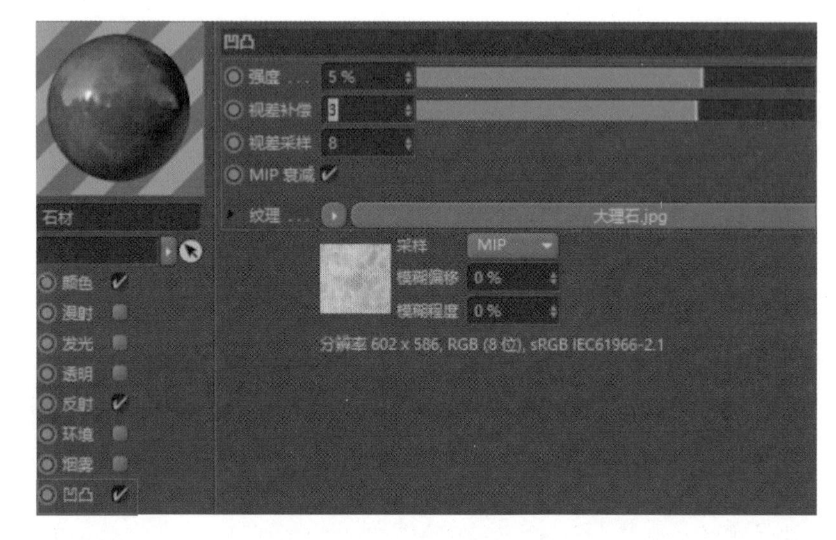

图 3-44

③ 木板材质设置。

木材材质与石材材质的调节方法相似，主要是纹理不同。新建一个材质，在“颜色”选项的“纹理”通道中添加木纹贴图，如图 3-45 所示。

设置反射的相关参数，如图 3-46 所示。

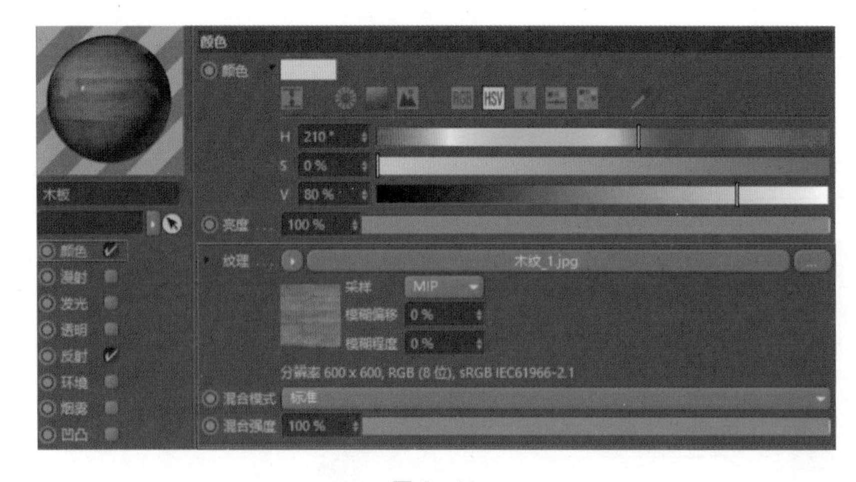

图 3-45

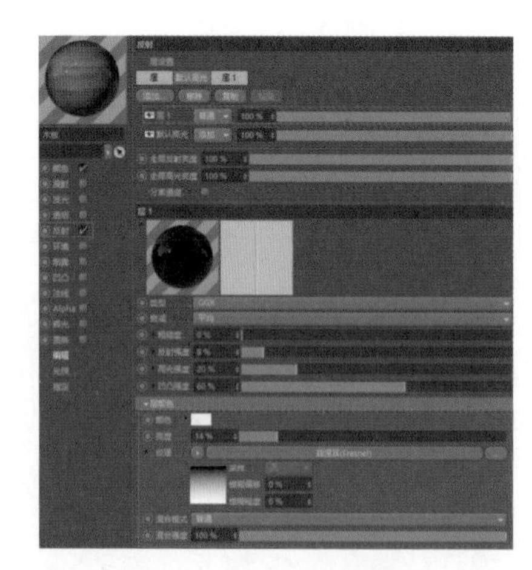

图 3-46

在贴图文件夹中找到木纹法线贴图，将法线贴图载入木板材质“法线”选项的“纹理”通道，如图 3-47 所示。

蓝紫色的这类贴图是法线贴图。法线贴图的作用与凹凸贴图类似，都是为了给模型增加更多的细节纹理。在实际项目制作中，如果是黑白贴图，就选择凹凸通道；如果是蓝紫色贴图，就选择法线通道。

法线选项参数设置如图 3-48 所示。

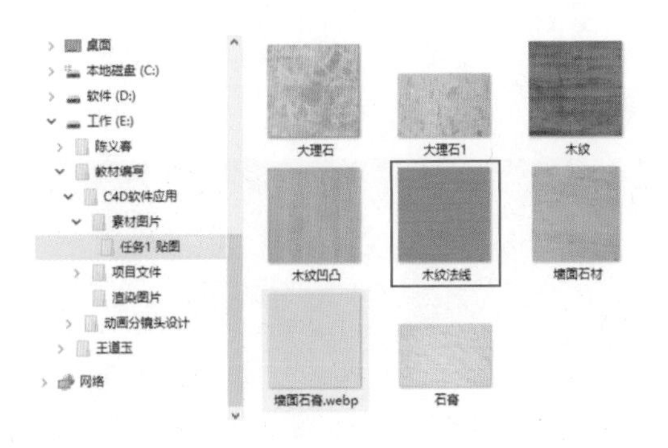

图 3-47

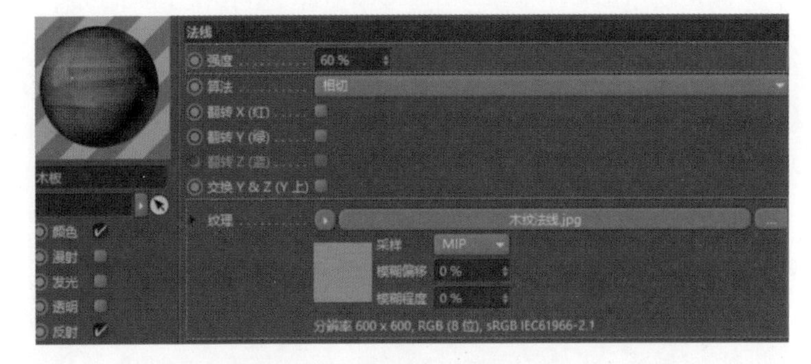

图 3-48

④ 金属材质设置。

金属材质主要依靠反射表现，所以环境对它而言比较重要。在制作金属材质时可以去掉“颜色”通道，只要“反射”通道。在“反射”通道中增加 GGX 类型的反射，提高反射强度，增加粗糙度，具体参数设置如图 3-49 所示。

带有颜色的金属只调整层颜色即可，如图 3-50 所示。

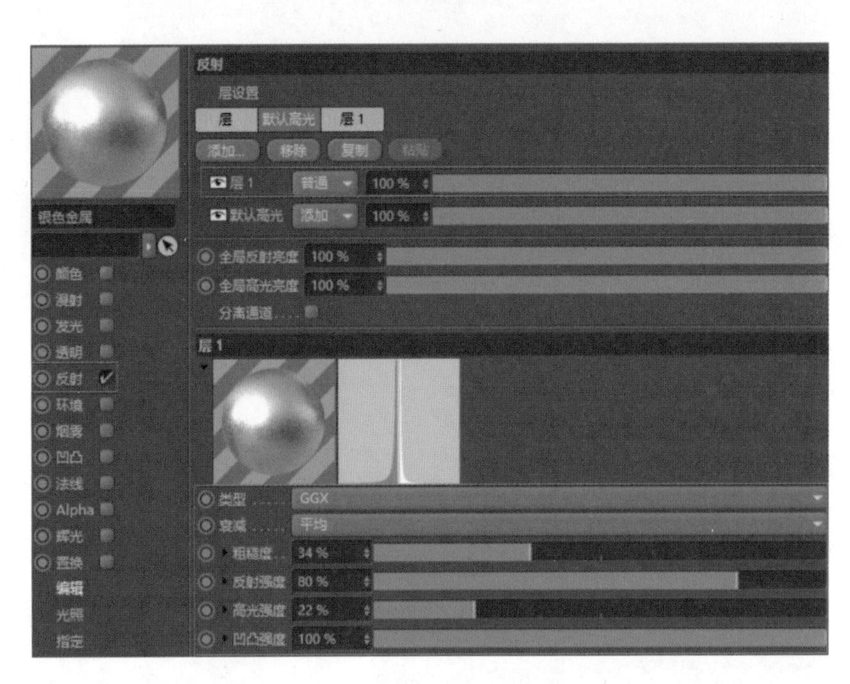

图 3-49

图 3-50

⑤ 玻璃材质设置。

调节玻璃材质时，可以去掉“颜色”通道，只勾选“透明”通道，然后调节折射率为 1.45，调整模糊值，可以得到磨砂玻璃的效果，调整颜色，设置玻璃的颜色，参数设置如图 3-51 所示。

⑥ 布料材质设置。

布料材质需要在“颜色”通道中加载“菲涅尔（Fresnel）”贴图形成一个渐变效果，参数设置如图 3-52 所示。

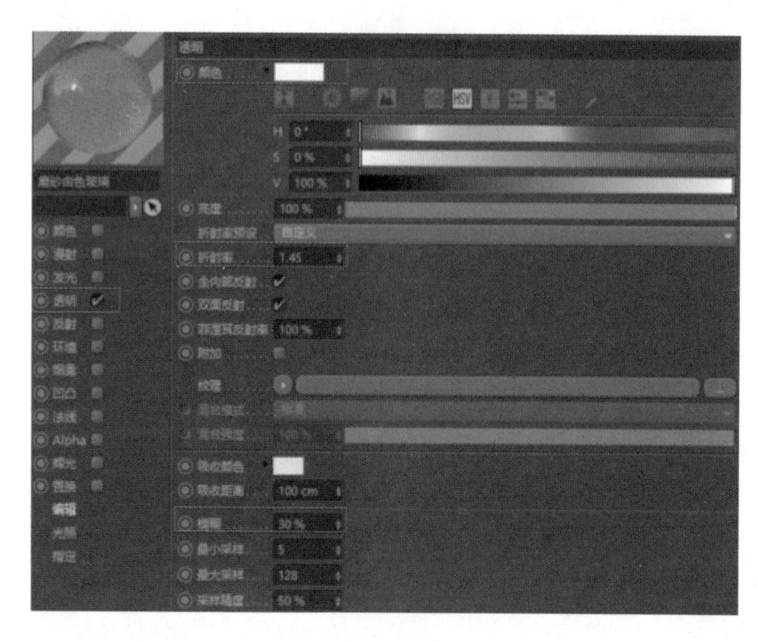

图 3-51

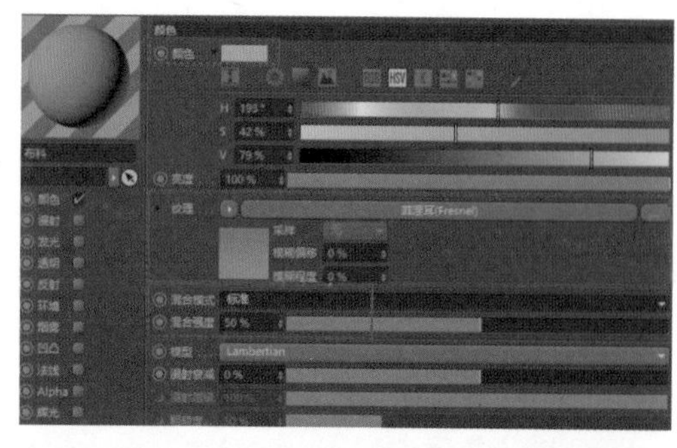

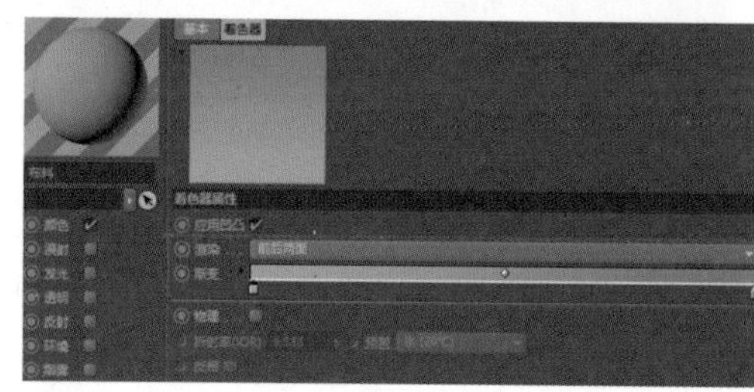

图 3-52

⑦ 塑料材质设置。

塑料材质的“颜色”通道参数与布料材质设置方法相同，然后勾选“反射”通道，设置“类型”为 GGX，层强度为 4%，如图 3-53 ~ 图 3-55 所示。

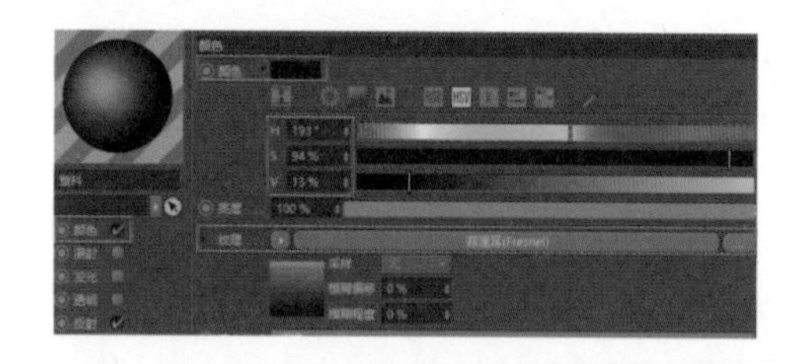

图 3-53

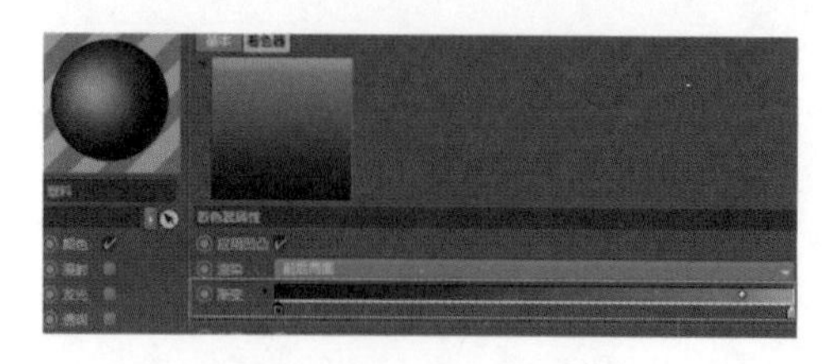

图 3-54

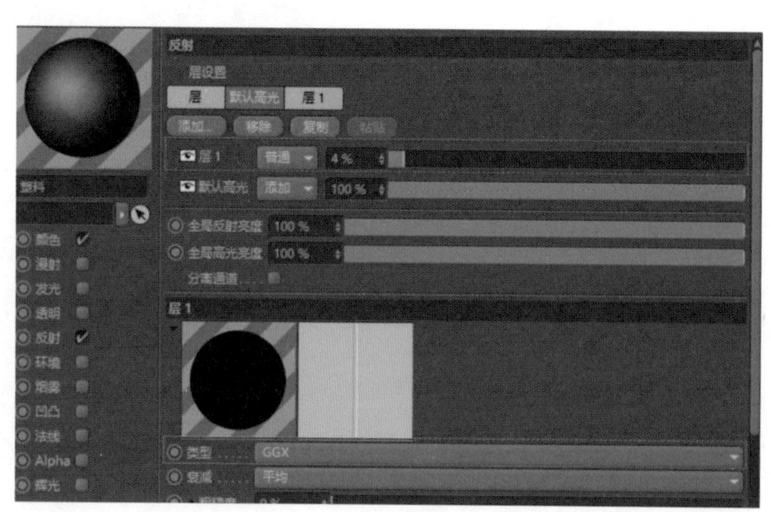

图 3-55

⑧ 渲染输出。

参照前面渲染输出的通用设置，渲染出最终成品，如图 3-56 所示。

图 3-56

三、学习任务小结

通过本次任务的学习，同学们对 C4D 灯光、材质、渲染有了一定的认识，课后要反复练习本次任务所学知识点，掌握材质的设置方法，为后续的产品案例学习做好准备。

四、课后作业

自行搭建静物场景，布置场景灯光，设置材质，渲染输出，可以参照案例中几种类型材质的静物进行搭建。

双向流新风系统模型制作综合实训

教学目标

（1）专业能力：能通过综合实例的学习，掌握 C4D 渲染、灯光、金属材质的设置方法，了解 C4D 颜色通道、贴图、凹凸通道的基本用法。

（2）社会能力：能收集、归纳和整理工程文件，并进行相关特点分析，具备 C4D 软件的自主学习和操作能力。

（3）方法能力：多问、多思、多动手，在专业技能上主动拓展实践。

学习目标

（1）知识目标：掌握 C4D 渲染、灯光及金属材质、塑料材质的基本设置方法，了解物理天空的基本使用方法。

（2）技能目标：能够根据不同场景选择不同类型的灯光，掌握常用材质的设置方法及渲染输出流程。

（3）素质目标：能够理解记忆 C4D 灯光、材质、渲染等相关知识。根据需求，快速找到工具和选项，培养自己熟练操作软件的能力。

教学建议

1. 教师活动

教师通过分案例析，解灯光、材质相关知识讲解，引导学生思考。同时，运用多媒体课件、教学视频等多种教学手段，讲授 C4D 渲染、灯光及常见材质的设置方法，指导学生进行课堂实训。

2. 学生活动

学生认真听取教师的讲解，观看教师示范，在教师的指导下进行课堂实训。

一、学习问题导入

在上一个学习任务中，我们学习了 C4D 中如何给模型添加灯光、设置材质、渲染输出。本次学习任务以双向流新风系统为例进行讲解，进一步学习产品最终效果图的制作方法。

二、学习任务讲解与技能实训

综合实例：双向流新风系统效果图制作，案例效果如图 3-57 所示。

图 3-57

1. 调整模型

点击文件，打开项目文件“任务 2　双向流新风系统——模型”，如图 3-58 所示。

在物件管理器中，双击空白组合，重新命名模型，同时框选模型中所有物件，点击菜单中“网格轴心”“轴对齐”，打开“轴对齐”对话框，点击“执行”命令，调整模型中部件的轴心居中，如图 3-59 ~ 图 3-61 所示。

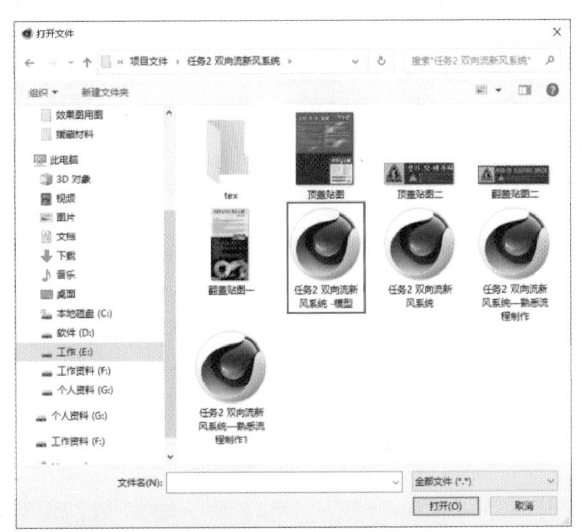

图 3-58

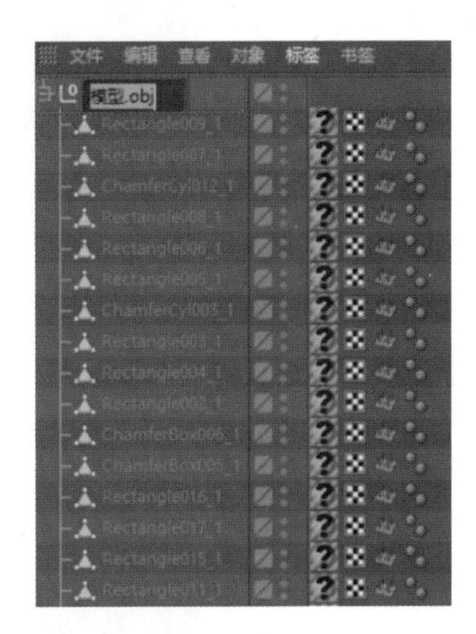

图 3-59

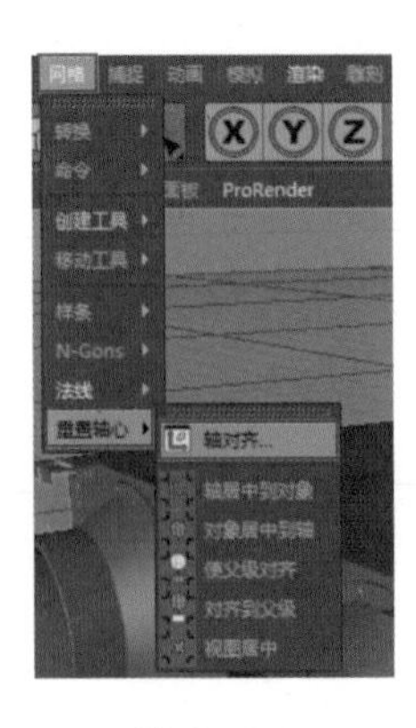

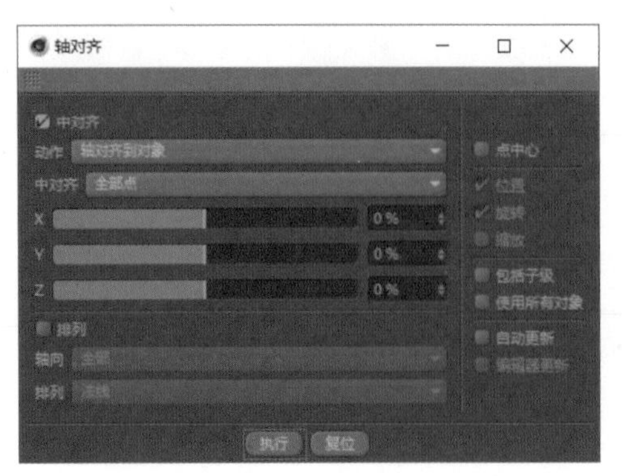

图 3-60

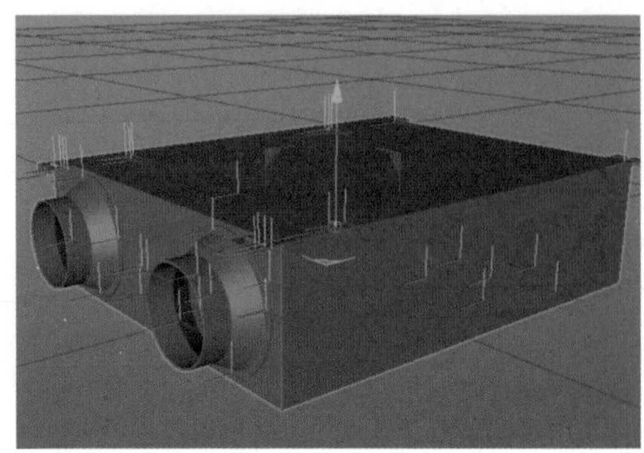

图 3-61

调整模型位置，放置网格中心。点击物件管理器，选中模型组合，激活启用轴心按钮，调整模型的轴心，将轴心调整到模型中心，可以同时观察四视图进行调整，如图 3-62 所示，关闭轴心按钮，设置位置为“X”为 0cm、“Y”为 106cm、“Z”为 0cm，如图 3-63 所示。

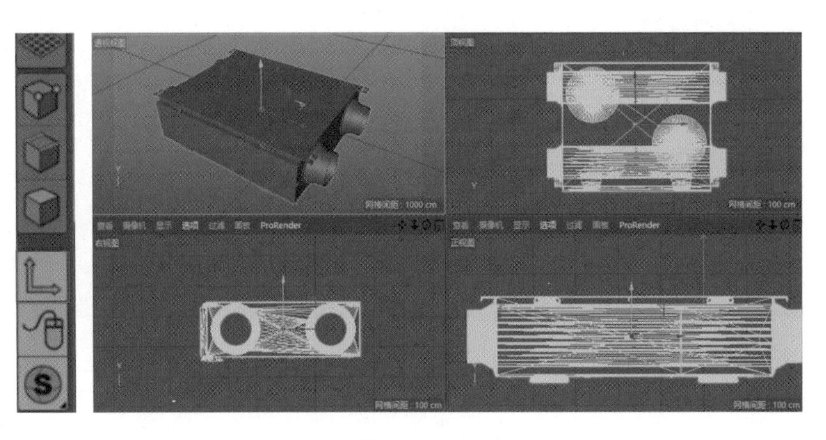

图 3-62

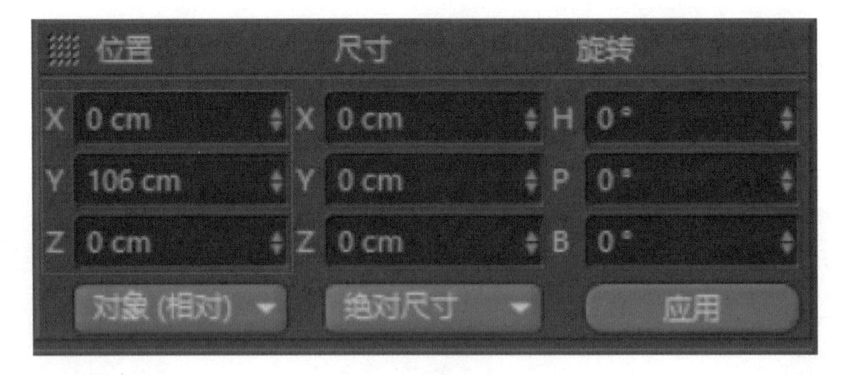

图 3-63

2. 灯光设置

创建一盏区域光作为主光源，在物件管理器中双击“灯光”，命名为“主光源”，如图 3-64 所示，主光源的位置如图 3-65 所示。主光源参数设置如图 3-66 所示。渲染效果如图 3-67 所示。

图 3-64

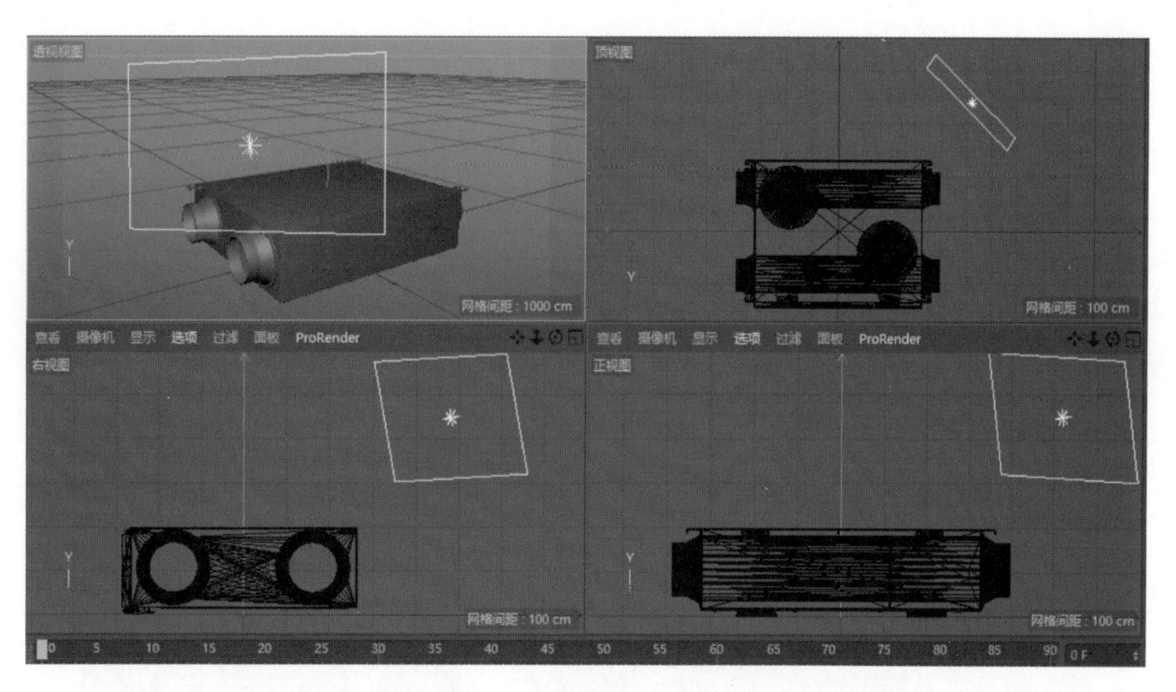

图 3-65

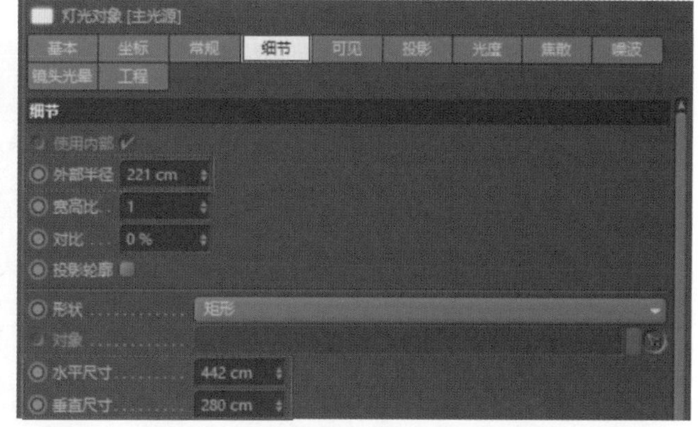

图 3-66

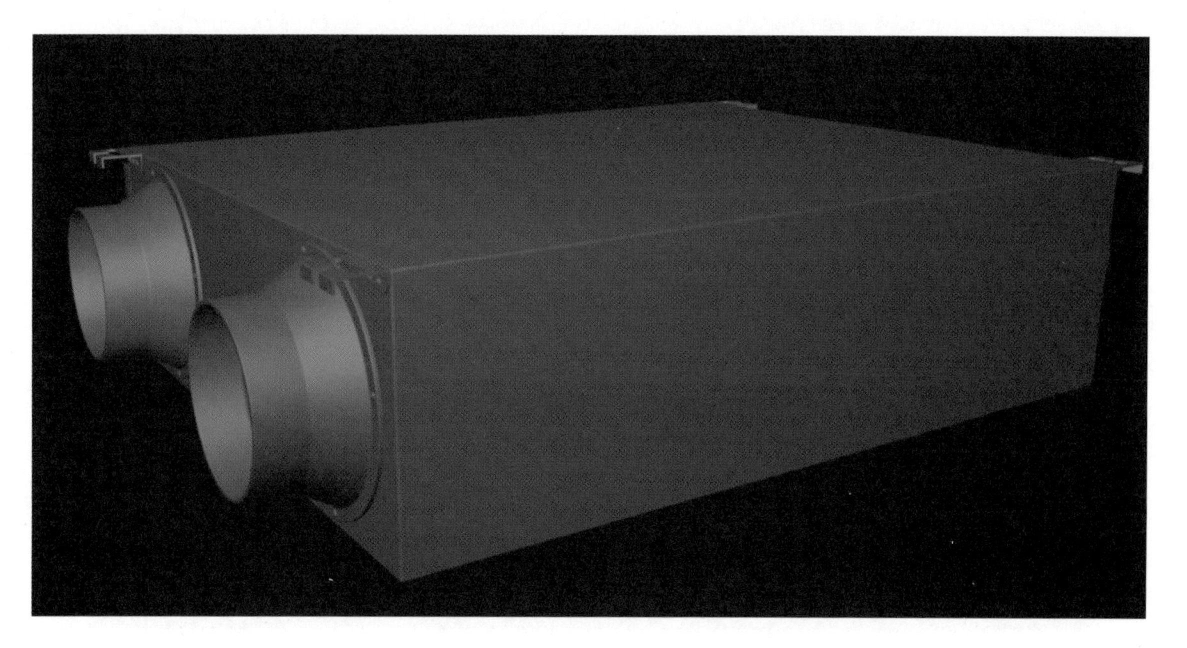

图 3-67

创建一盏区域光，两盏点光源作为辅光，分别命名为辅光 1、辅光 2、辅光 3，灯光位置如图 3-68 所示。

辅光 1 参数设置如图 3-69 所示。

辅光 2 参数设置如图 3-70 所示。

辅光 3 参数设置如图 3-71 所示。

灯光的设置需要结合材质、渲染参数进行调整，同学们在练习时可以多次渲染测试，调整灯光的参数与位置，最终得到最好的效果。设置好辅光源的渲染效果如图 3-72 所示。

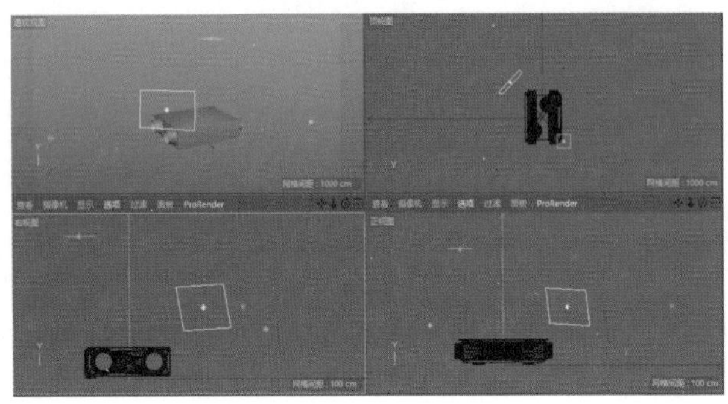

图 3-68

图 3-69

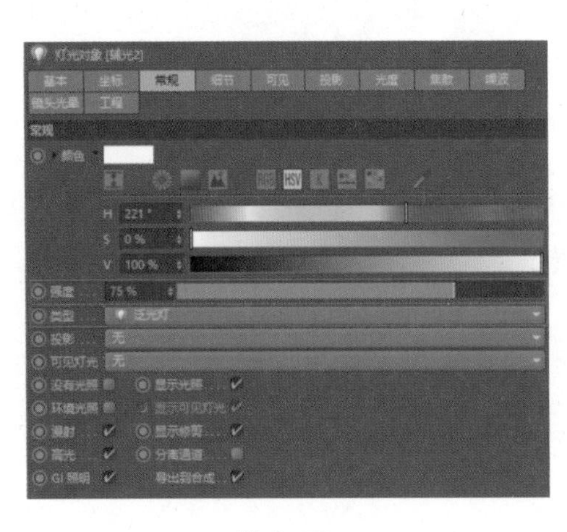

图 3-70

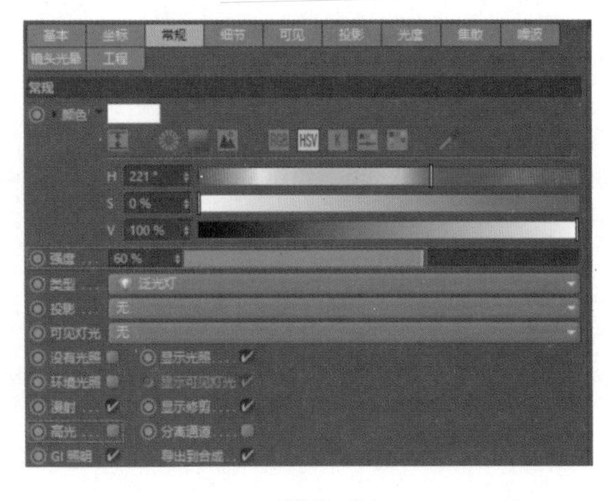

图 3-71

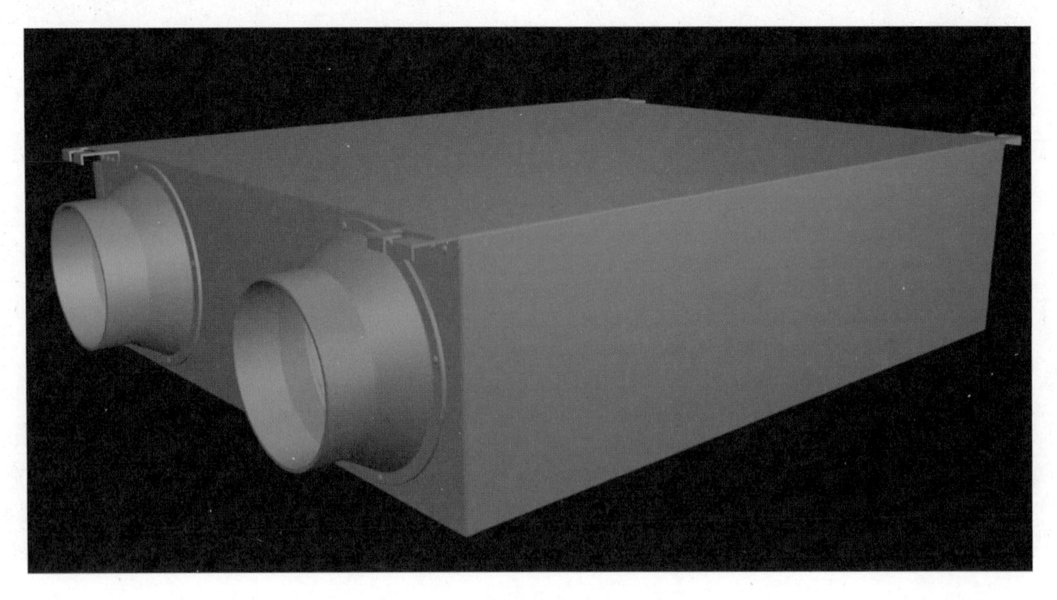

图 3-72

3. 材质与贴图

① 机身金属材质设置。

双击“材质管理器”空白区域，创建一个新的材质球，双击“材质”，命名为“机身金属”，如图 3-73 所示。

图 3-73

双击材质球，打开“材质编辑器”，设置机身金属材质，颜色通道设置如图 3-74 所示。反射通道设置如图 3-75 所示。通过凹凸通道设置金属材质的细节，如图 3-76 和图 3-77 所示。设置好后将材质赋予机身。

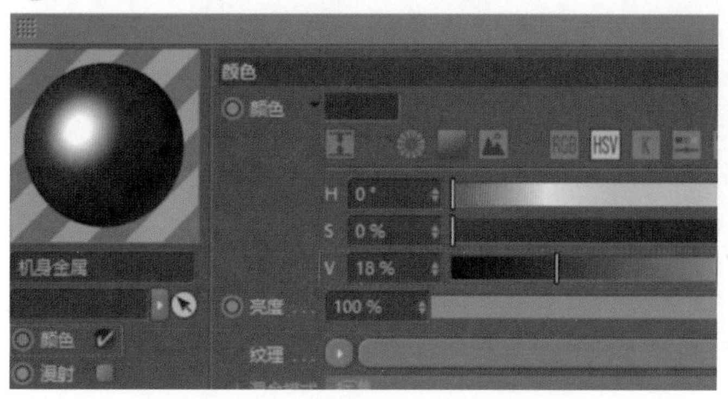

图 3-74

图 3-75

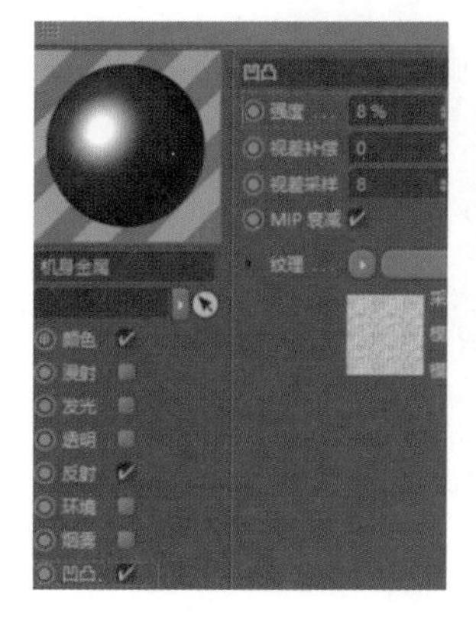

图 3-76

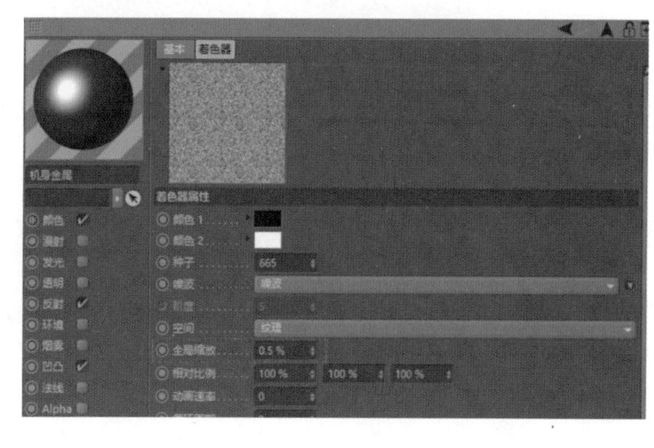

图 3-77

② 出风口、垫脚塑料材质设置。

创建一个新的材质球，命名为“塑料”。双击材质球打开“材质编辑器”，设置塑料材质，材质球参数设置如图 3-78 和图 3-79 所示。

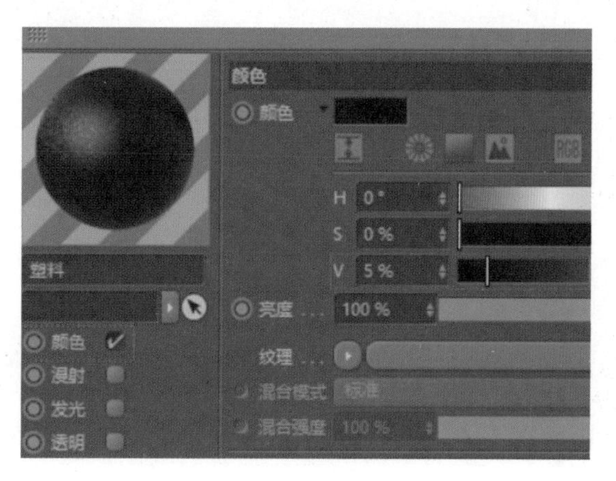

图 3-78

图 3-79

选中出风口、垫脚，鼠标右键点击材质球，选择“应用”，将材质赋予出风口、垫脚，如图 3-80 所示。

③ 金属配件材质设置。

创建一个新的材质球，命名为“金属配件”。双击材质球，打开“材质编辑器”，设置金属材质，材质球参数设置如图 3-81 和图 3-82 所示。

选中所有金属配件，将材质应用于模型，渲染效果如图 3-83 所示。

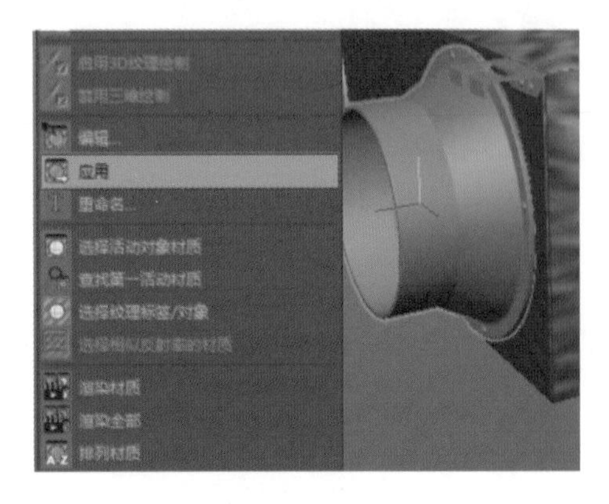

图 3-80

图 3-81

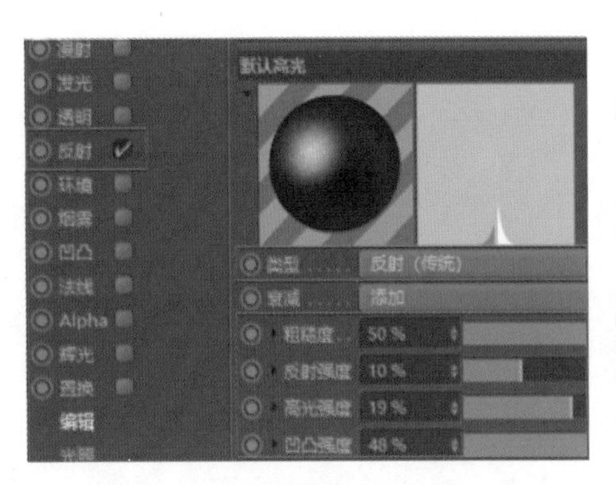

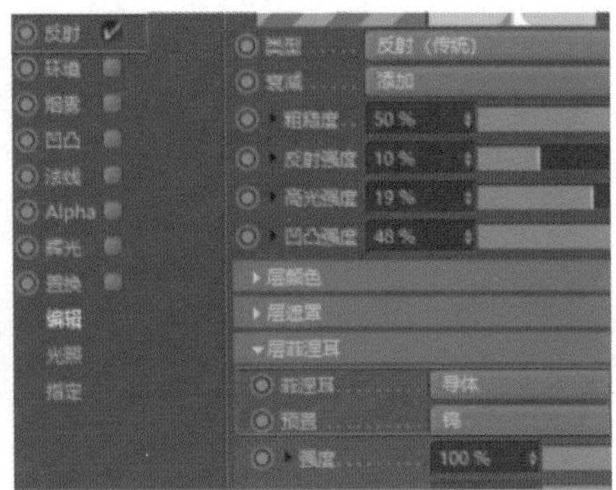

图 3-82

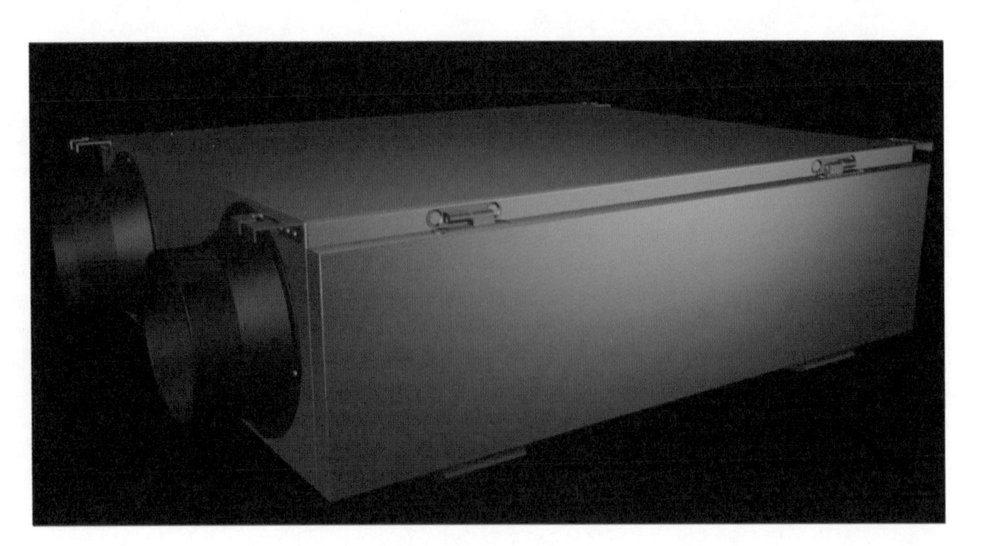

图 3-83

④ 地面材质设置。

长按“地面”按钮，为场景创建地面，如图 3-84 所示。

双击“材质管理器”空白处，创建新的材质球，命名材质为“地面”。双击“地面”材质球，设置地面材质。参数设置如图 3-85 和图 3-86 所示。

将材质赋予“地面”，渲染效果如图 3-87 所示。

图 3-84

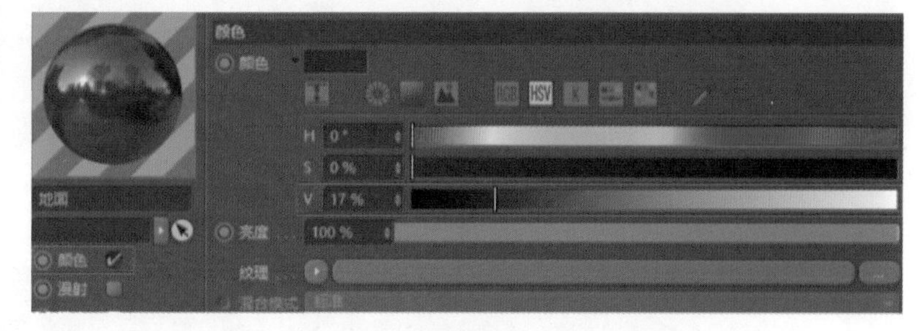

图 3-85

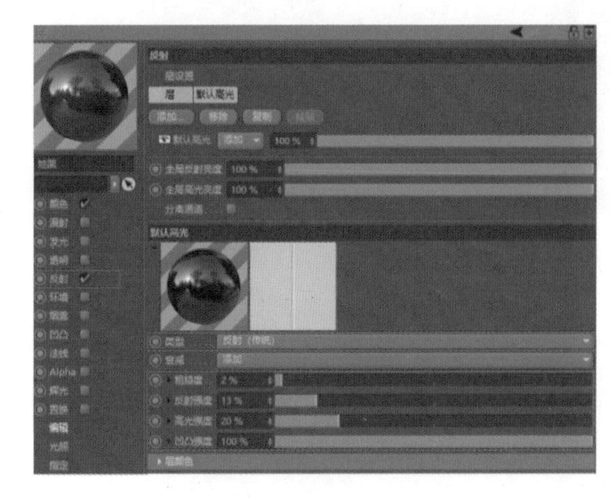

图 3-86

图 3-87

贴图设置：长按“立方体”按钮，创建“平面”，并调整“平面”的位置，如图 3-88 所示。

双击“翻盖贴图”材质球，打开“材质编辑器”，在“颜色”通道中设置贴图，点击“纹理”通道中的“…”，在素材文件夹中选择“翻盖贴图一”，如图 3-89 所示。

图 3-88

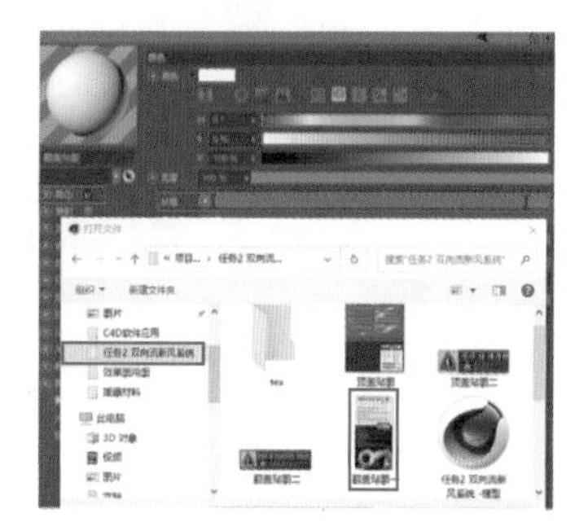

图 3-89

在物件管理器中选择“平面”，点击“平面”的“纹理标签”，设置贴图参数，参数设置如图 3-90 和图 3-91 所示。

渲染效果如图 3-92 所示。

参照以上步骤，设置其余的贴图，渲染效果如图 3-93 所示。

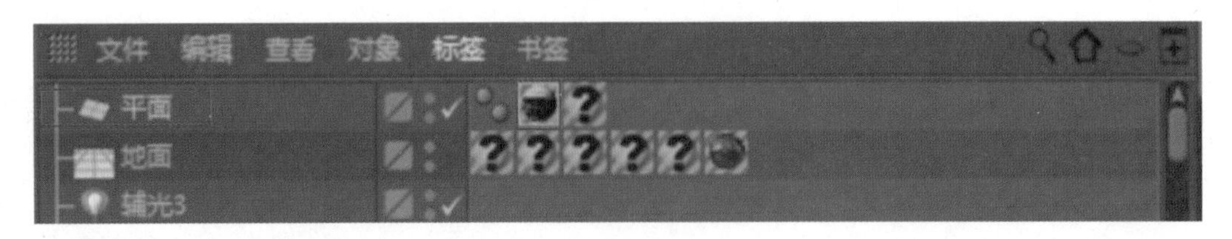

图 3-90

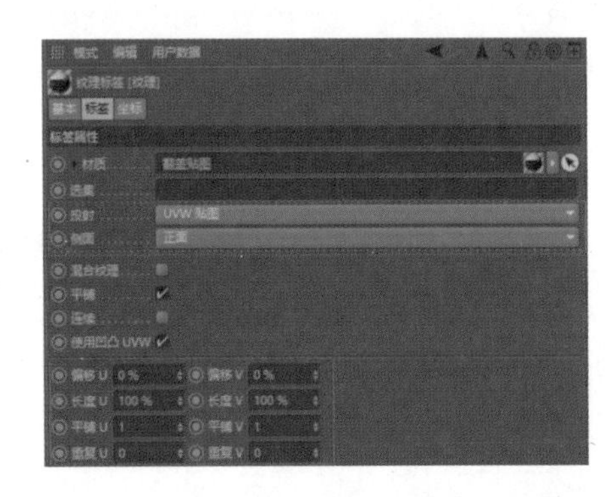

图 3-91

图 3-92

图 3-93

4. 渲染输出

长按“地面”按钮，创建“物理天空”，参数设置如图 3-94 所示。

调整好需要渲染的角度，点击“摄像机”按钮，创建摄像机，在物件管理器中选中“摄像机”，点击摄像机对象的锁定按钮，添加保护标签锁定渲染角度，如图 3-95 所示。

点击“编辑渲染设置”按钮，也可以配合快捷键“Ctrl+B”打开“渲染设置”对话框，如图 3-96 所示。

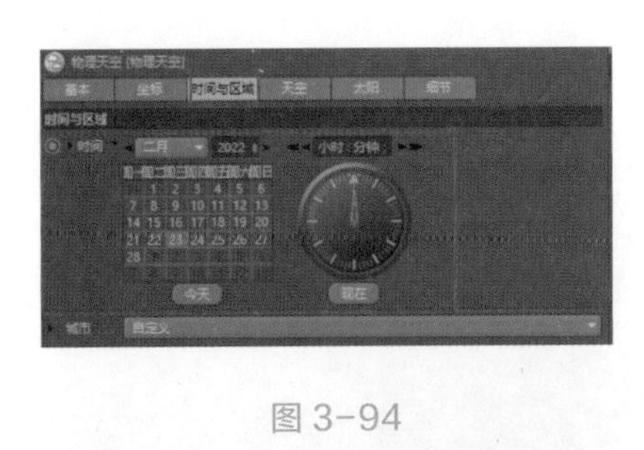

图 3-94

图 3-95

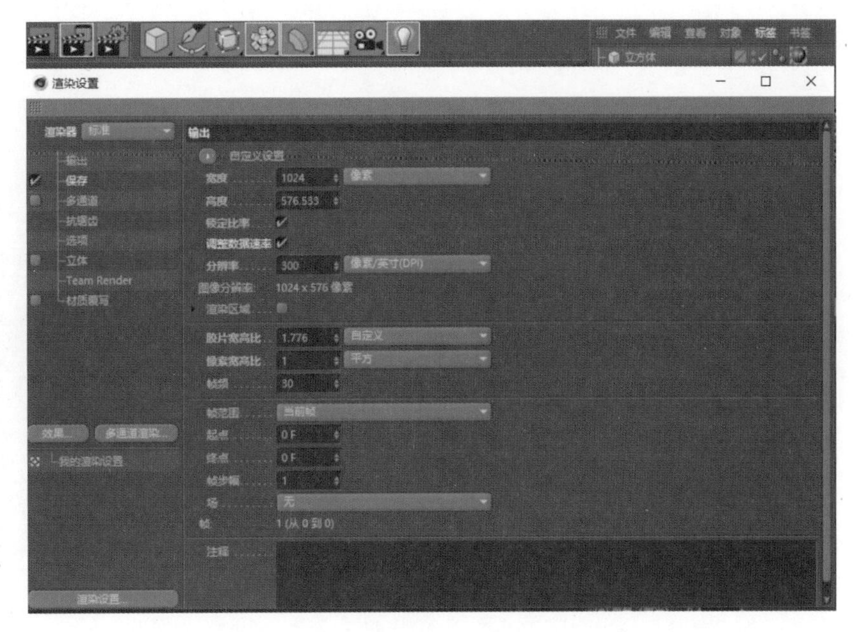

图 3-96

设置渲染输出参数，如图 3-97 ~图 3-100 所示。

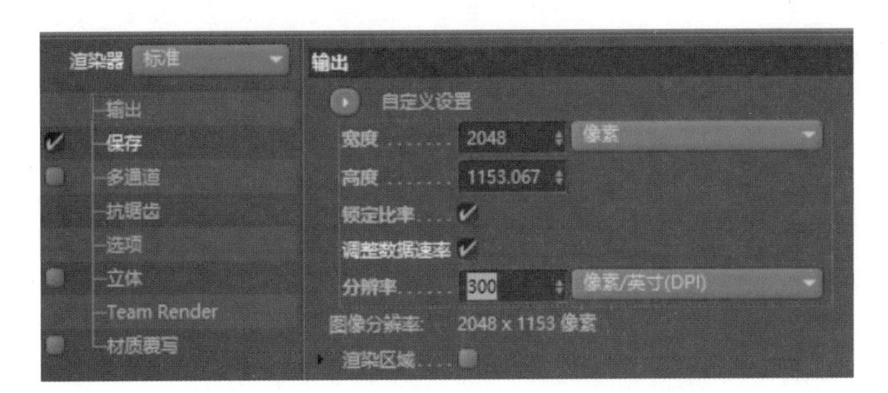

图 3-97

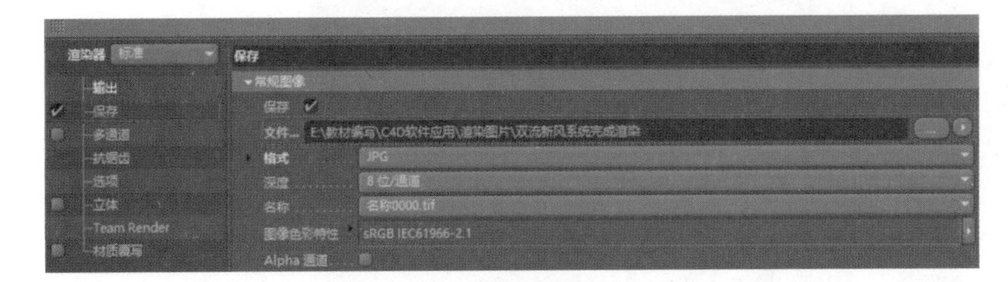

图 3-98

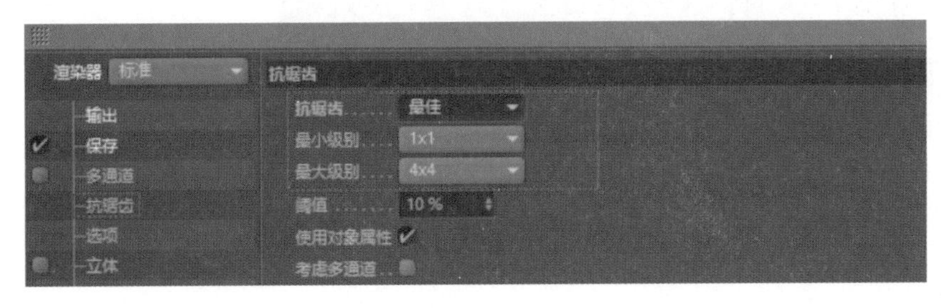

图 3-99

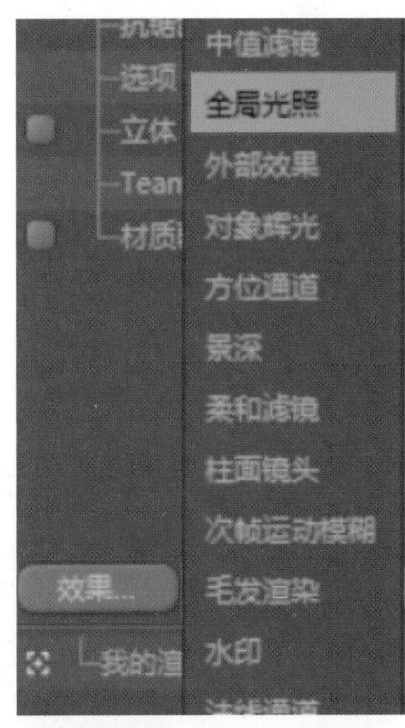

图 3-100

最终渲染效果如图 3-101 所示。

图 3-101

三、学习任务小结

通过本节任务的学习，同学们对 C4D 灯光、材质、渲染，特别是金属材质的设置方法，有了更进一步的认识和了解。在本次学习任务中，反射材质的应用相对较多，在今后的工作中，涉及产品制作时，反射材质会经常使用到，同学们课后通过练习本节任务的案例，掌握案例中的材质设置方法，为后续更为复杂的产品案例学习做好准备。

四、课后作业

（1）参照课本的步骤，完成案例的材质制作，并渲染输出。

（2）完成如图 3-102 所示秒表的灯光、材质、渲染设置。

图 3-102

牙膏模型制作综合实训

教学目标

（1）专业能力：能通过综合实例的学习，掌握 C4D 物理天空、渲染、材质的设置方法，了解 C4D 颜色通道、贴图、基本用法。

（2）社会能力：能收集、归纳和整理工程文件，并进行相关特点分析，具备 C4D 软件的自主学习和操作能力。

（3）方法能力：多问、多思、多动手，专业技能上主动多拓展实践。

学习目标

（1）知识目标：掌握 C4D 物理天空、渲染、材质的基本设置方法。

（2）技能目标：能够根据不同场景选择不同光源设置，掌握常用材质的设置方法及渲染输出流程。

（3）素质目标：能够理解并记忆 C4D 材质、渲染等相关知识。根据需求，快速找到工具和选项，具备熟练操作软件的能力。

教学建议

1. 教师活动

教师通过分析案例，讲解物理天空、材质等相关知识，引导学生进行思考。同时，运用多媒体课件、教学视频等多种教学手段，讲授 C4D 渲染、物理天空及常见材质的设置方法，指导学生进行课堂实训。

2. 学生活动

学生认真听取教师的讲解，观看教师示范，在教师的指导下进行课堂实训。

一、学习问题导入

在上一个学习任务中，我们学习了在C4D中如何给场景添加灯光、设置材质、渲染输出。在本次学习任务中，我们将进一步学习产品效果图的制作。本次学习任务以牙膏模型为例进行讲解，采用物理天空为场景提供光照。通过本次学习任务的学习，同学们可以深入了解物理天空的使用方法。

二、学习任务知识讲解与技能实训

本次综合实训以牙膏模型为例讲解。效果图如图 3-103 所示。

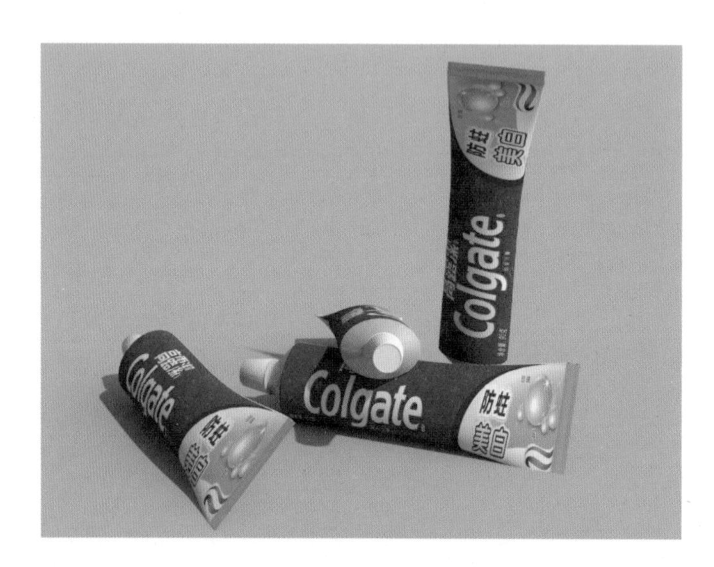

图 3-103

1. 材质与贴图

点击“文件”，从本地资源“任务 3　产品 2 综合实训——牙膏”中打开“牙膏模型”源文件，如图 3-104 所示。

图 3-104

点击材质管理器菜单栏“创建一新材质”，创建新的材质球，命名为“牙膏盖”，如图 3-105 所示。

双击材质球，打开材质编辑器设置牙膏盖的材质，如图 3-106 和图 3-107 所示。

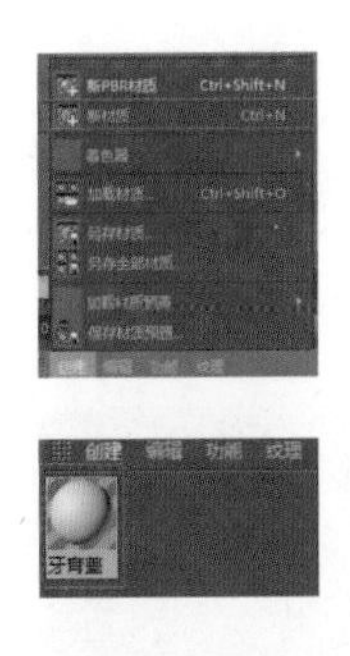

图 3-105

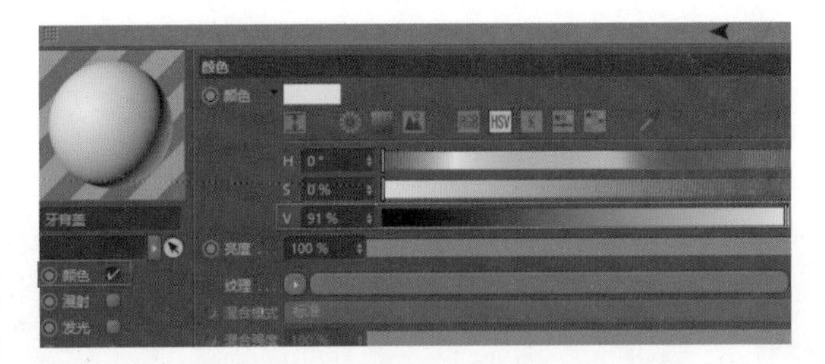

图 3-106

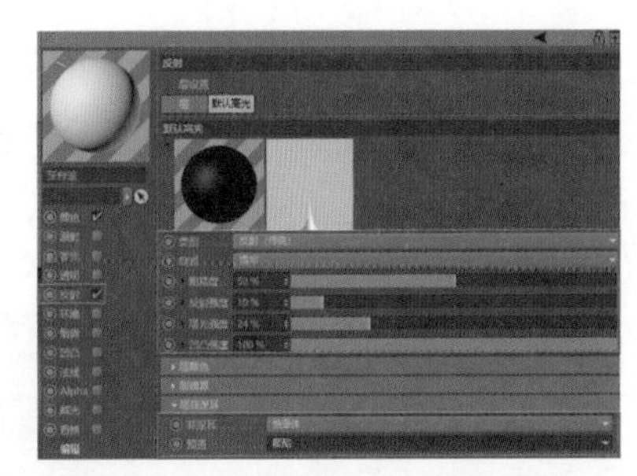

图 3-107

双击材质管理器空白区域，创建新的材质球，命名为“牙膏贴图”，设置牙膏瓶身的贴图与材质。在“颜色”通道点击“纹理”选项后的“…”，从本地资源中加载“牙膏贴图”，如图 3-108 所示。

在物件管理器中选择牙膏瓶身“放样”，选择“纹理标签”，调整贴图参数，参数设置如图3-109和图3-110所示。

渲染效果如图 3-111 所示。

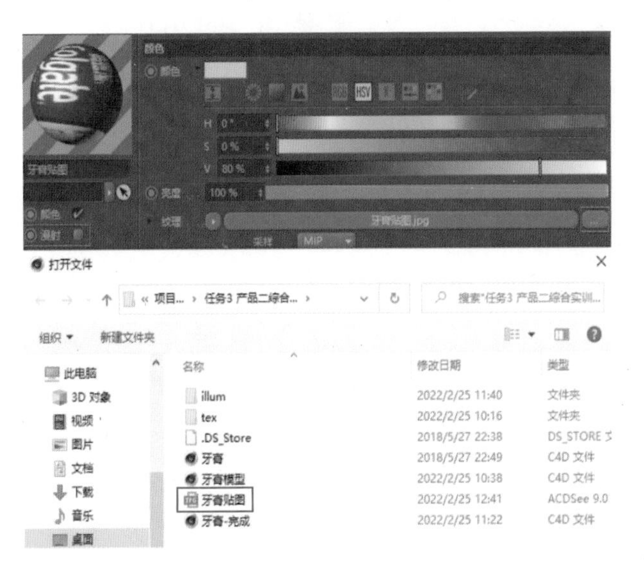

图 3-108

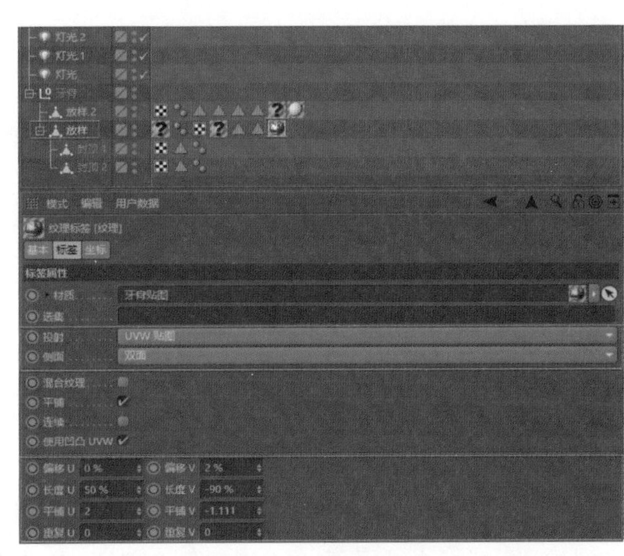

图 3-109

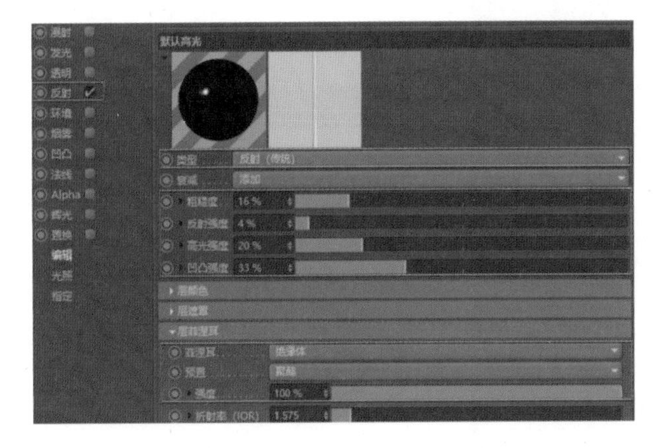

图 3-110

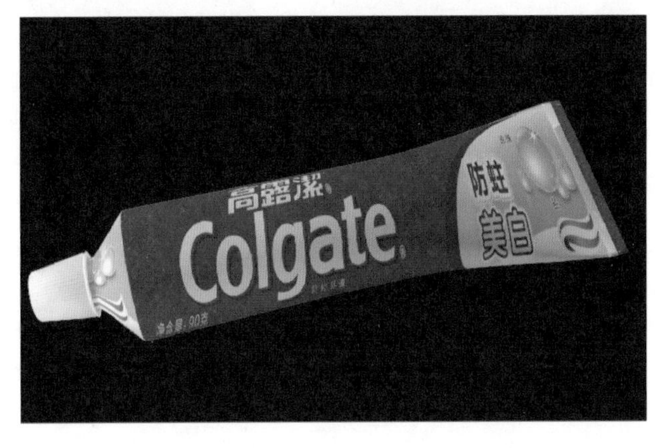

图 3-111

创建新的材质球，设置“瓶颈”“瓶尾”材质，参数设置如图 3-112 所示。

在物件管理器中，选中牙膏“放样”，左侧工具栏中选择“多边形”，选择“框选工具”，切换到“顶视图”选择瓶颈和瓶尾部分，如图 3-113 所示。

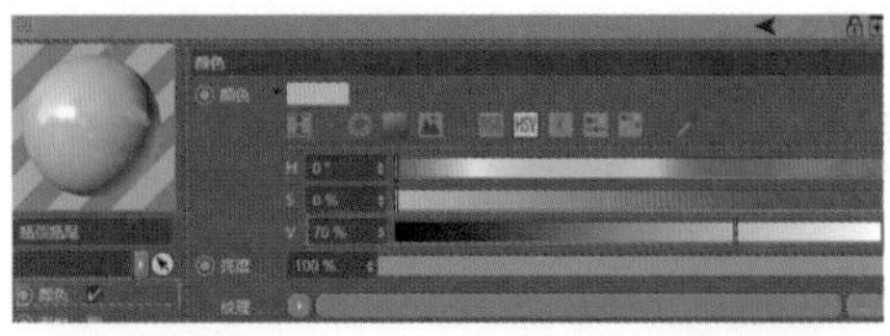
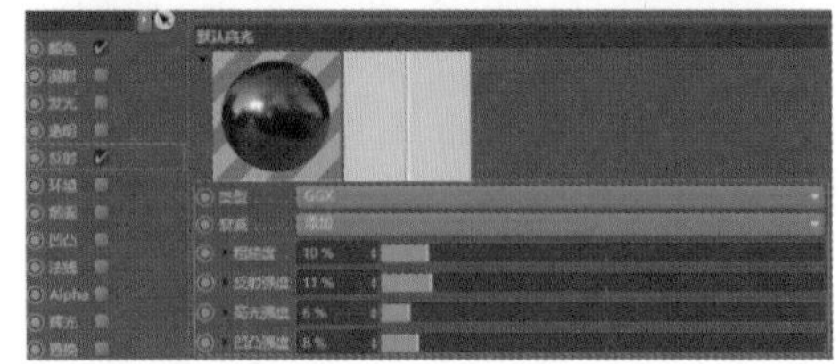

图 3-112

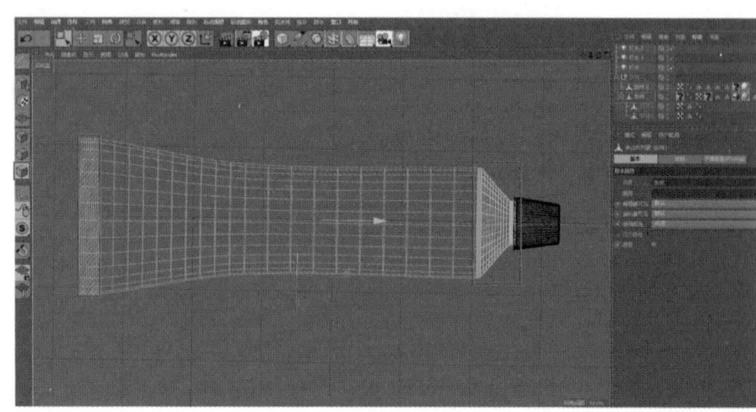

图 3-113

2. 环境光设置

长按“地面”按钮，选择“物理天空”，为场景创建物理天空，通过物理天空为场景提供光照。点击“地面”按钮，为场景创建地面，如图 3-114 所示。

在物件管理器中选择“物理天空”，设置相关参数，可以根据场景的需求，调整“物理天空”的“时间与区域”“天空”“太阳”等参数的设置，在实际工作中，也可以通过“转旋”工具调整图标，改变阳光的方向，本案例中保持默认参数即可，如图 3-115 所示。

复制多个“牙膏”，通过“旋转”“移动”工具调整牙膏位置，选择好角度，创建“摄像机”，添加保护标签，锁定构图，如图 3-116 所示。

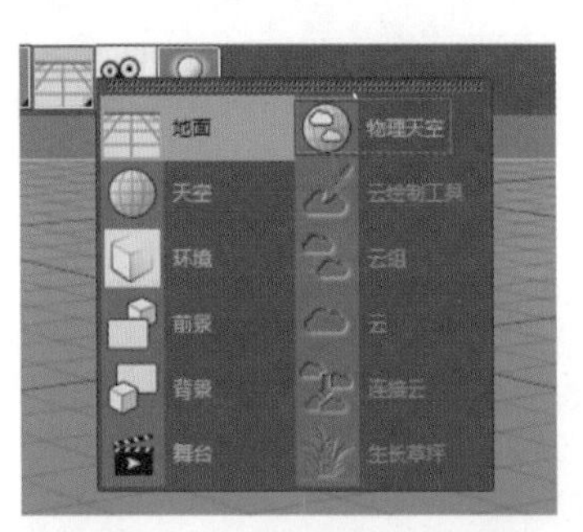

图 3-114

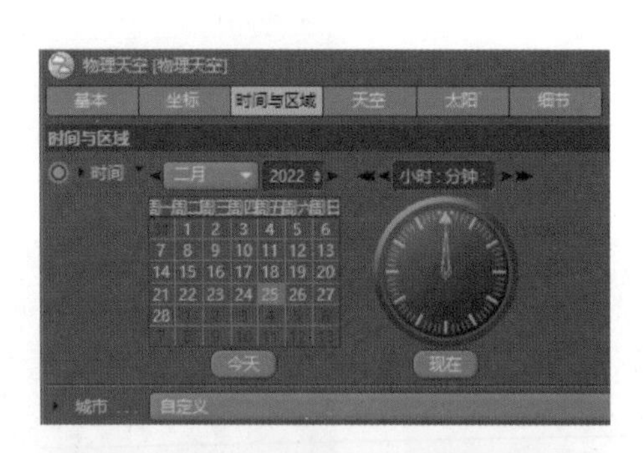

图 3-115

图 3-116

3. 渲染输出

点击“编辑渲染输出”按钮，设置渲染输出，参数设置如图 3-117 所示。

设置“保存”参数，参数设置如图 3-118 所示。

设置“抗锯齿”参数，参数设置如图 3-119 所示。

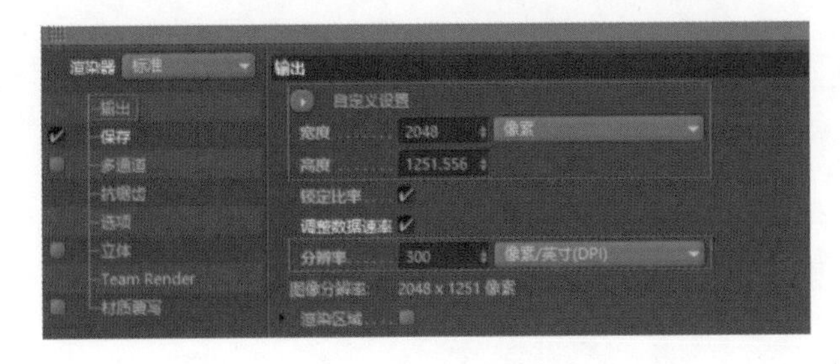

图 3-117

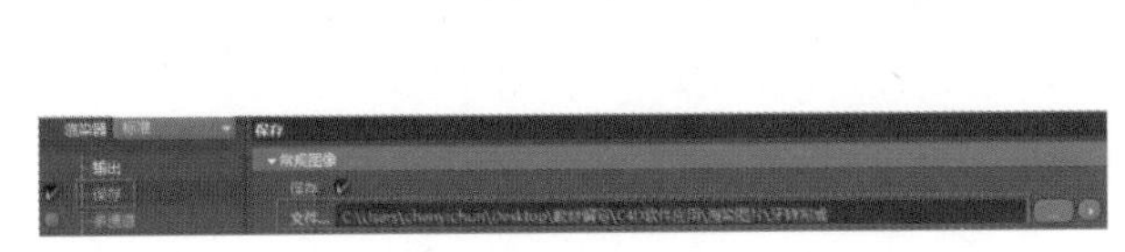

图 3-118

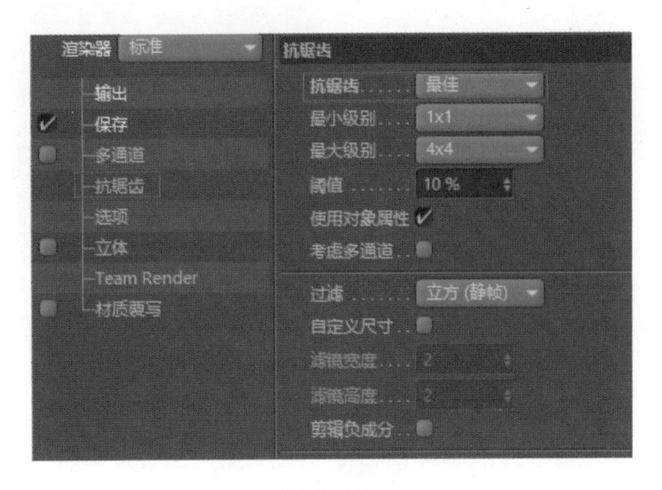

图 3-119

点击“效果”，添加“环境吸收”，参数默认，添加“全局光照”。设置全局光照参数，选择“预设”中的“室内 - 预览（小型光源）”，如图 3-120 所示。

点击“渲染到图片查看器”按钮，进行渲染，如图 3-121 所示。

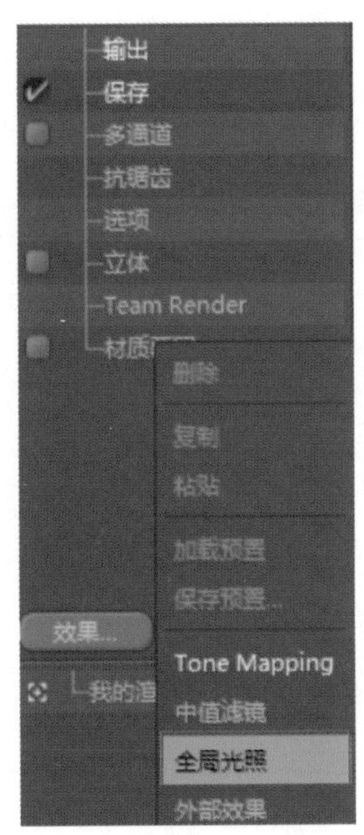

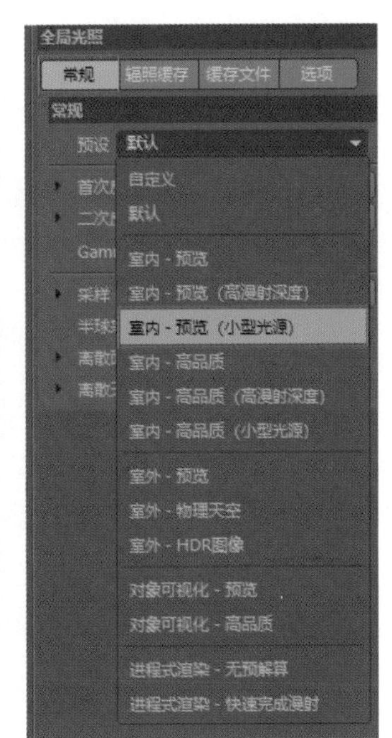

图 3-120

图 3-121

最终渲染效果如图 3-122 所示。

图 3-122

三、学习任务小结

通过本次任务的学习，同学们对 C4D 物理天空、材质、渲染有了更进一步的认识。在本次学习任务中，主要学习了贴图的调整方法，实例练习中，同学们掌握了案例中材质与贴图的设置方法。产品的制作需要结合灯光、环境、材质与贴图、渲染输出等综合参数调整，最终完成成品。

四、课后作业

（1）参照本次任务案例的步骤，完成案例的材质制作，并渲染输出。

（2）完成如图 3-123 所示洗护产品的灯光、材质、渲染设置。

图 3-123

项目四

C4D 动画基础

彩色气球动画实训

教学目标

（1）专业能力：具备 C4D 建模、粒子发射器参数调整设置动画的专业技能。

（2）社会能力：能够了解气球运动的原理。

（3）方法能力：具备软件操作能力，软件应用能力。

学习目标

（1）知识目标：掌握 C4D 软件的彩色气球建模与粒子发射动画。

（2）技能目标：能进行气球建模、调整材质与灯光等。

（3）素质目标：提高软件操作技能，提高学习效率。

教学建议

1. 教师活动

教师示范制作彩色气球动画的方法，并指导学生进行彩色气球动画的练习。

2. 学生活动

学生观看教师示范彩色气球动画，并在教师的指导下进行彩色气球动画的练习。

一、学习问题导入

各位同学，大家好！建模与动画是 C4D 软件的主要功能之一，本次任务我们一起学习粒子发射动画，即添加粒子发射器调整参数，添加材质与灯光等即可完成彩色气球的动画。

二、学习任务讲解与技能实训

1. 气球模型建模

步骤一：打开电脑，进入电脑桌面，启动 C4D 软件。

步骤二：首先按照图 4-1 所示把工具区域箭头指示的帧数改为 25 帧，然后按快捷键 Ctrl+B 打开渲染设置，并且按箭头指示把这里的帧数也改为 25 帧。

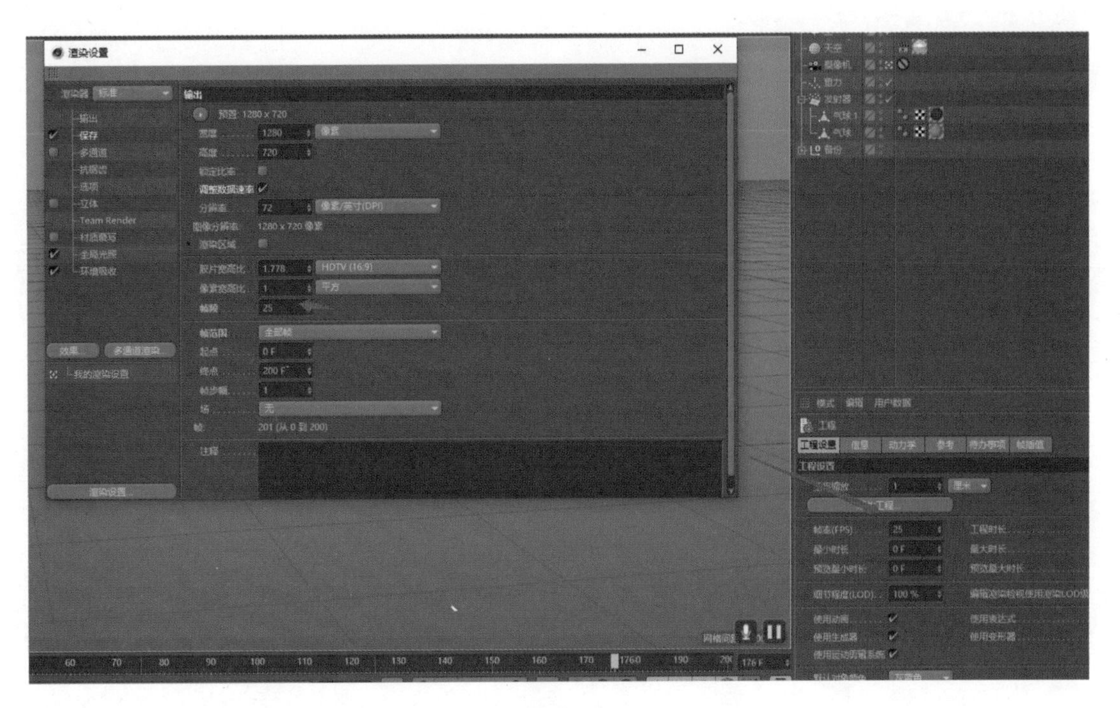

图 4-1

步骤三：完成气球的模型。先按图 4-2 箭头指示建立一个球体，接着按下快捷键 N+B 打开它的线框模式。然后按照图 4-3 所示运用变形器里的锥化工具，随后调整锥化对象的强度值为 58%，最后按 R 键把模型旋转 180°，如图 4-4 和图 4-5 所示。

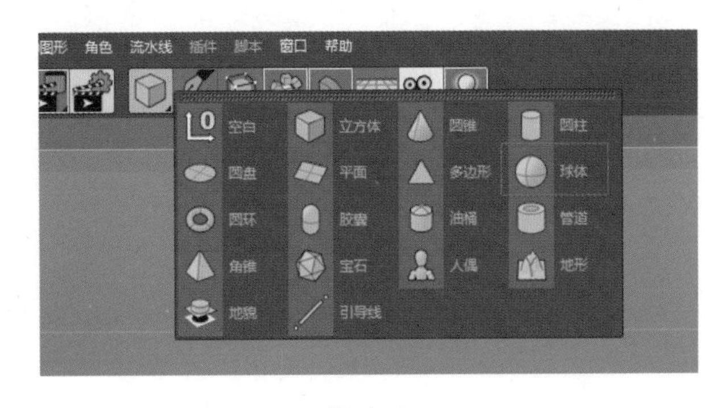

图 4-2

图 4-3

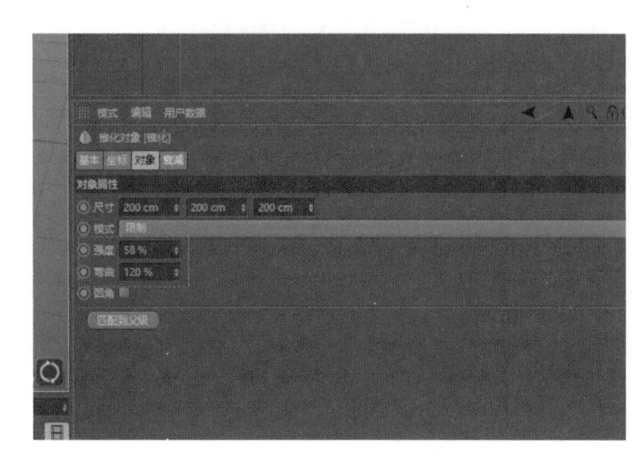

图 4-4

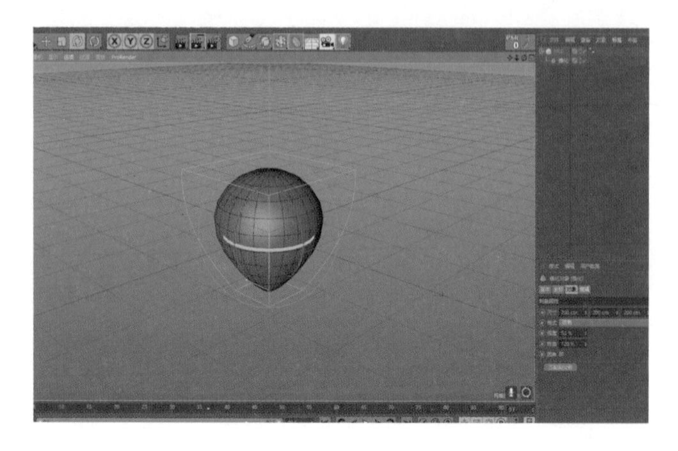

图 4-5

步骤四：建立一个圆锥体，如图 4-6 所示。随后按下鼠标滚轮键改为如图 4-7 所示的四视图，接着按 T 键把圆锥缩小成合适的大小，并且按 E 键将其调整到如图 4-8 所示的位置。

步骤五：建立气球的嘴巴模型，如图 4-9 所示在建立一个圆环之后继续按 T 键缩小，然后再按 E 键把圆环移动到如图 4-10 所示的圆锥体下方。

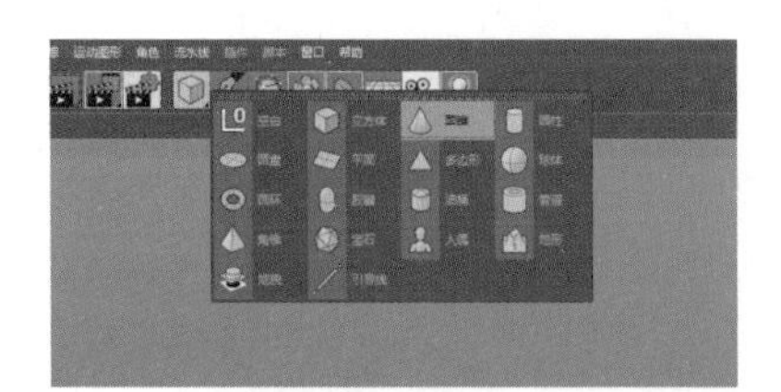

图 4-6

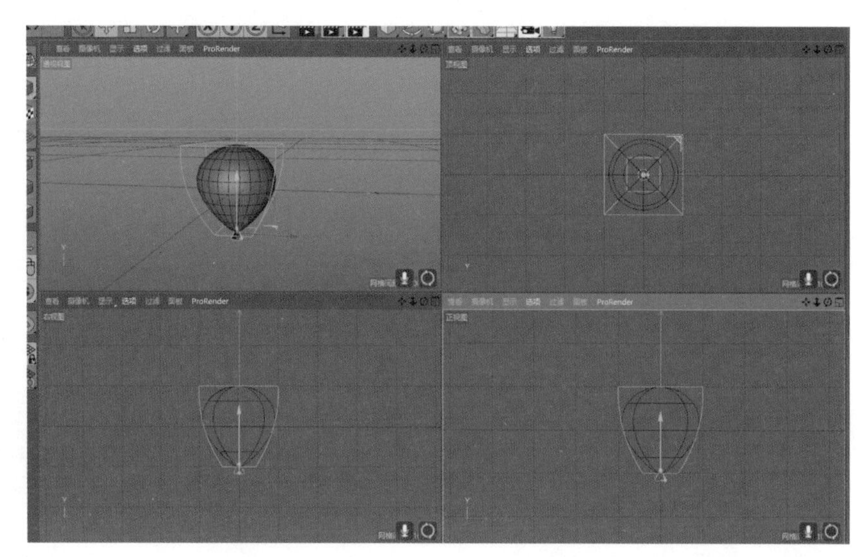

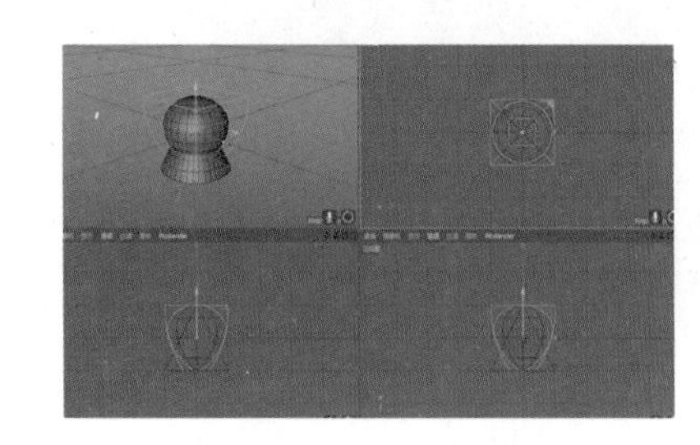

图 4-7

图 4-8

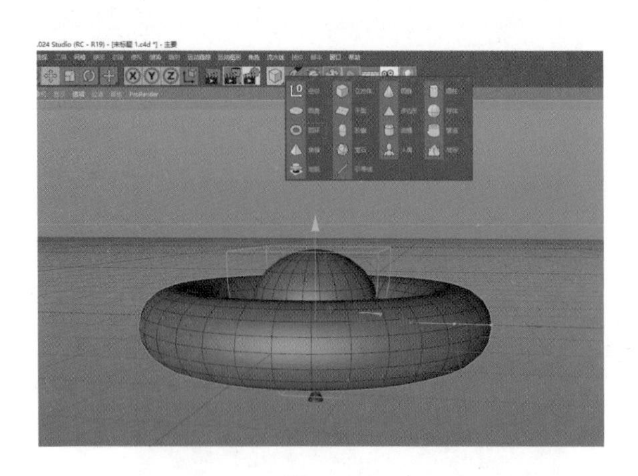

图 4-9

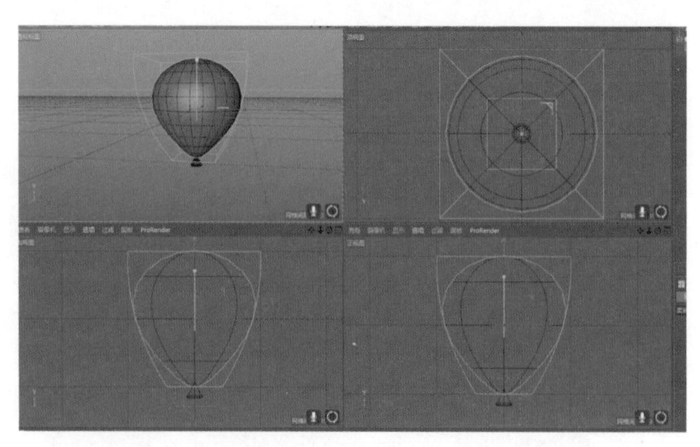

图 4-10

步骤六：为了节省资源，如图 4-11 和图 4-12 所示可以把旋转分段改为 36，把导管分段改为 18，然后把做好的模型全选，如图 4-13 所示按快捷键 Alt+G 编组，如图 4-14 所示命名为“气球”，接着再把气球复制一份，命名“备份”，并且双击备份旁边的灰色点将其隐藏。

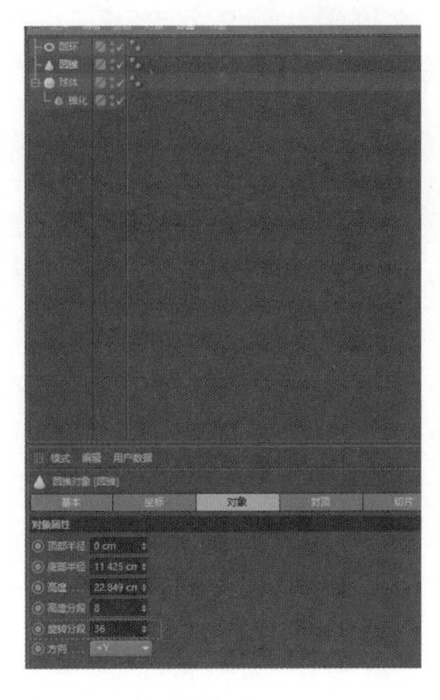

图 4-11

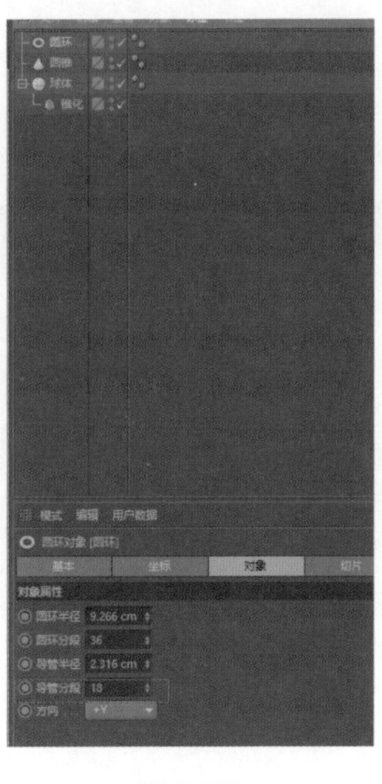

图 4-12

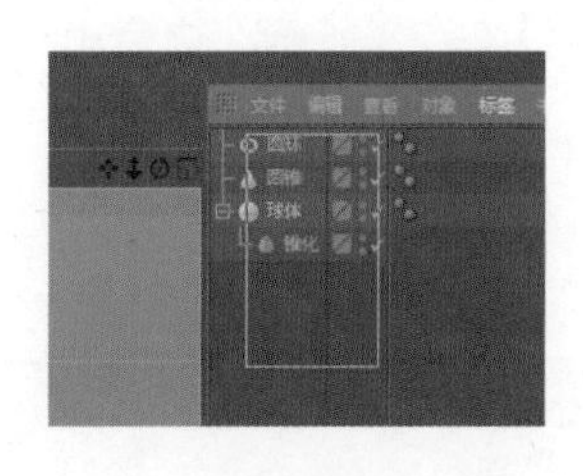

图 4-13

图 4-14

步骤七：按照如图 4-15 所示，按下鼠标右键选择“当前状态转对象”，然后如图 4-16 所示再把原来的球体删除。如图 4-17 所示，继续把圆环和圆锥全选，按 C 键转换为可编辑对象，如图 4-18 所示把图形三个全选，右键选择“连接对象 + 删除”。

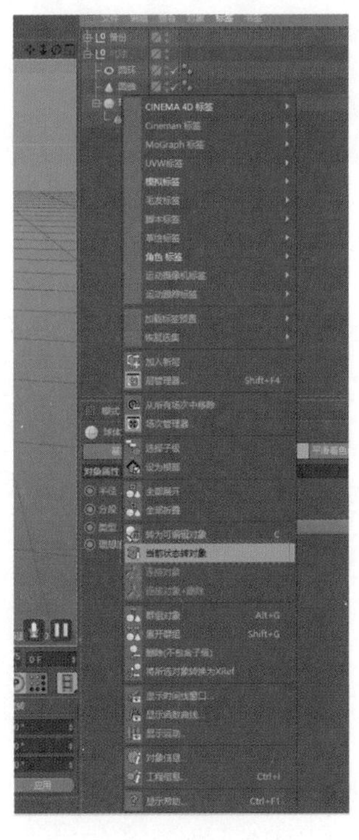

图 4-15

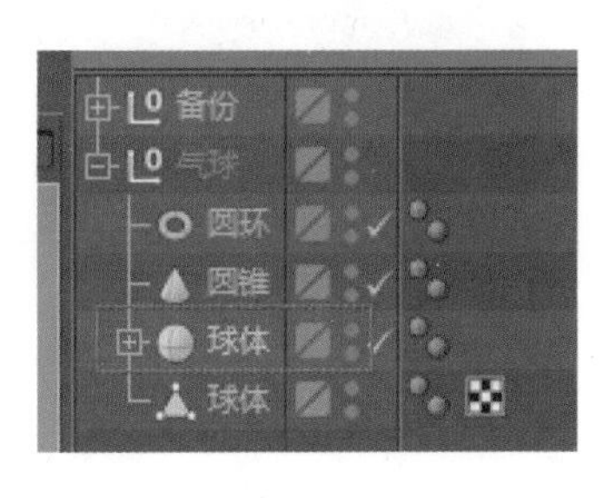

图 4-16

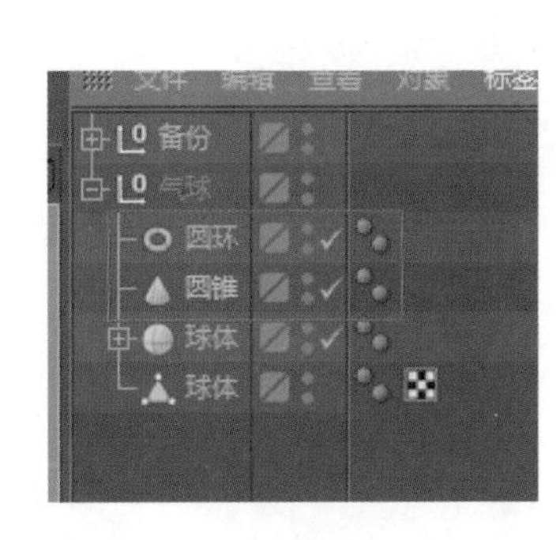

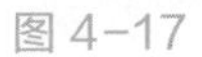

图 4-17

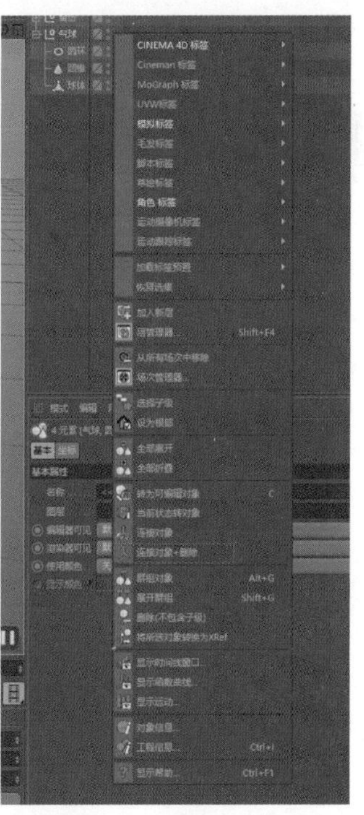

图 4-18

2. 添加粒子发射器

步骤一：如图 4-19 选择“点”模式，加上快捷键 Ctrl+A 全选，接着按照图 4-20 右键选择“优化”，然后再按照图 4-21 选择“粒子”→“发射器”，按 E 键调用移动工具，把粒子发射器拖出来一点，如图 4-22 所示。如图 4-23 所示，之后再按下 R 键把粒子发射器旋转至 -90°，接着把图 4-24 的气球拖入发射器内，再按照图 4-25 选择“显示对象”，随后再按照图 4-26 选择“发射器”，把水平尺寸和垂直尺寸分别调整为 3000cm 和 1000cm。

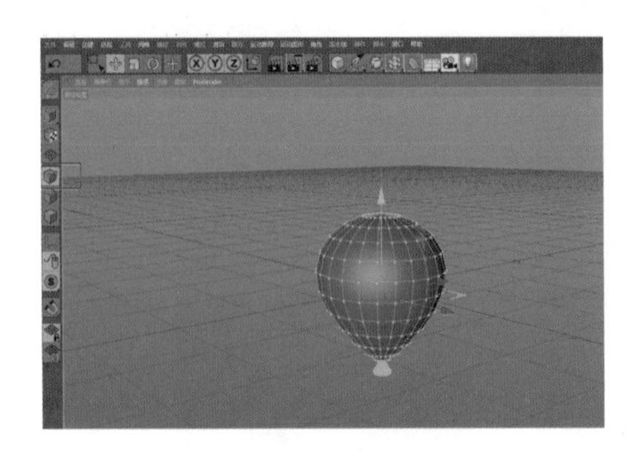

图 4-19

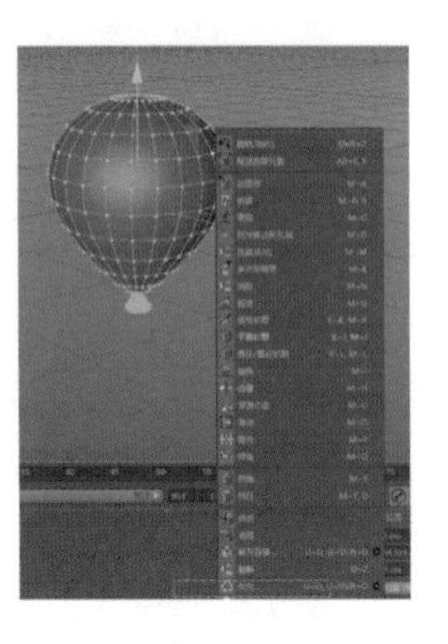

图 4-20

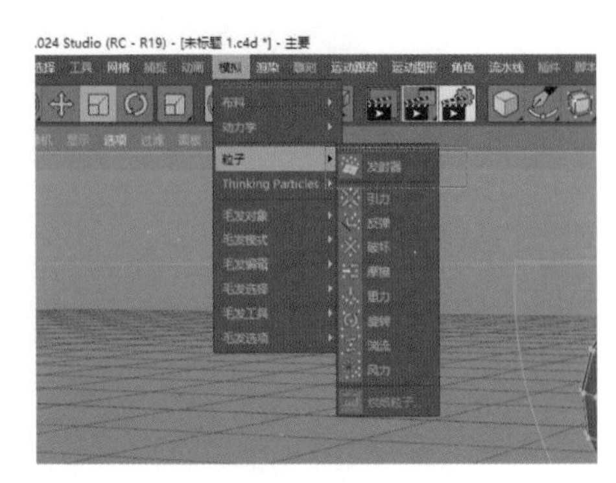

图 4-21

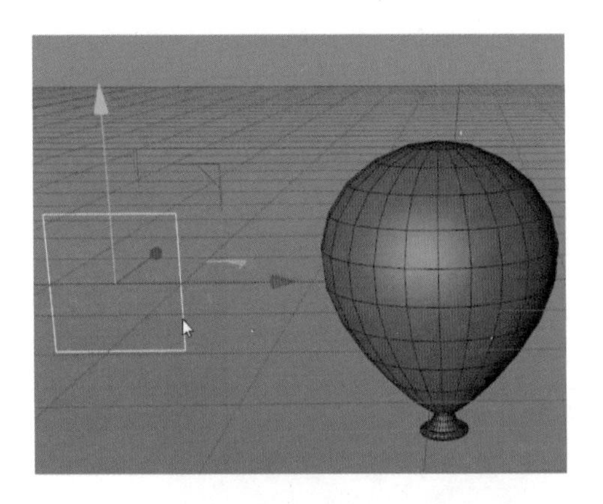

图 4-22

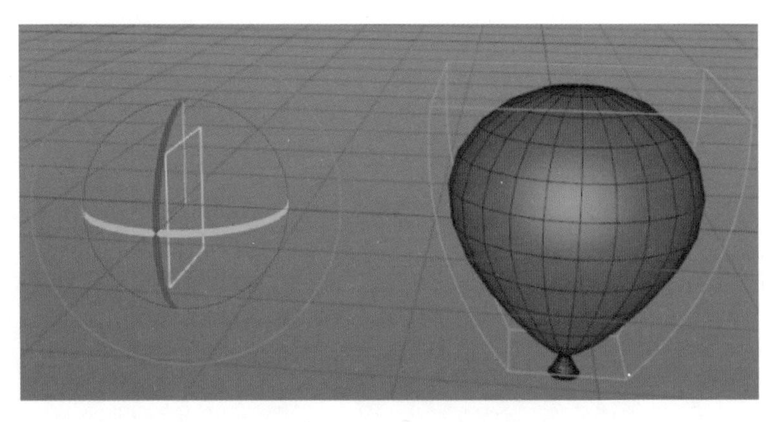

图 4-23

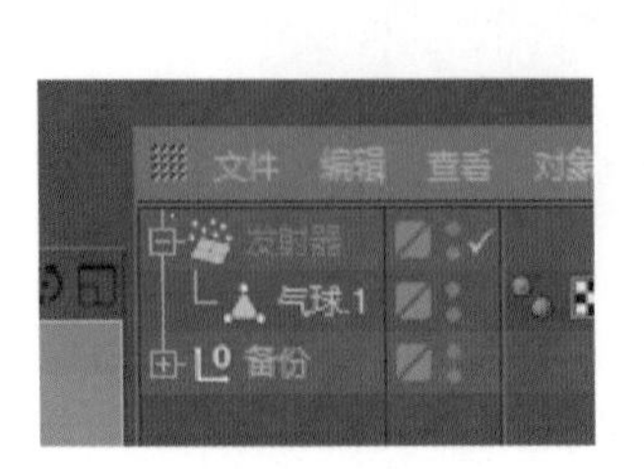

图 4-24

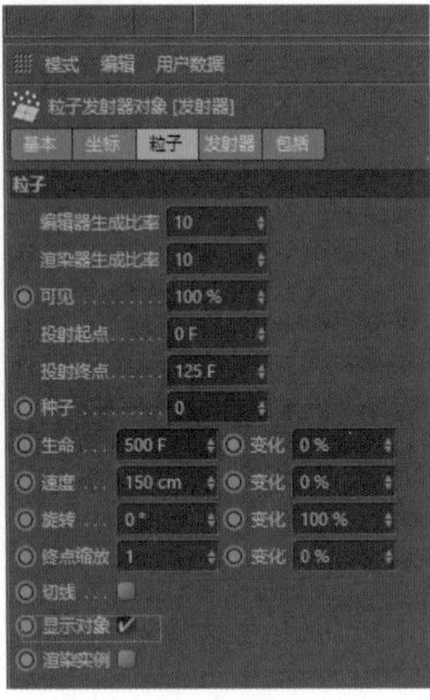

图 4-25

模式 编辑 用户数据
粒子发射器对象 [发射器]
基本 坐标 粒子 发射器 包括
发射器
发射器类型 角锥
水平尺寸 3000 cm
垂直尺寸 1000 cm
水平角度 0°
垂直角度 0°

图 4-26

步骤二：如图 4-27 所示，将时间轴调整为 200F，然后再把粒子里的旋转和速度变化调整为 3° 和 76%。

步骤三：如图 4-28 所示，添加重力，让气球有上升的运动趋势。加速度的参数调整为 -30cm，如图 4-29 所示。

步骤四：建立一个摄像机，如图 4-30 所示把“焦距”改为常规镜头（50 毫米），如图 4-31 所示，再调整好摄像机角度。

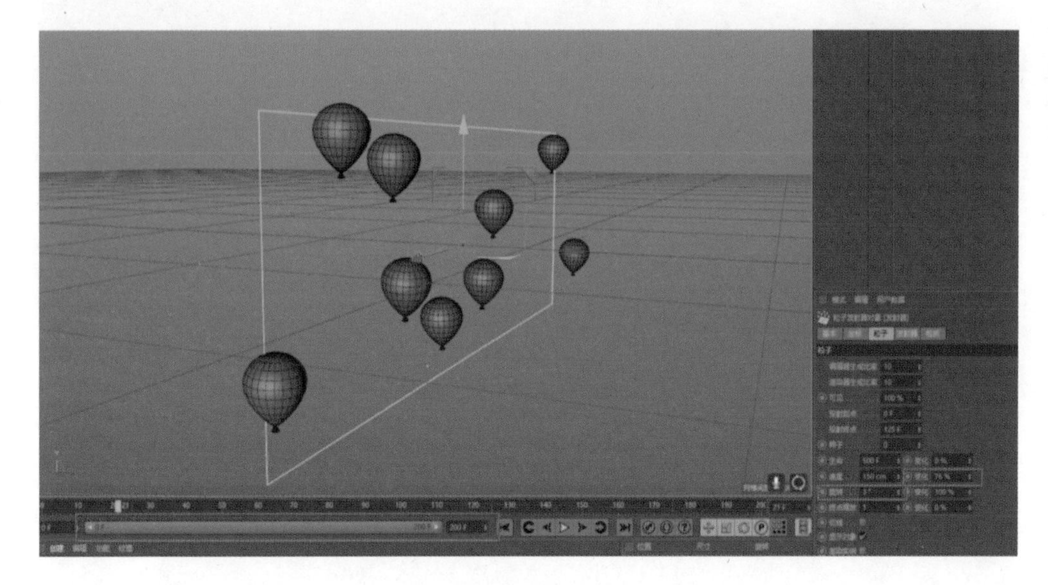

图 4-27

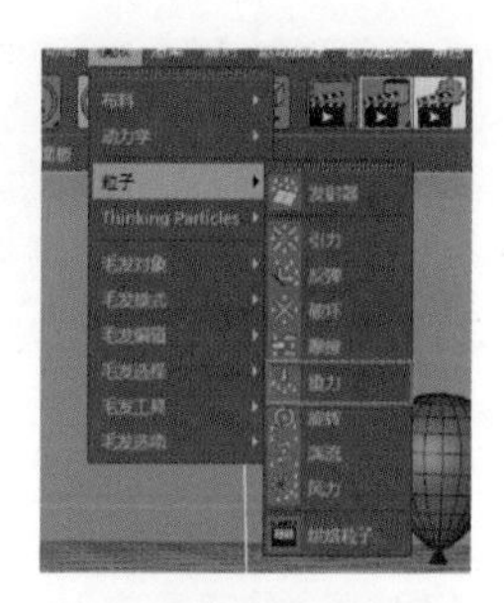

图 4-28

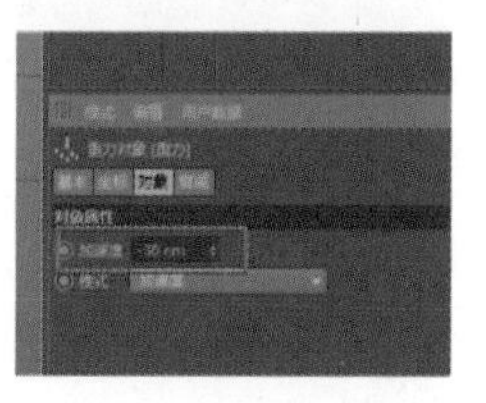

图 4-29

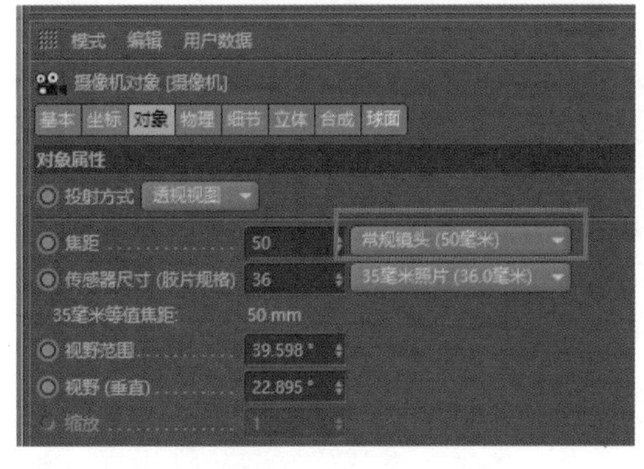

图 4-30

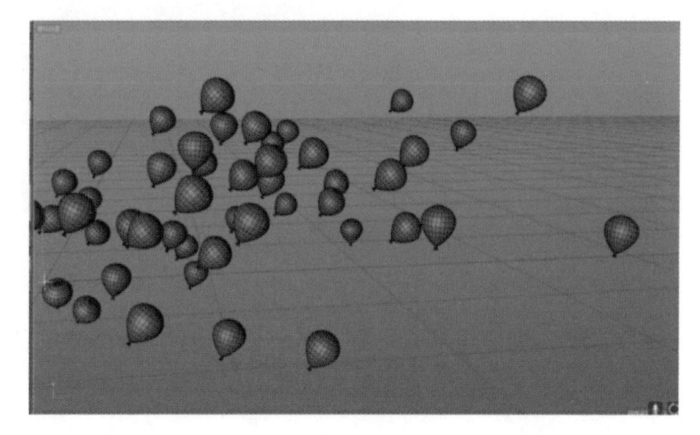

图 4-31

3. 建立动画的背景

如图 4-32 所示，建立一个天空。随后双击图 4-33 的空白处建立一个材质球。然后打开材质球，如图 4-34 所示，左侧选项全取消勾选，只勾选“发光”，在窗口选项里打开“内容浏览器”，选择一个想要的 HDR，拉到材质球的纹理内并且将材质球添加到天空，之后按照图 4-35 打开“渲染设置”，在抗锯齿属性栏里把“抗锯齿”改为“最佳”，并点击“效果”添加全局光照。

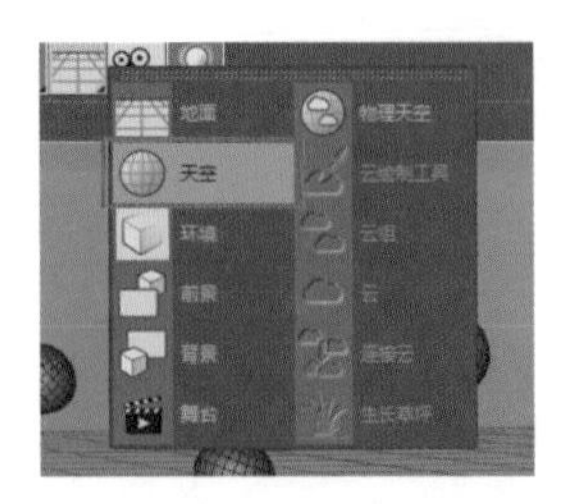

图 4-32

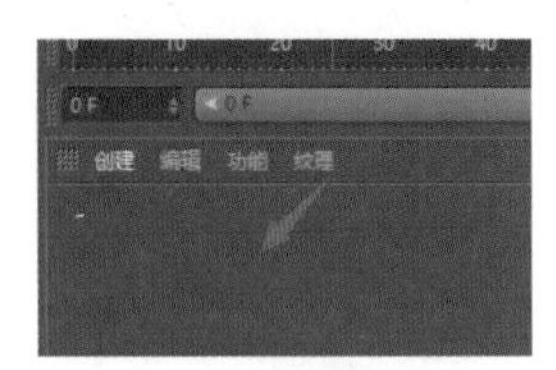

图 4-33

图 4-34

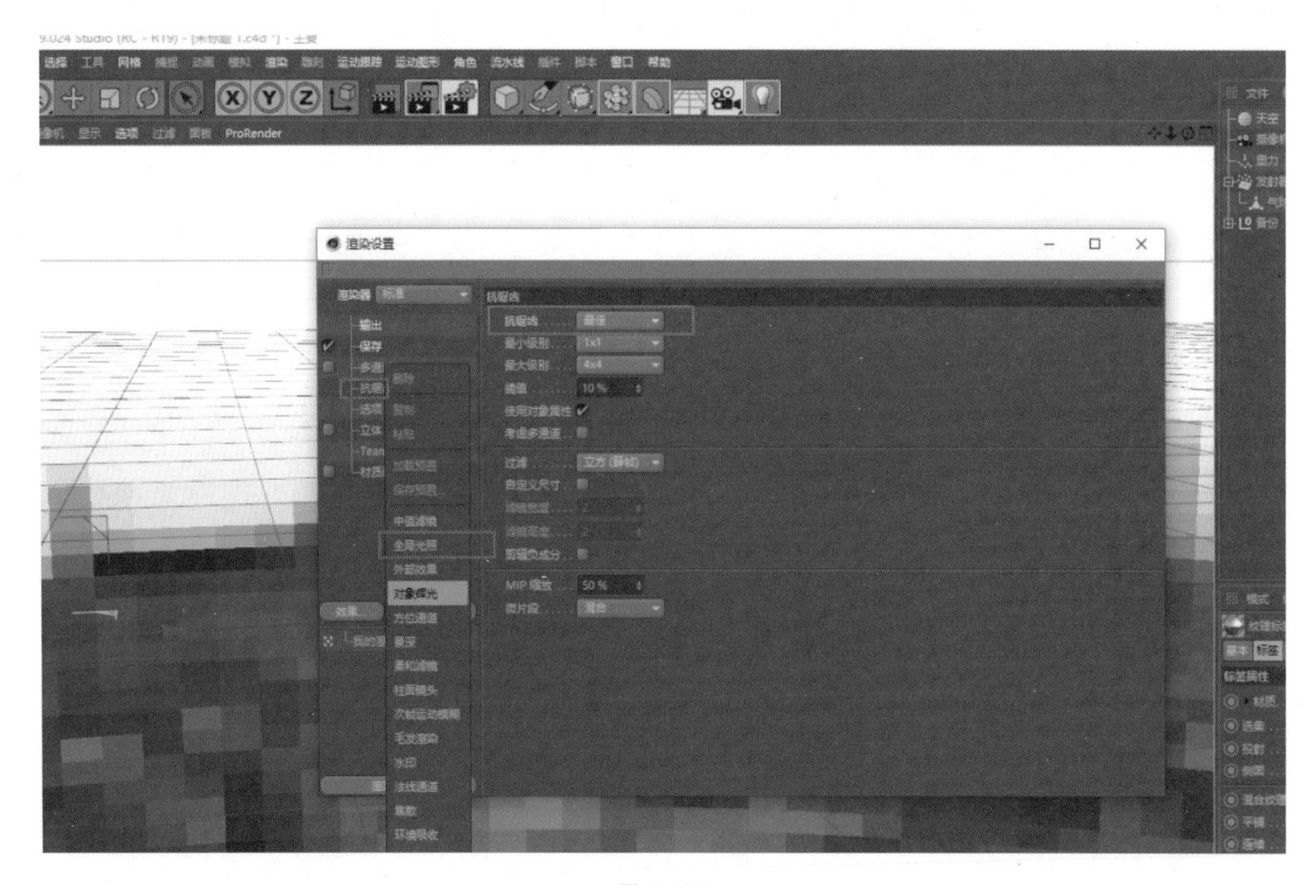

图 4-35

4. 给气球添加材质

步骤一：（1）给气球添加颜色。先新建材质球，打开材质球，根据图 4-36 点击高光，然后调整衰减为 23%，高光强度为 55%。

（2）如图 4-37 所示调整参数，勾选“透明”，把透明通道的亮度调整为 56%，折射率为 1.2。

（3）如图 4-38 所示，重新返回反射窗口添加一个 GGX，并且在纹理添加一个菲涅耳。进入菲涅耳，如图 4-39 所示，把颜色 V 的参数改为 27%，然后把材质球拉到气球上面。

（4）把反射强度的参数改为 61%，如图 4-40 所示。

（5）勾选进入漫射通道，点击“纹理”，选择“噪波”，随后进入噪波，把全局缩放改为0.5%，如图4-41所示。

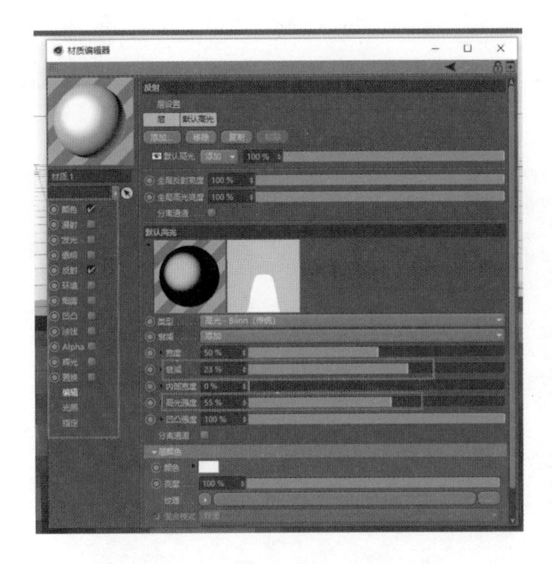

图4-36

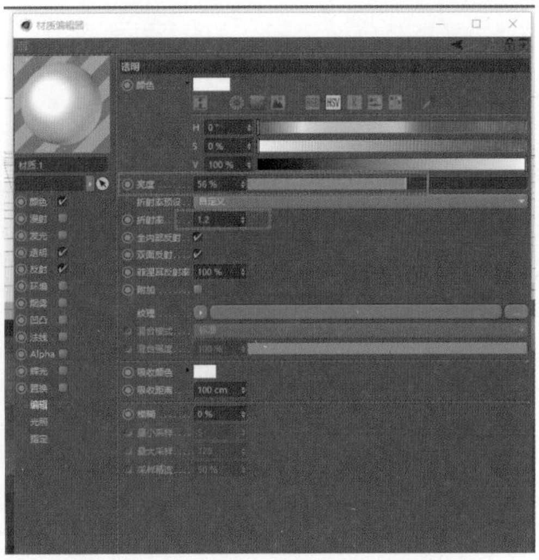

图4-37

图4-38

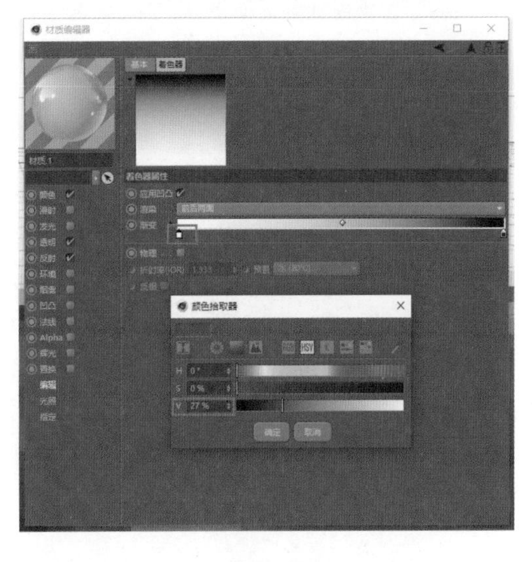

图4-39

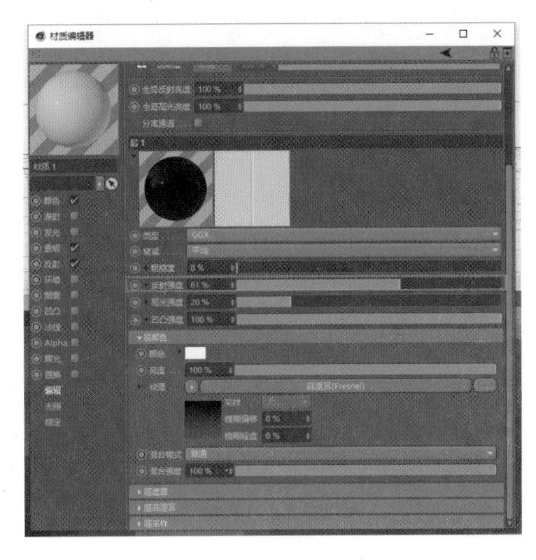

图4-40

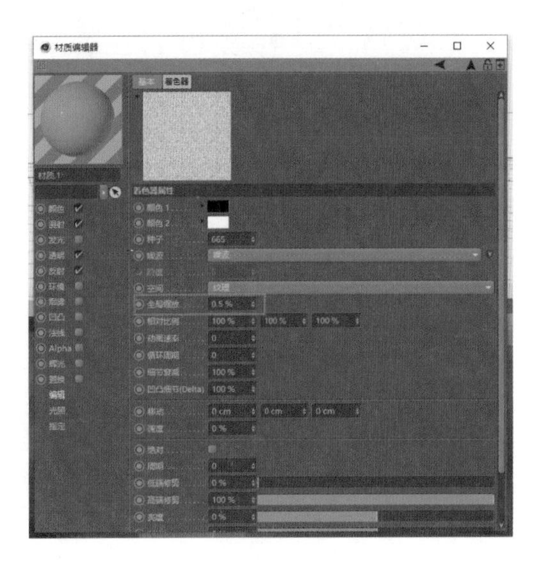

图4-41

步骤二：材质球和气球都复制一份，随后将其中一个材质球修改成如图 4-42 所示的红色，并且替换其中一个气球的颜色。

步骤三：给摄像机添加保护标签，如图 4-43 所示。然后给天空添加合成标签，如图 4-44 所示，继续在合成标签里把“摄像机可见”关闭。

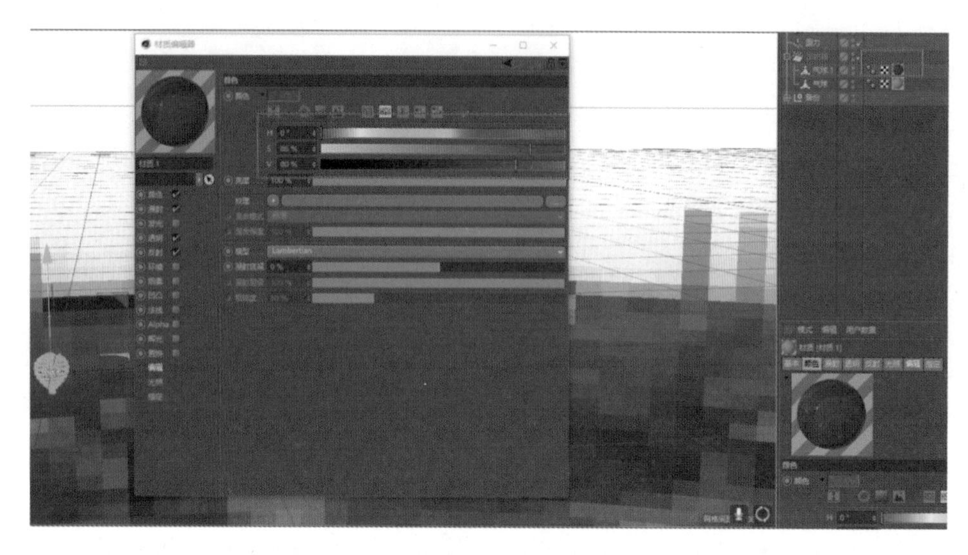

图 4-42

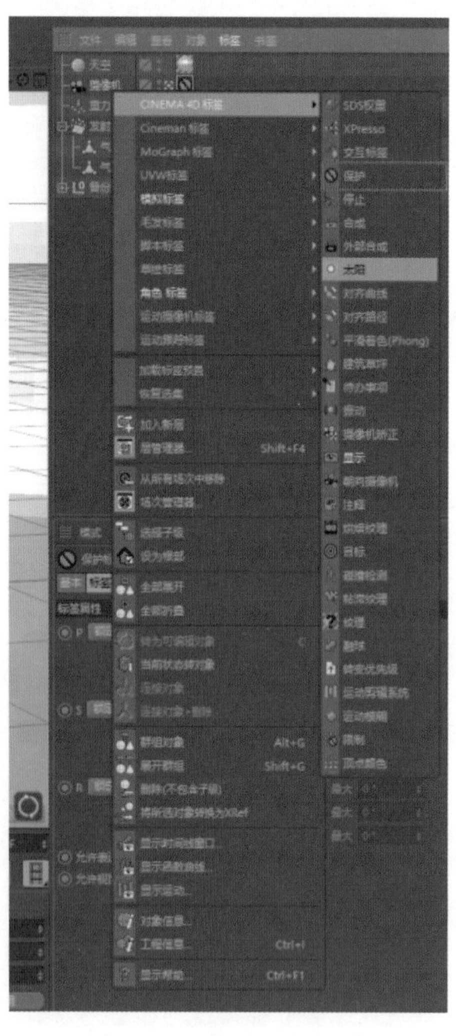

图 4-43

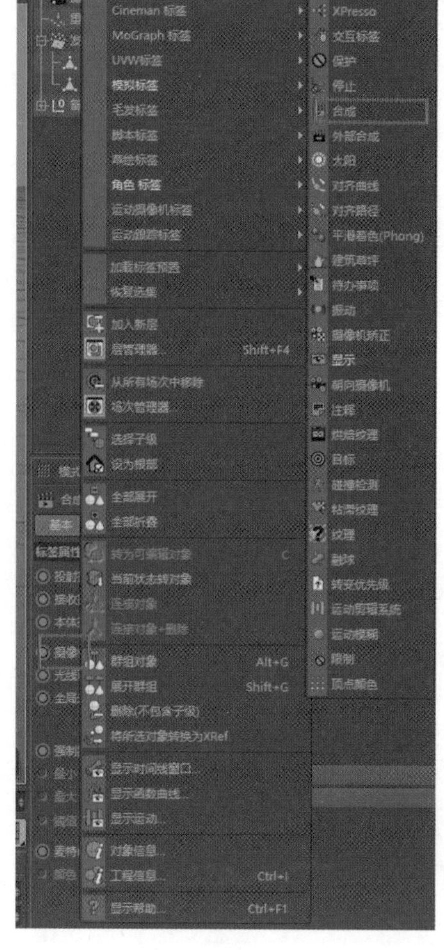

图 4-44

步骤四：添加灯光，先添加一个灯光作为主灯光，如图 4-45 所示；然后添加一个区域光作为背光，如图 4-46 所示；再按照图 4-47 摆好两个灯光的位置；最后把背光的强度的参数降低到 60%，即完成本次任务，最终效果如图 4-48 所示。

图 4-45

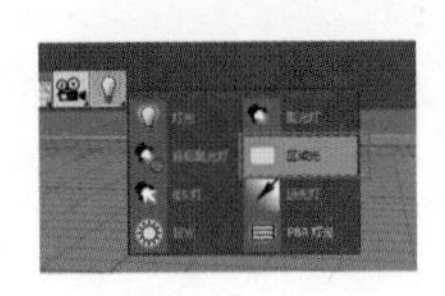

图 4-46

图 4-47

图 4-48

三、学习任务小结

本次任务主要学习了运用 C4D 软件制作彩色气球动画效果的方法和步骤。同学们学会了创建气球的材质，然后添加粒子发射器并调整参数完成动画，最后为动画建立场景，并调整摄像机的焦距景深，完成灯光信息，调整整体亮度，完成整体动画。

四、作业布置

完成 C4D 软件不同形状、不同场景的其他气球动画。

刚体小动画实训

教学目标

（1）专业能力：具备 C4D 建模、使用刚体标签、调整破碎参数的专业技能。

（2）社会能力：能够了解刚体动画的原理。

（3）方法能力：具备软件操作能力和软件应用能力。

学习目标

（1）知识目标：掌握 C4D 软件刚体小动画实训。

（2）技能目标：能进行杯子建模，调整刚体标签、材质与灯光等。

（3）素质目标：提高软件操作技能，提高学习效率。

教学建议

1. 教师活动

教师示范刚体小动画的制作方法，并指导学生进行刚体小动画的练习。

2. 学生活动

学生认真观看教师示范刚体小动画的制作，并在教师的指导下进行刚体小动画的练习。

一、学习问题导入

各位同学，大家好！本次任务我们一起来学习运用 C4D 软件制作刚体小动画的方法和步骤，主要通过杯子建模、调整刚体标签、材质与灯光设置等进行分析和讲解。

二、学习任务讲解与技能实训

1. 建立杯子的模型

步骤一：打开电脑，进入电脑桌面，找到 C4D 软件并启动。

步骤二：建立杯子的模型，添加一个圆柱，把高度分段参数改为 4，如图 4-49 所示。然后按照图 4-50 所示选择“点”模式，快捷键 Ctrl+A 全选，鼠标右键选择“优化”。接下来按下鼠标滚轮键打开四视图，如图 4-51 所示，按快捷键 U+L 选择正视图的黄色线，再按下 T 键扩大，最后把下面三条线依次缩小至合适大小。

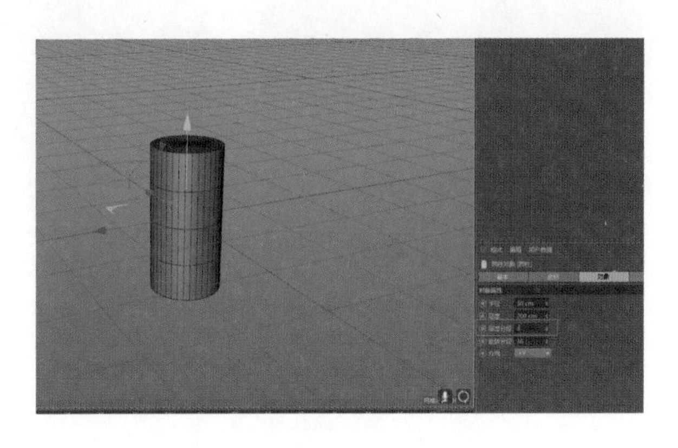

图 4-49

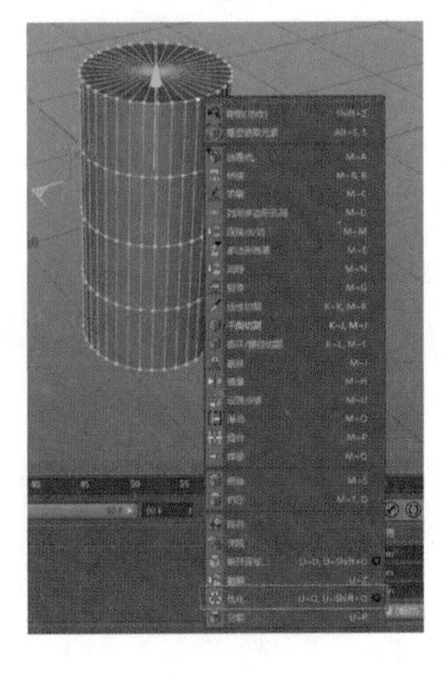

图 4-50

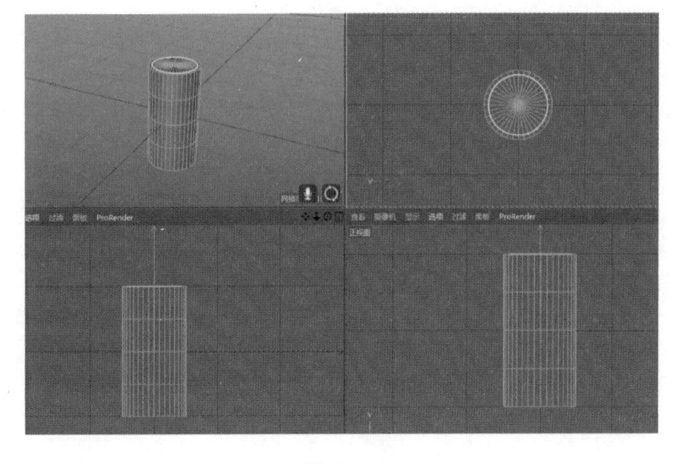

图 4-51

步骤三：按快捷键 K+L 进入着线模式，选择圆柱的顶点，如图 4-52 所示。然后换成“面”模式，如图 4-53 所示。选择顶点中间的面再切换成正视图。如图 4-54 所示，把选择的面往下拉，再缩小一点，缩小到第四条线的时候，把第四条线再按比例缩小一点即可，如图 4-55 所示。接下来按照图 4-56 选择线模式循环，按快捷键 U+L 选择这三条线，按快捷键 M+S 选择倒角，达到图 4-57 的程度即可。

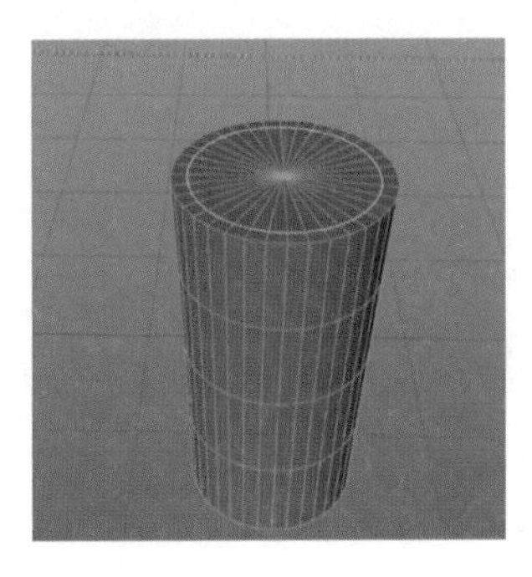

图 4-52

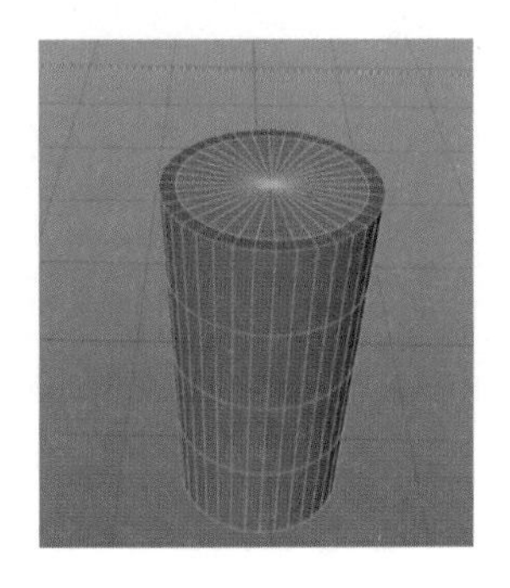

图 4-53

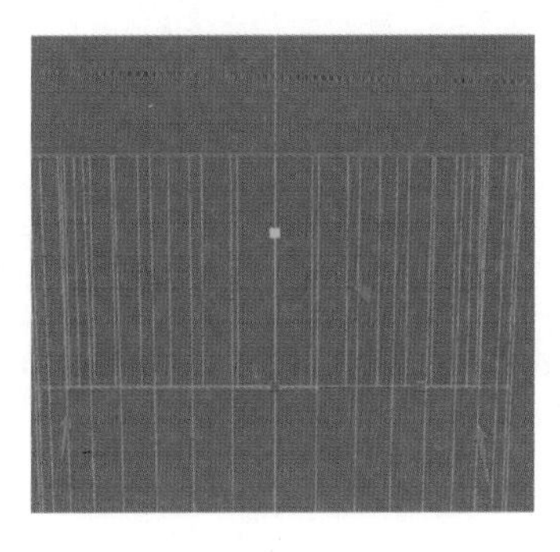

图 4-54

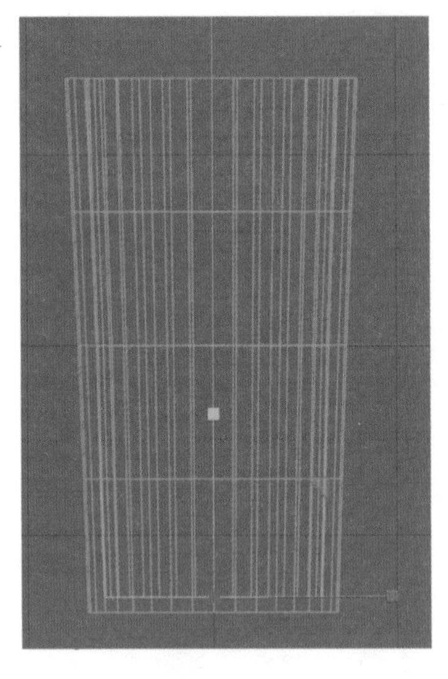
图 4-55

图 4-56

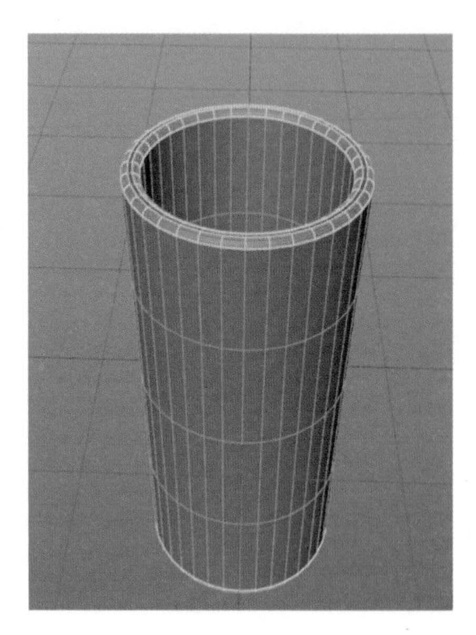
图 4-57

2. 打关键帧，创建动画

建立一个胶囊，把胶囊缩小并且旋转 90°，然后再调整到图 4-58 的位置。建立一个平面并且按快捷键 T 放大，再把胶囊和杯子移动到平面上方，如图 4-59 所示。选择胶囊，如图 4-60 所示，在第 0 帧打关键帧，再把胶囊移动到杯子后面，实践轴移动到第 40 帧，再打关键帧，如图 4-61 所示。

图 4-58

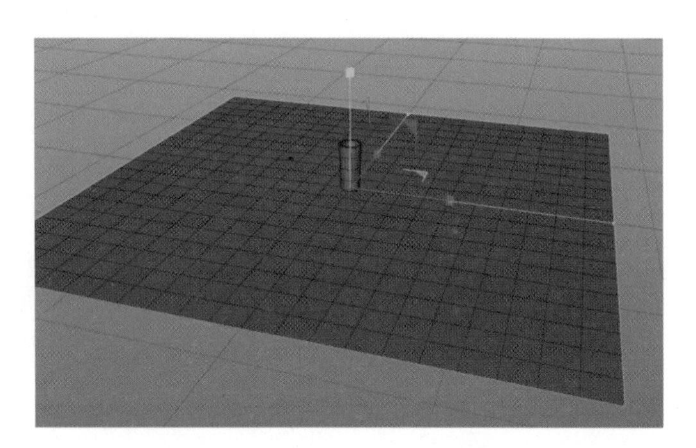
图 4-59

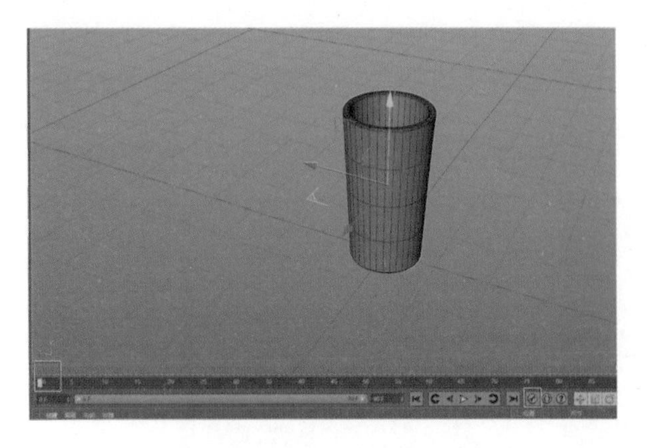
图 4-60

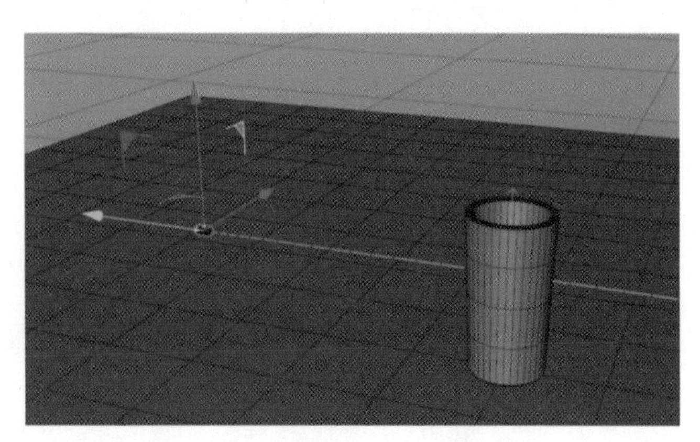
图 4-61

3. 添加模拟标签

步骤一：给平面添加“模拟标签”→“碰撞体”，如图 4-62 所示。然后给胶囊也打上一个“碰撞体”，如图 4-63 所示。最后给圆柱添加“模拟标签”→“刚体”，如图 4-64 所示。

步骤二：在“运动图形”中选择“破碎”，如图 4-65 所示。然后把“圆柱”拉到“破碎”子集，并且把“刚体”也拖到“破碎”子集。把破碎刚体的“激发速度阈值”改为 1，如图 4-66 所示。把破碎的“点数量”改为 100，如图 4-67 所示。再把“种子”改为自己比较满意的数字，每个种子的破碎位置都会发生改变。拖动时间轴到胶囊碰到圆柱的那一帧，把旁边的“激发”按钮点成红色即可，在当前位置打上关键帧，如图 4-68 所示。往后一帧的位置把“开启碰撞”改为“立即”，再点一下“激发”旁边的按钮打上一帧，如图 4-69 所示，最后把时长改为 55 帧。

图 4-62

图 4-63

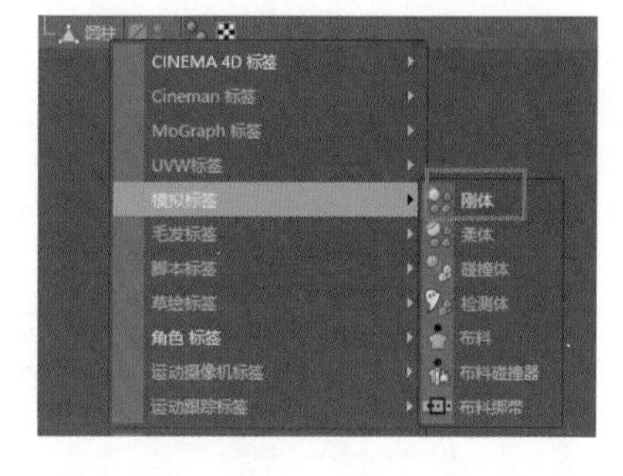

图 4-64

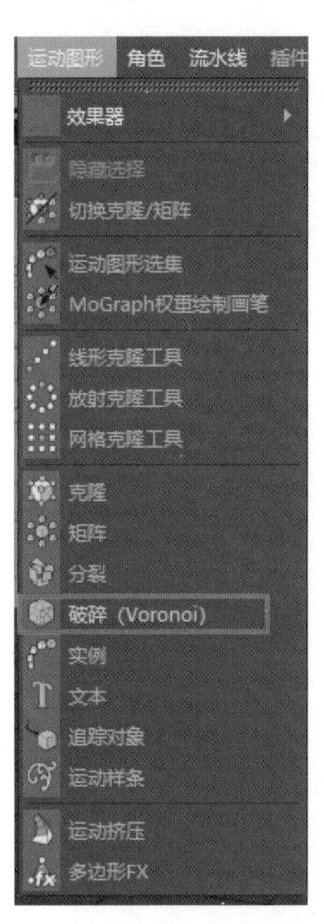

图 4-65

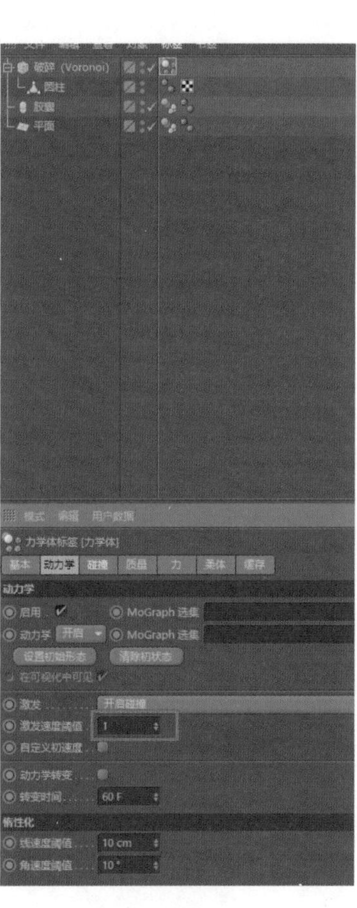

图 4-66

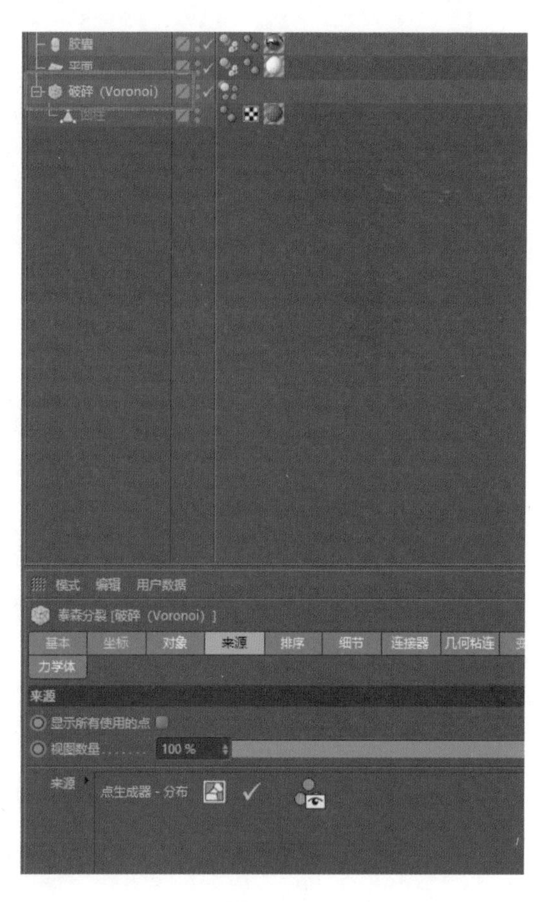

图 4-67

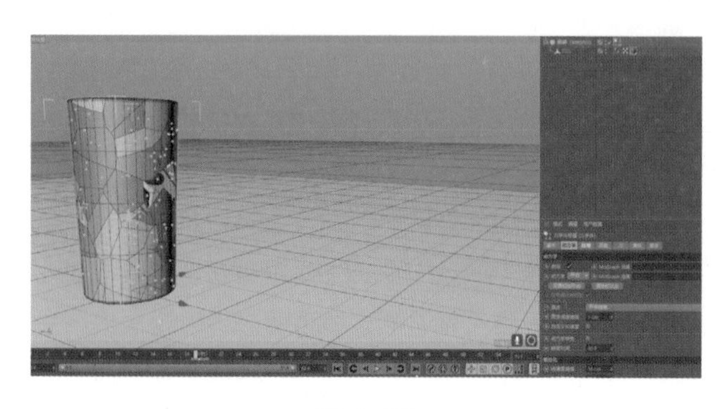

图 4-68

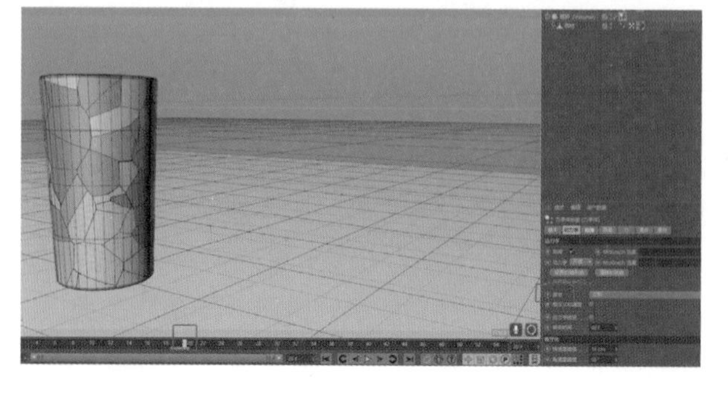

图 4-69

4. 建立背景

建立一个天空，如图 4-70 所示。创建材质球，并且把左边选项全部取消勾选，只勾选“发光”，如图 4-71 所示。然后点击“纹理”，加载一张自己喜欢的 HDR 贴图到天空，建立一个 PBR 材质球，并且打开材质球，把颜色改为红色，如图 4-72 所示。最后如图 4-73 所示，点击上方“默认反射”，把“粗糙度”改为 7%，并且点击下面“层菲涅耳”的“预置”，为杯子选择“玉石”。

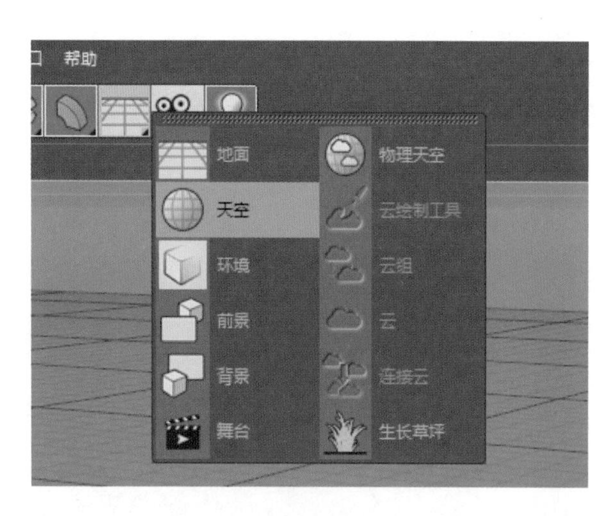

图 4-70

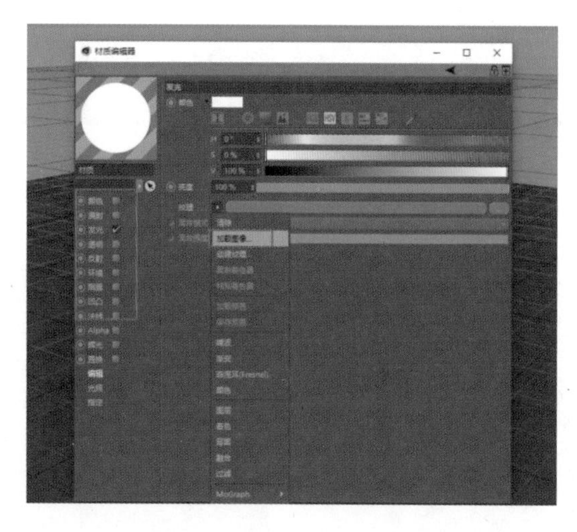

图 4-71

图 4-72

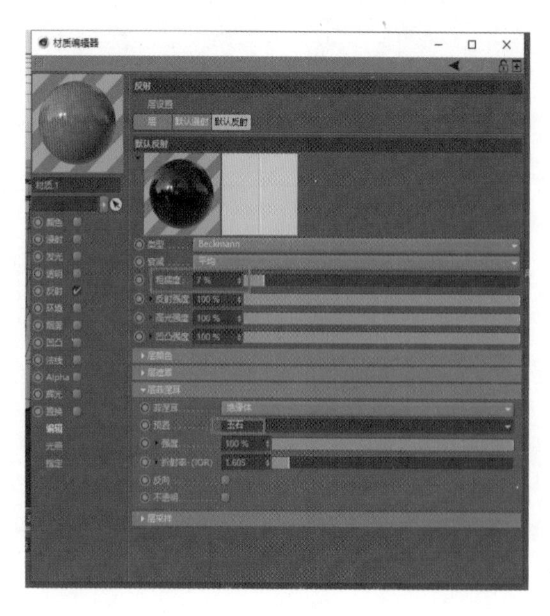

图 4-73

5. 创建材质、添加灯光

步骤一：继续建立一个新的 PBR 材质球，并且关闭默认漫射，把粗糙度改为 18%，再把下面“层菲涅耳”的“菲涅耳”改为“导体”，然后给到子弹，如图 4-74 所示。

步骤二：建立一个新的 PBR 材质球，然后勾选“颜色”，把颜色改为需要的地面颜色，如图 4-75 所示。然后把默认漫射关闭，点击“层”，把“粗糙度”改为 49%，如图 4-76 所示。再把颜色添加到各自的模型上，如图 4-77 所示。再添加一个摄像机，调整到合适的角度后，打上一个保护标签，如图 4-78 所示。建立一个聚光灯，点击“细节”，把外部角度改为 175°，最后把灯光移动到圆柱后面即可，如图 4-79 所示。

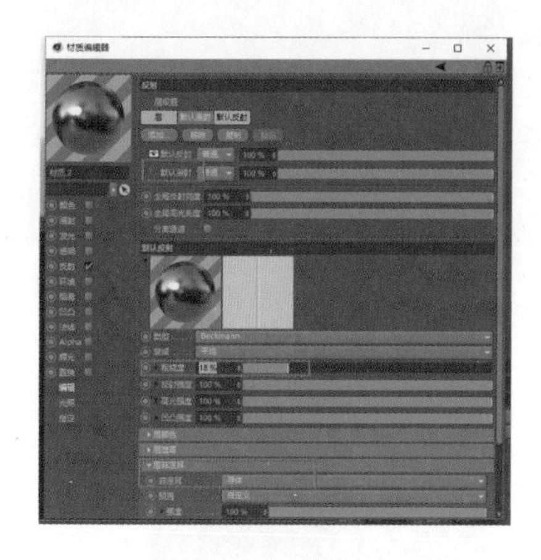

图 4-74

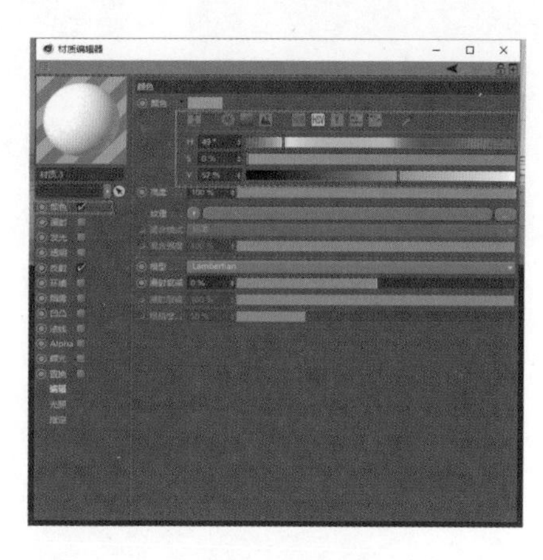

图 4-75

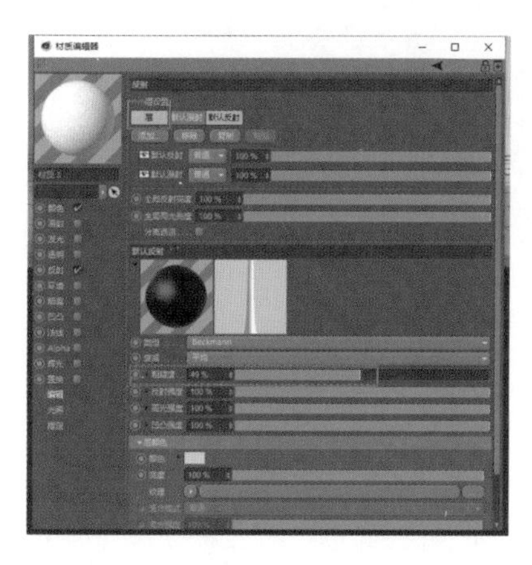

图 4-76

图 4-77

图 4-78

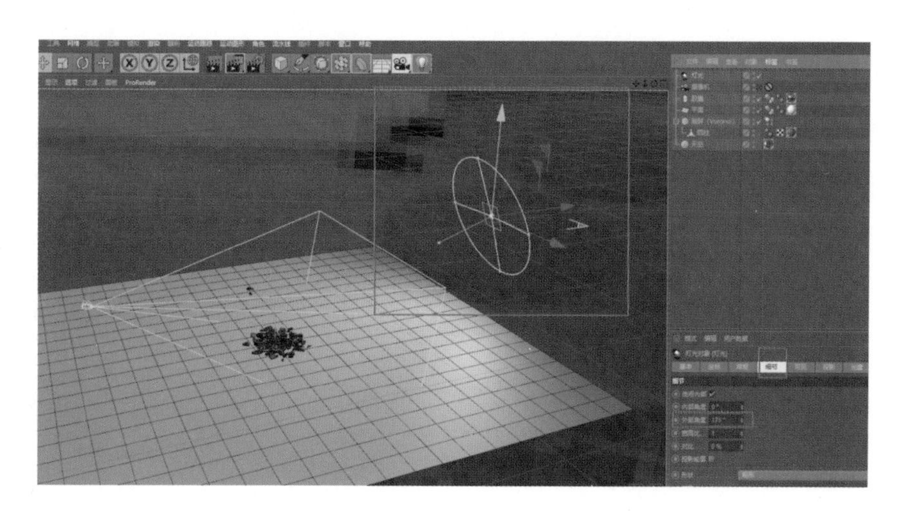

图 4-79

6. 渲染

打开“渲染设置”，把“渲染器”改为“物理”，在“效果”里点击“全局光照”和“环境吸收”，然后切换到“保存”通道，把格式改为MP4，再修改文件保存位置，最后点击“完全渲染”即可，如图4-80和图4-81所示。最终渲染效果图如图4-82所示。

图 4-80

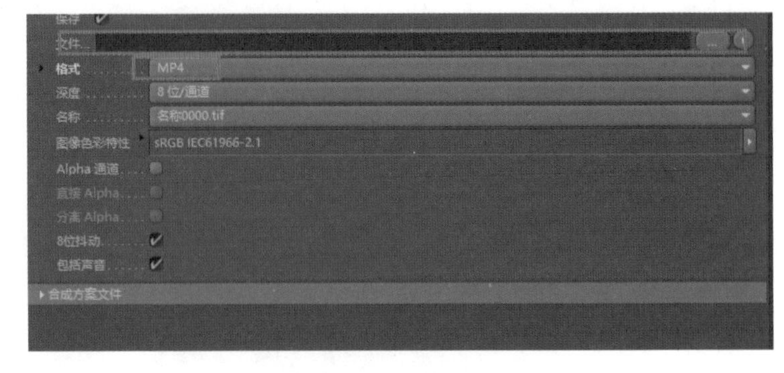

图 4-81

图 4-82

三、学习任务小结

本次任务主要学习用C4D制作刚体小动画的方法。杯子的制作实训让同学们学会了从杯子建模、贴材质、添加刚体标签到制作破碎动画的全过程。课后，大家要反复练习本次任务所学技能，做到熟能生巧。

四、作业布置

用C4D完成小球破碎的刚体小动画制作。

场景动画实训

教学目标

（1）专业能力：具备 C4D 建模、使用不同的材质、毛发添加等参数调整的专业技能。

（2）社会能力：能够了解场景动画的建模与动效。

（3）方法能力：具备软件操作能力和软件应用能力。

学习目标

（1）知识目标：掌握 C4D 软件场景动画实训。

（2）技能目标：能进行房子建模、调整毛发效果、材质与灯光等。

（3）素质目标：提高软件操作技能，提高学习效率。

教学建议

1. 教师活动

教师示范房子建模与场景动画的方法，并指导学生进行场景建模并完成动效的练习。

2. 学生活动

学生认真观看教师示范房子建模与场景动画的方法，并在教师的指导下进行场景建模并完成动效的练习。

一、学习问题导入

各位同学，大家好！本次任务我们一起来学习场景建模与动效，学习内容包括添加不同材质、毛发效果、摄像机调整参数等。希望大家掌握场景动画的制作方法。

二、学习任务讲解与技能实训

1. 屋子建模

步骤一：打开电脑，启动 C4D 软件。

步骤二：建立一个圆柱，按照图 4-83 把旋转分段参数改为 12，把方向改为“+Z”，然后将其转为可编辑对象，并且把半径参数改为 10，高度参数改为 30。切换“面”模式，选择圆面并把内部挤压成如图 4-84 所示的大小，挤压完继续切换成挤压，挤压到图 4-85 的位置。

按照图 4-86 选择“点”模式，全选（快捷键 Ctrl+A）然后右键选择“优化”。再循环选择（快捷键 U+L）图 4-87 这三条线倒角，如果倒角失败，可以把“点”模式换成“线”模式再优化一下，倒角成图 4-88 所示的程度即可。

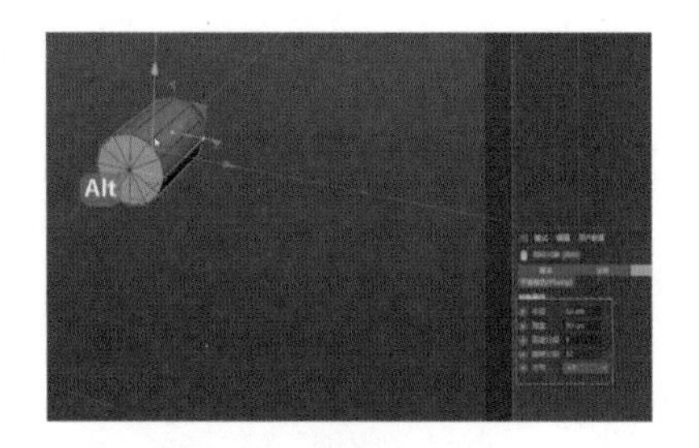

图 4-83

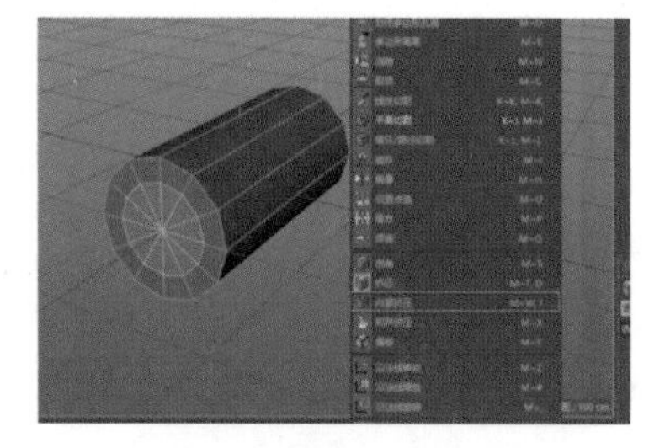
图 4-84

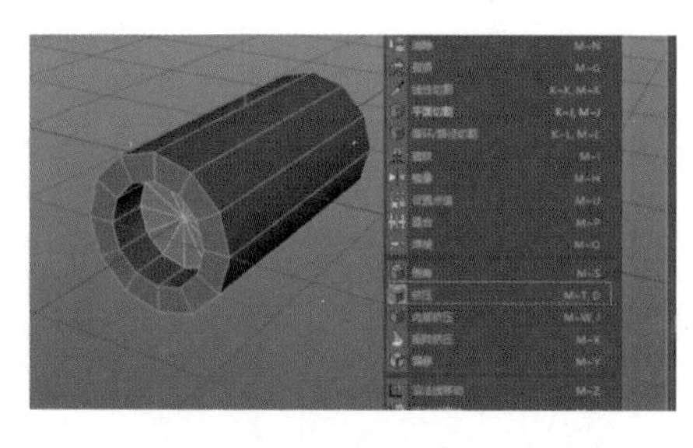
图 4-85

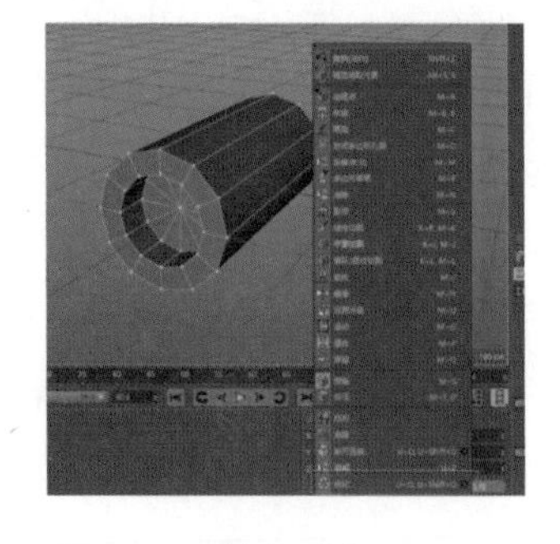
图 4-86

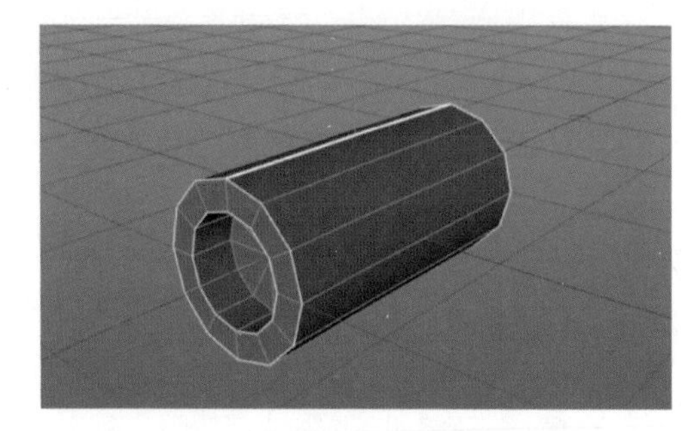
图 4-87

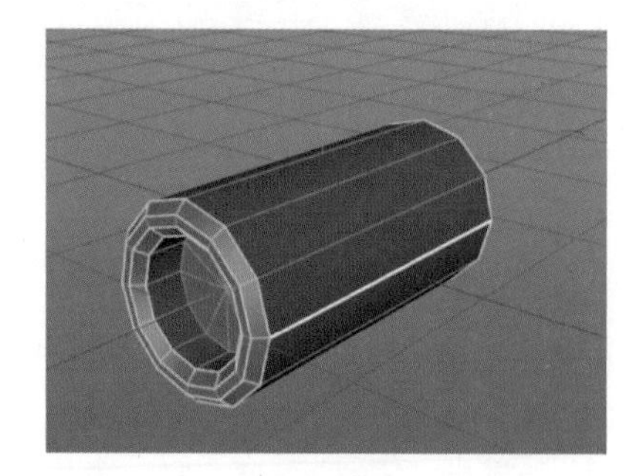
图 4-88

步骤三：按照图 4-89 建立一个克隆，并且把圆柱拖到克隆子集，然后修改参数，先把数量参数改为 7，把“位置 .Y”改为 0，把“位置 .Z”改为 -29cm，接着把步幅“旋转 .P”改为 -8.3°，然后按照图 4-90 切换到变换面板，把“旋转 .P”改为 -15°。

步骤四：按照图 4-91，在原先的克隆上再加上一个克隆，并按照图 4-92 把“数量”改为 15，然后把“位置 .X”改成 20cm。继续按照图 4-93 切换到变换面板，把“旋转 .P”改为 72°。

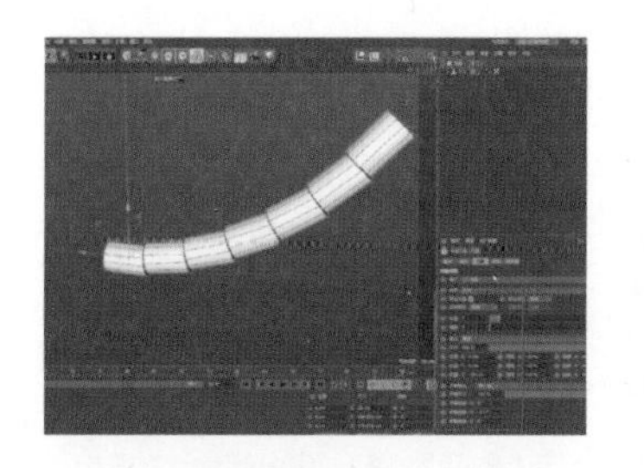

图 4-89

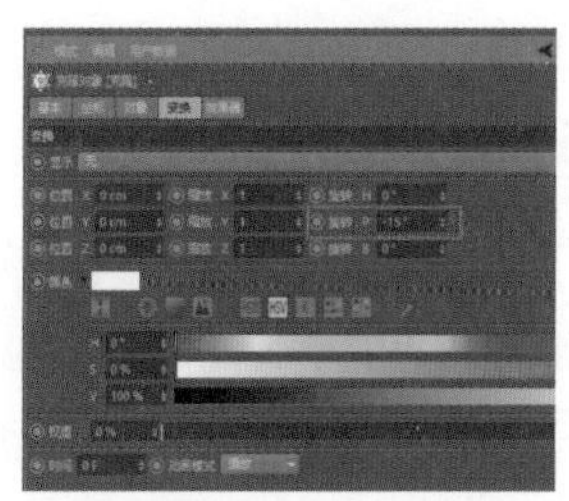

图 4-90

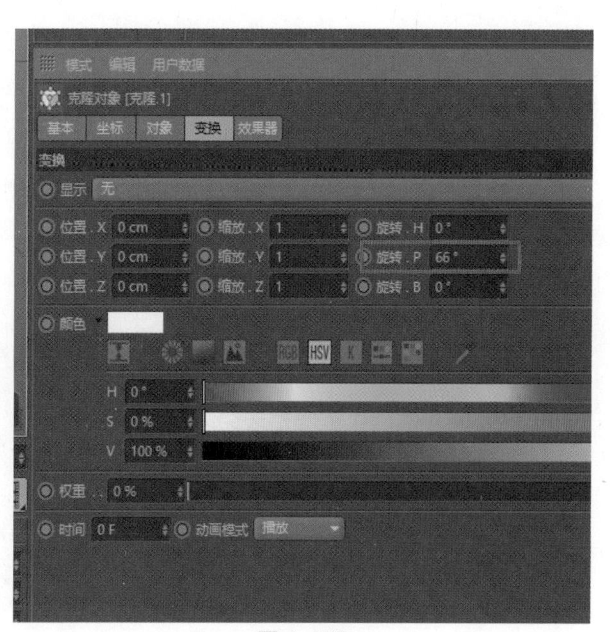

图 4-93

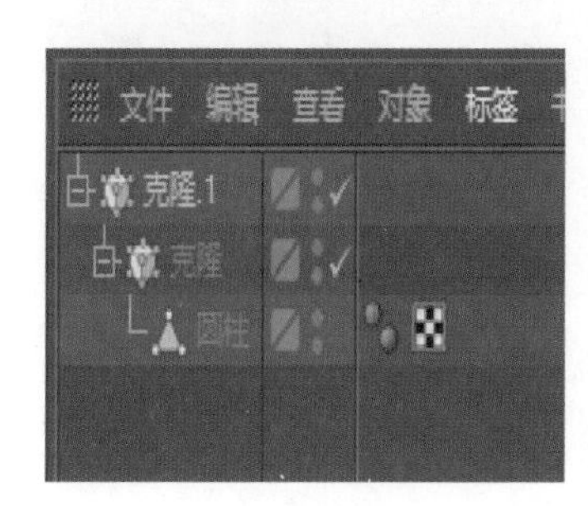

图 4-91

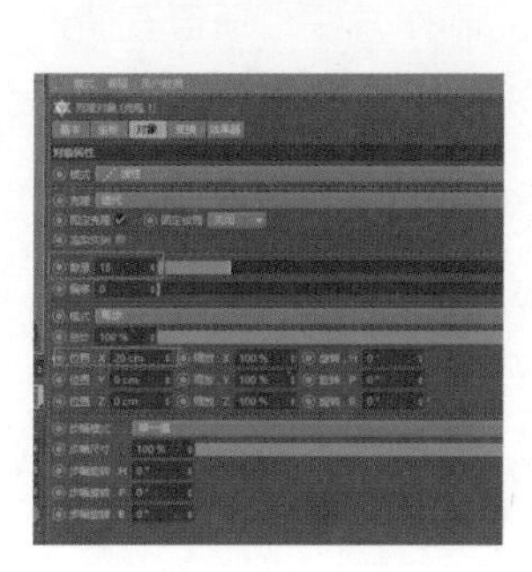

图 4-92

步骤五：按照图 4-94 建立一个对称，然后把克隆拖入对称里，再选择克隆移动到图 4-95 的位置，最后打开四视图按照图 4-96 把模型移动到顶视图的中心点位置。

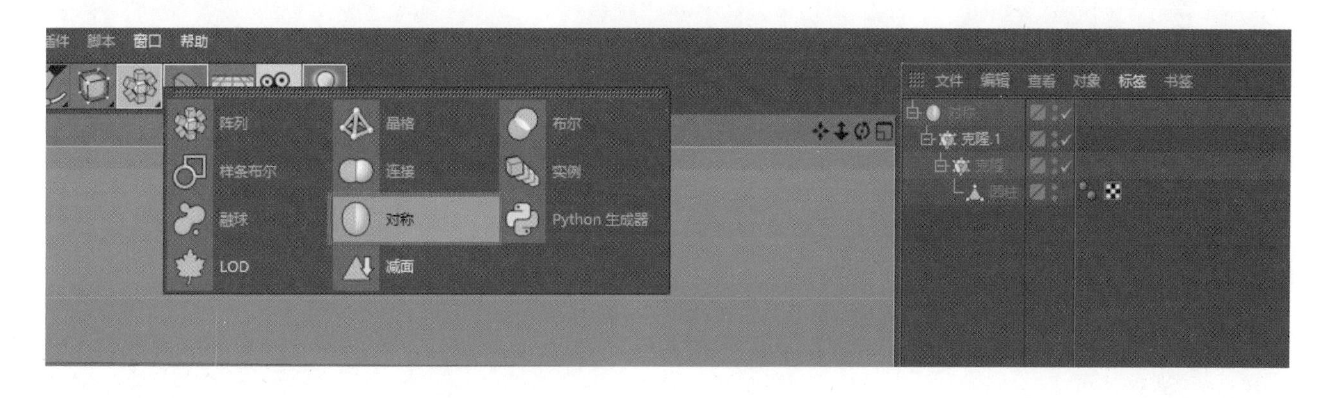

图 4-94

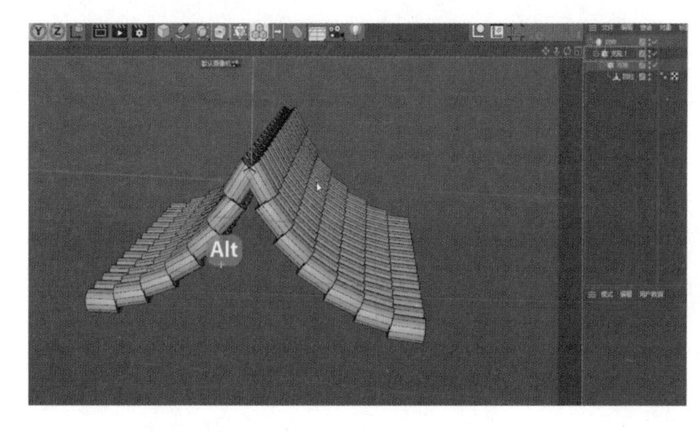

图 4-95

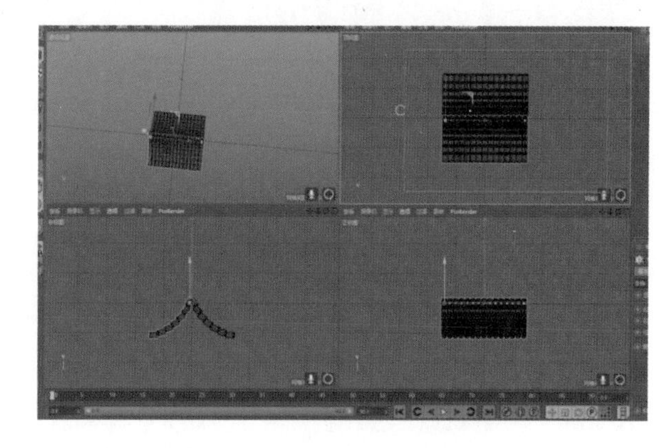

图 4-96

步骤六：建立一个圆柱，如图 4-97 所示，修改位置和数值，接着按照图 4-98 选择“边”模式，然后全选，点击鼠标右键选择“优化”。接下来如图 4-99 所示，选择正面内部挤压一个小圆，然后往内挤压一点，再把圆柱背面内部挤压一点，一起按 E 键 +Ctrl 键，鼠标移动拖出来一部分。如图 4-100 所示，把坐标改为“世界坐标”然后把 X 的数值改为 0，并且把选择的面删除即可，接着如图 4-101 所示建立一个新的对称，把做好的圆柱拉到对称里，选择这三条线倒角，如图 4-102 所示。

如图 4-103 所示，分别在这五个地方加上新的线条，然后按照图 4-104 模型模式选择圆柱，按住 Shift 键给圆柱添加一个 FFD，接着切换成正视图，再使用点模式调整到图 4-105 的位置即可。如图 4-106 所示，把圆柱的端面往两侧拉伸，按鼠标滚轮全选对称，然后点击“连接对象 + 删除”即可，如图 4-107 所示。如图 4-108 所示，最后把刚刚做出来的长圆柱命名为“屋梁”，再全部打包命名为“屋顶大”。

图 4-97

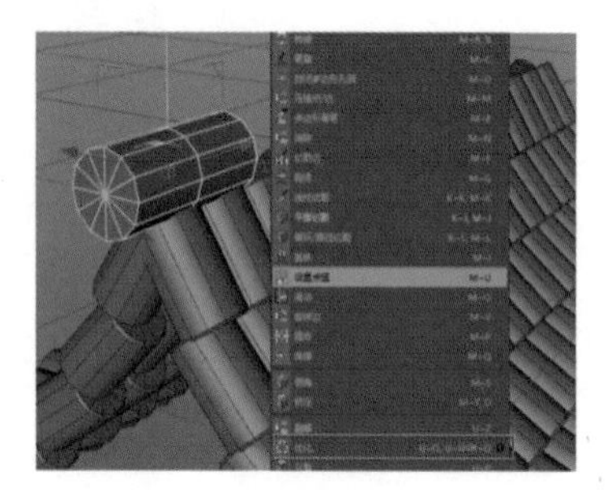

图 4-98

图 4-99

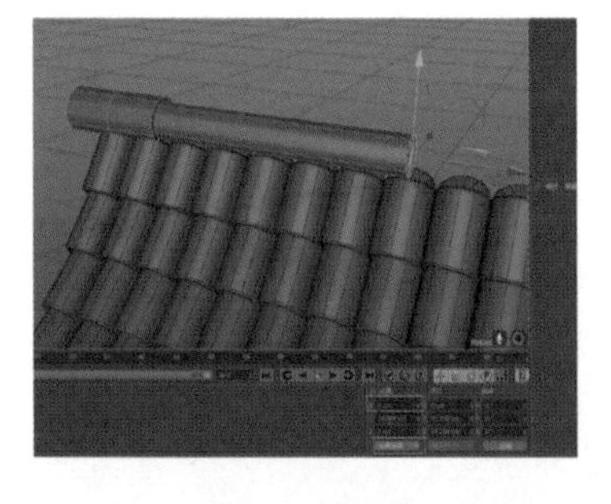

图 4-100

图 4-101

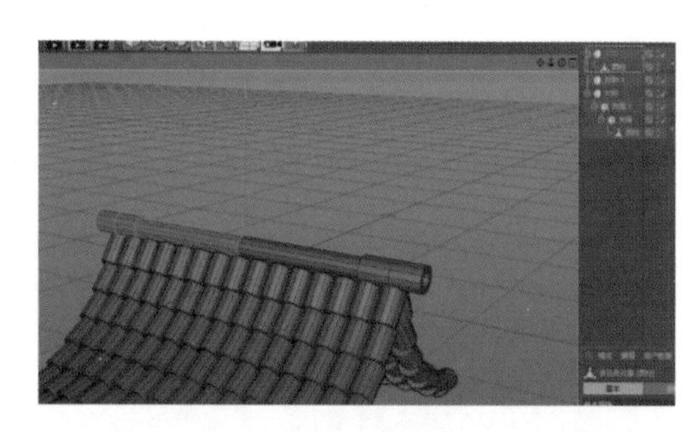

图 4-102

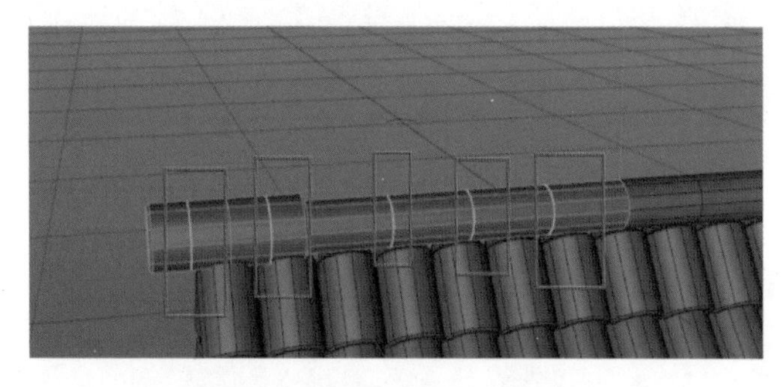

图 4-103

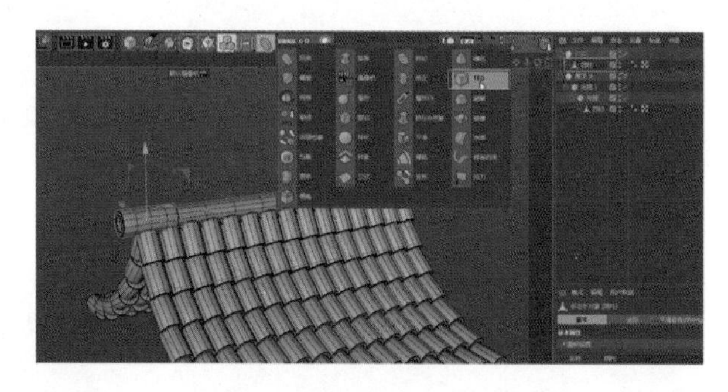

图 4-104

图 4-105

图 4-106

图 4-107

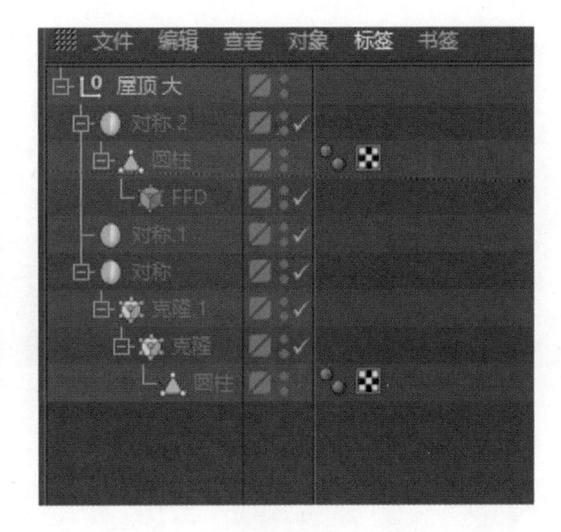

图 4-108

步骤七: 建立一个正方体，并且把分段Z改为8，如图4-109所示，然后将其转为可编辑对象，切换成右视图，用点模式把模型修改成如图 4-110 所示的图形。

步骤八：按照图 4-111 把屋顶往上移动，然后按照图 4-112 把正方体也向上移动，接着按照图 4-113 复制一个屋顶，按照图 4-114 先把从下往上第一个克隆的数量改为 5，再把第二个克隆数量改为 11，接着按照图 4-115 把屋梁往里移动到合适位置。然后按照图 4-116 把整个屋顶移动到合适位置，并且再复制出一个正方形，如图 4-117 所示。移动到小的屋梁上面并且缩放到合适大小；然后打开正视图，按照图 4-118 选择点模式，选择大正方形的底部，最后再把下面坐标改为“世界坐标”，并且把 Y 的数值改为 0。

图 4-109

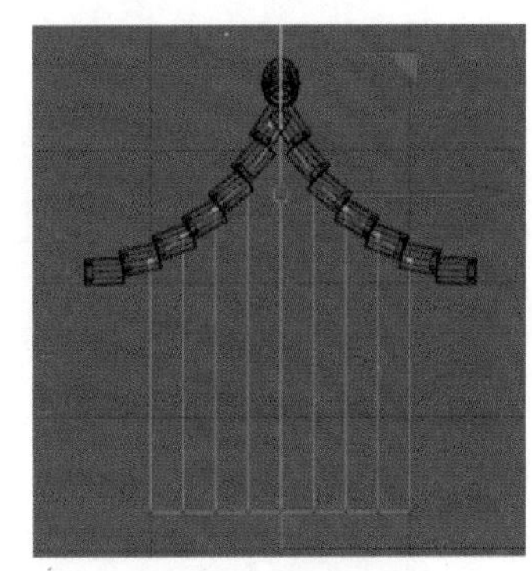

图 4-110

图 4-111

图 4-112

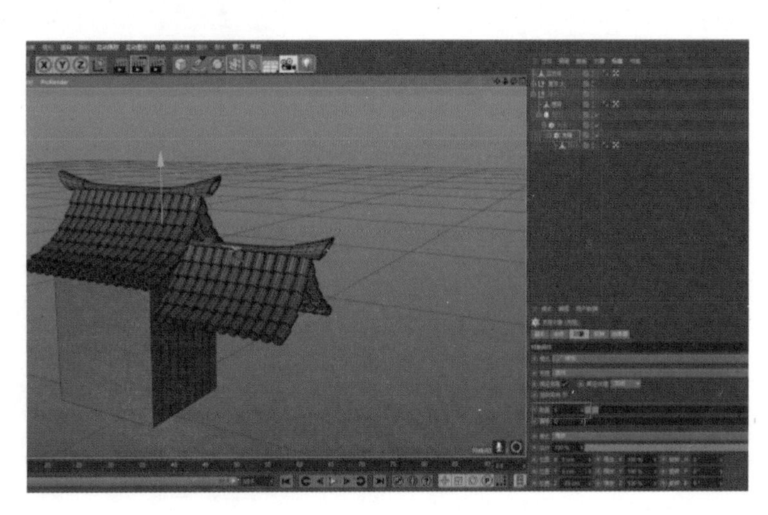

图 4-113

图 4-114

图 4-115

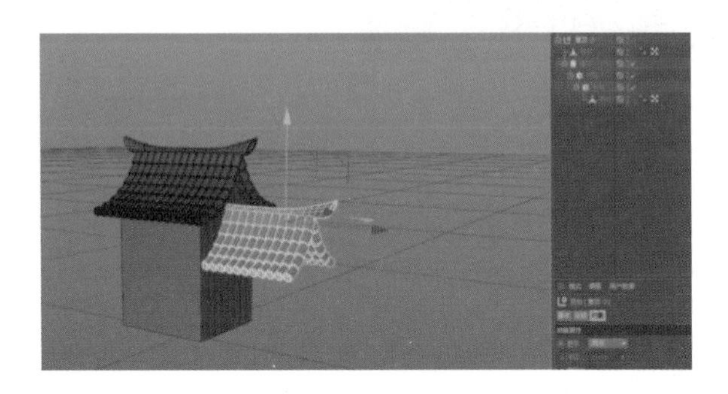

图 4-116

图 4-117

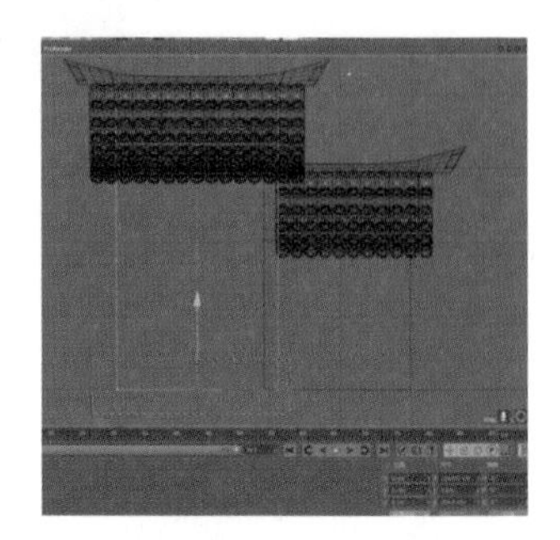

图 4-118

步骤九：按照图 4-119 建立一个“布尔”，再按照图 4-120 把两个正方形放到布尔里，并且把“布尔类型”改为“A 加 B”，再勾选“高质量”和“隐藏新的边”，之后再按照图 4-121 把这三个对象全选，右键单击“连接对象 + 删除”。

步骤十：按照图 4-122 建立一个正方形，把“尺寸 .X”改为 15，“尺寸 .Y”改为 200，“尺寸 .Z”改为 15，分段 Y 改为 5，分段 X 和分段 Z 都是 1，之后再将其转为可编辑对象并移动到合适的位置。再按照图 4-123 选择最下面的面，按 Ctrl+E 将其往下移动一点，然后第二次移动时可按下 T 键放大，实现图中的效果，放大后直接把世界坐标的 Y 改为 0 即可。再接着按照图 4-124 打开顶视图，把两个屋顶隐藏，再把刚刚做出来的正方体分别复制到图中的 6 个地方，然后再显示隐藏的屋顶。接下来按照图 4-125 把选择的几个点删除，再按照图 4-126 选择凸出来的点，按 E 键移动到屋顶里面，接着把刚刚建立的 6 个立方体全选，右键选择“连接对象 + 删除”即可，如图 4-127 所示。

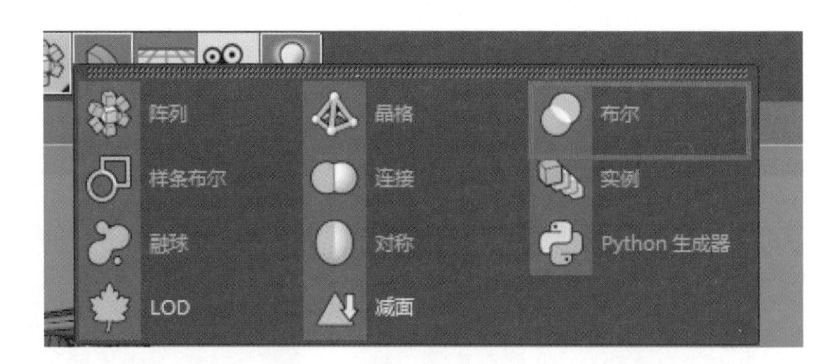

图 4-119

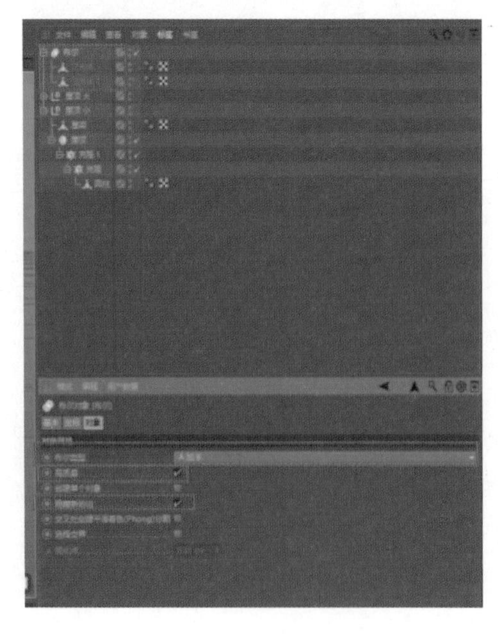

图 4-120

图 4-121

图 4-122

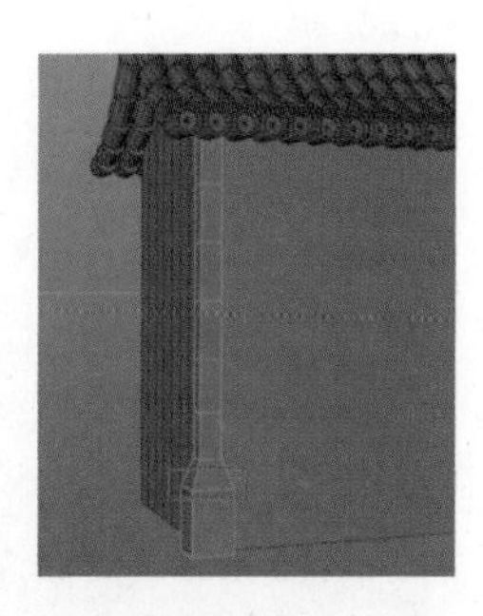

图 4-123

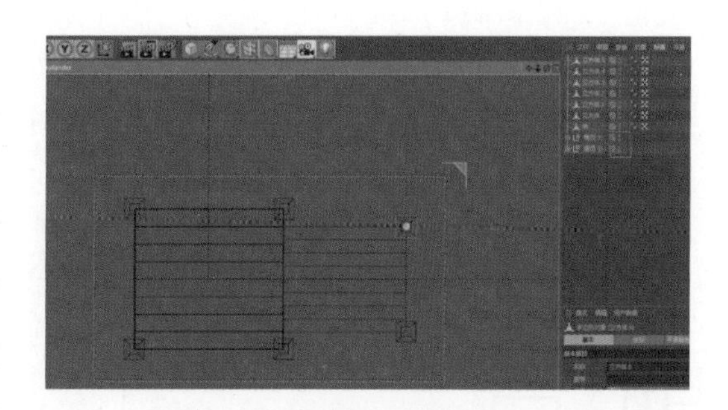

图 4-124

图 4-125

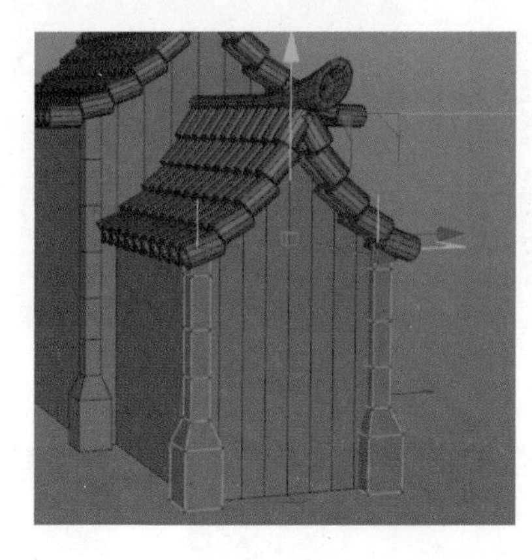

图 4-126

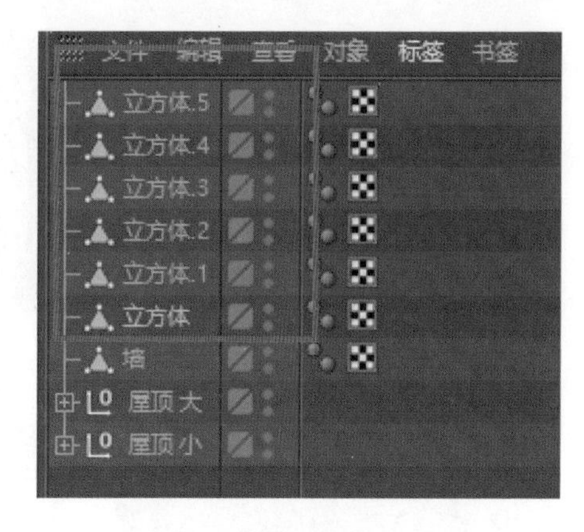

图 4-127

步骤十一：建立一个正方体，如图 4-128 所示。改完参数后把正方体移动到此图的位置上并且将其转为可编辑对象。再切换为线模式，如图 4-129 所示，在这三个箭头的位置上加一条线。

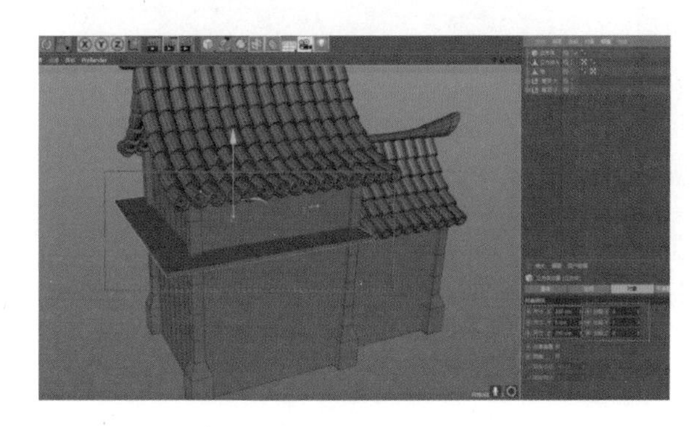

图 4-128

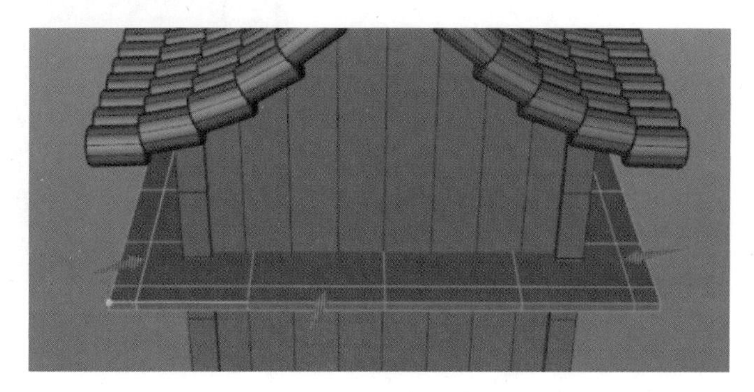

图 4-129

切换面模式，如图 4-130 所示，按 U+P 键把这些面单独分离，然后往上移动。按住 Alt 键把刚刚分离出来的面按照图 4-131 添加一个布料曲面，再把图 4-132 布料曲面的厚度参数改为 5cm。继续按照图 4-133 把这两个对象全选，右键选择“连接对象 + 删除”，再按照图 4-134 用线模式选择这些线，然后提取样条，将样条按照图 4-135 拖出来并且移动到此图的位置。

再新建一个正方体，并且按照图 4-136 调整好数值，之后按照图 4-137 给正方体添加一个克隆，把克隆模式改为对象，并且把布料曲面样条按箭头指示拖入对象，接着按照图 4-138 把克隆的“分布”改为步幅，并且把步幅的参数改为 36cm，然后按照图 4-139 把这几个对象选中，点击“连接对象 + 删除”。

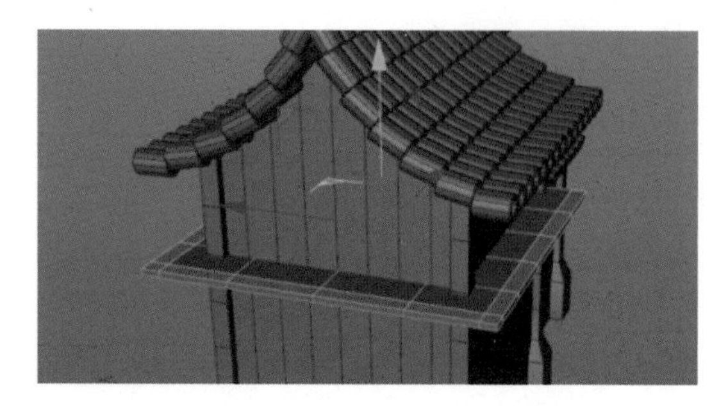

图 4-130

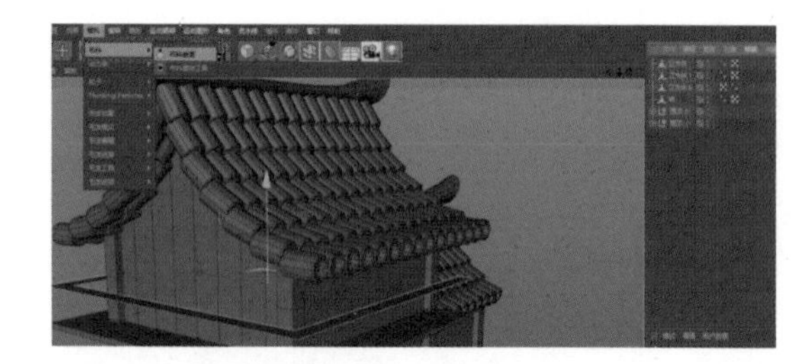

图 4-131

图 4-132

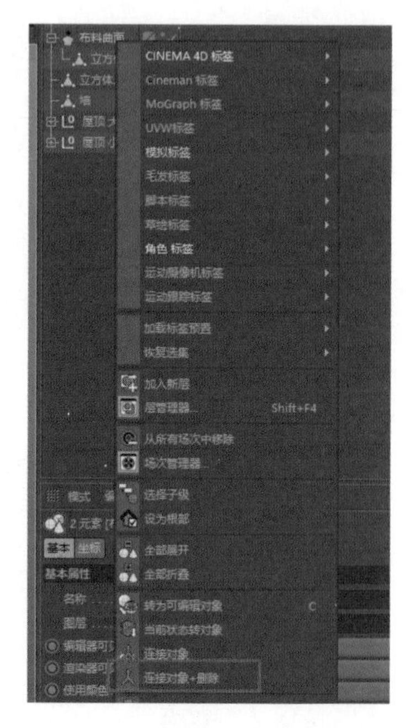

图 4-133

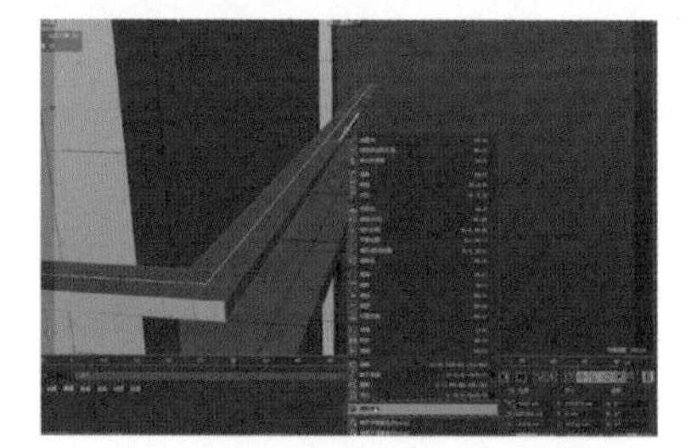

图 4-134

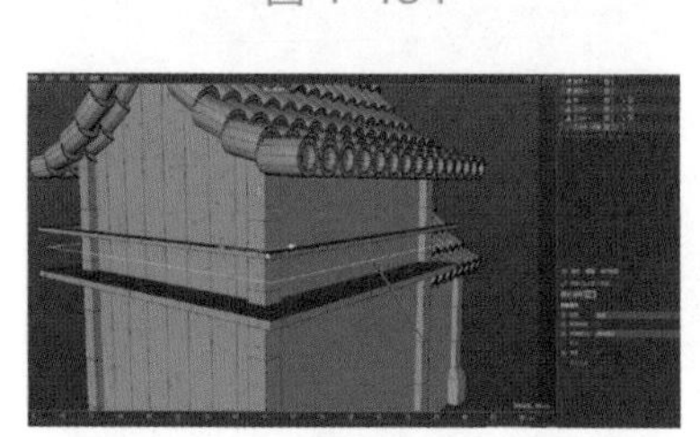

图 4-135

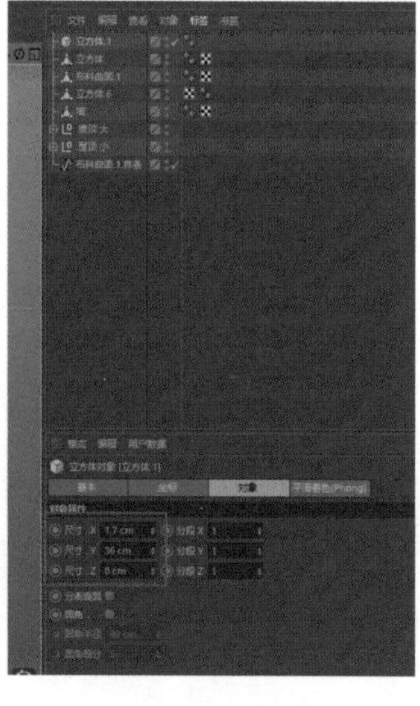

图 4-136

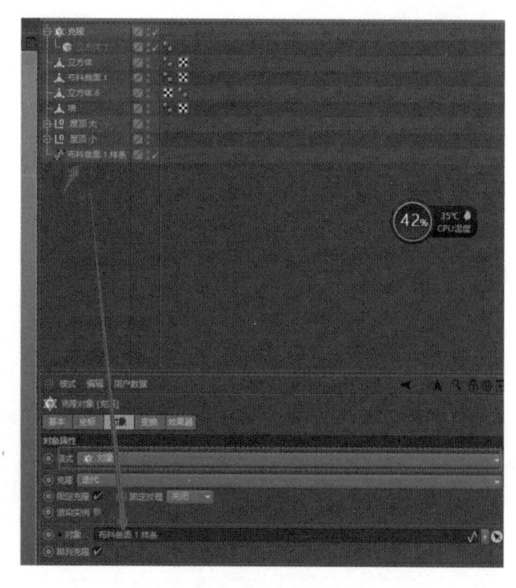

图 4-137

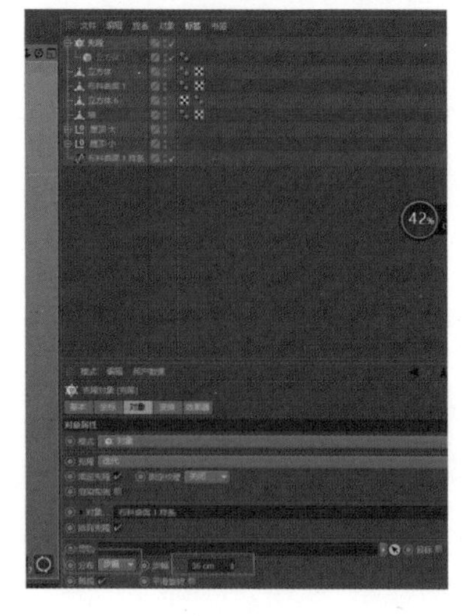

图 4-138

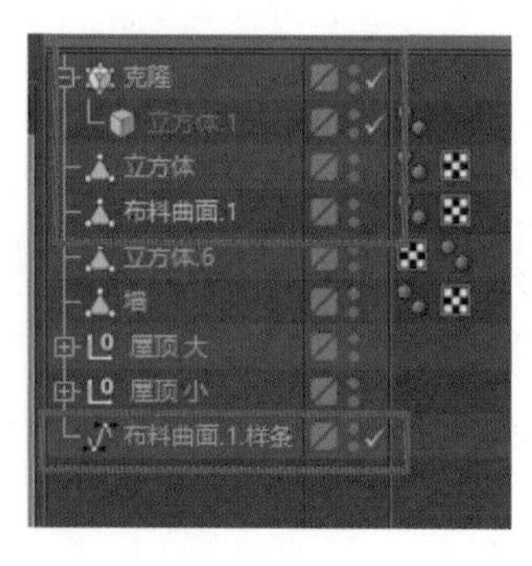

图 4-139

步骤十二：按照图 4-140 把“房顶大”复制一个，接着按照图 4-141 修改第一个克隆的数值，再按照图 4-142 把克隆出来的模型命名为“屋顶入口”。然后把第二个克隆的数量改为 10，再把复制出来的克隆按照图 4-143 移动至合适位置，并且按照图 4-144 把第二个克隆变换面板的“旋转 .P”改为 69°。

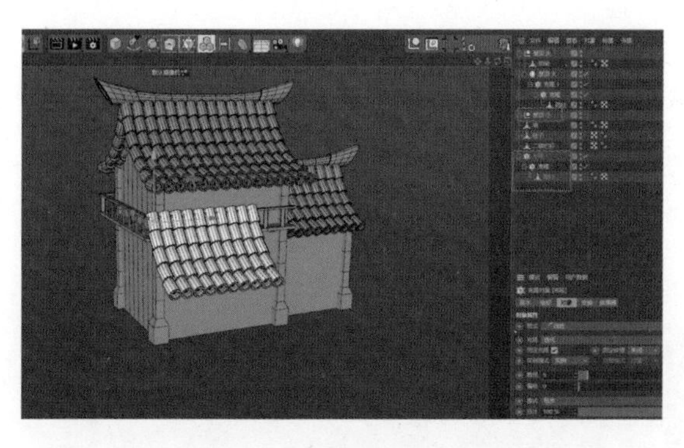

图 4-140

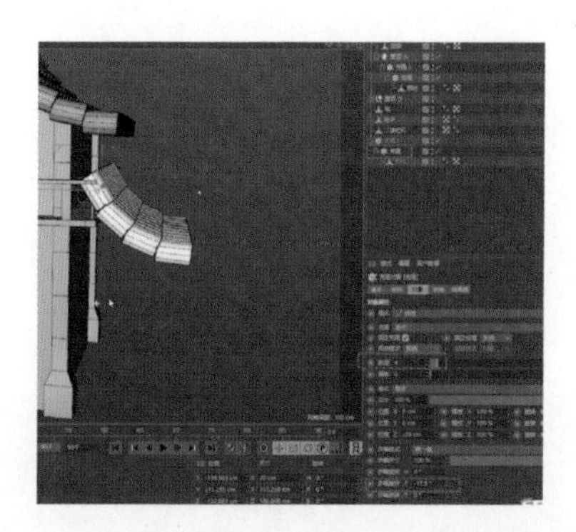

图 4-141

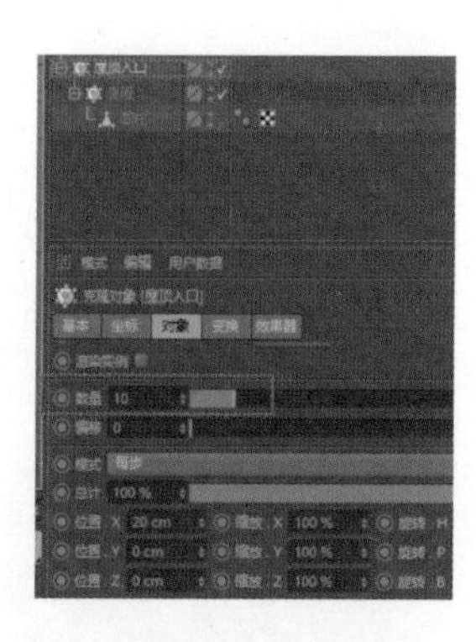

图 4-142

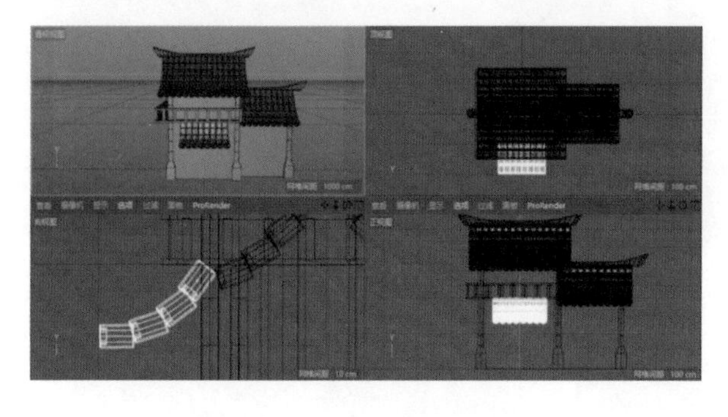

图 4-143

图 4-144

步骤十三：按照图 4-145 用面模式选择图中黄色部分，按 U+P 键分裂出两个新的柱子，然后再按照图 4-146 移动到相应的位置，最后按照图 4-147 把这两个柱子和原来的柱子选中，右键选择“连接对象 + 删除”。

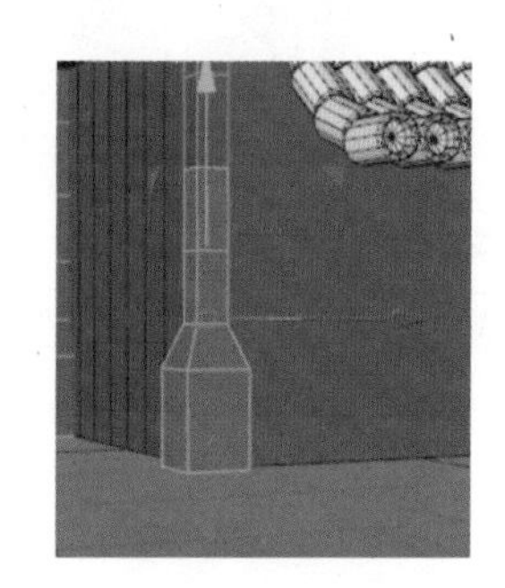

图 4-145

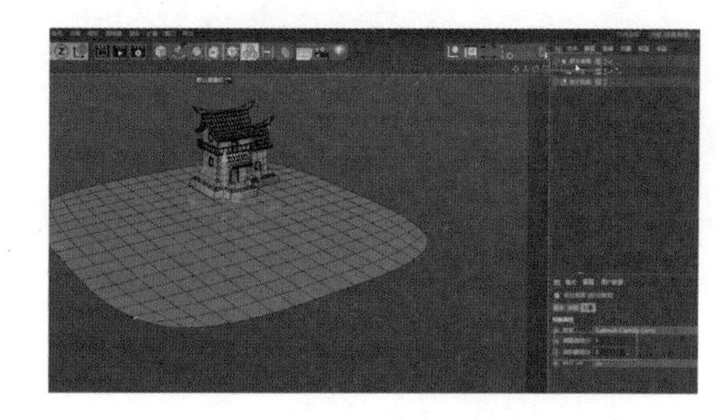

图 4-146

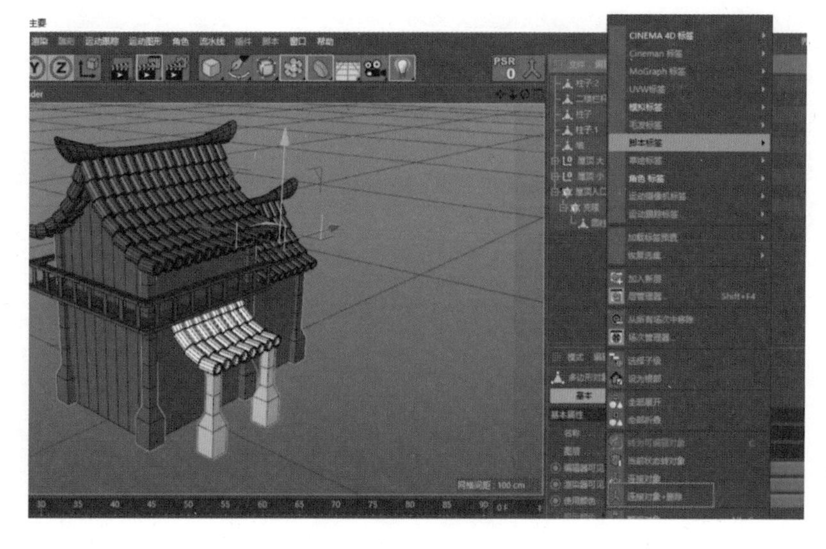

图 4-147

步骤十四：按照图 4-148 建立一个立方体，并且把尺寸和分段调整到和图中差不多的数值，然后再复制一个，接着按照图 4-149 切换成正视图，把两个正方体移动到图中的位置，然后按照图 4-150 建立一个布尔，把两个正方体移入布尔里，把“布尔类型”改为“A 加 B”，再把“隐藏新的边”打开，最后按照图 4-151 再建立一个布尔，把刚刚的布尔拖入新的布尔，把“布尔类型”改为“A 减 B”，同样把“隐藏新的边”打开，最后将这些对象全部选中，右键选择“连接对象 + 删除”。

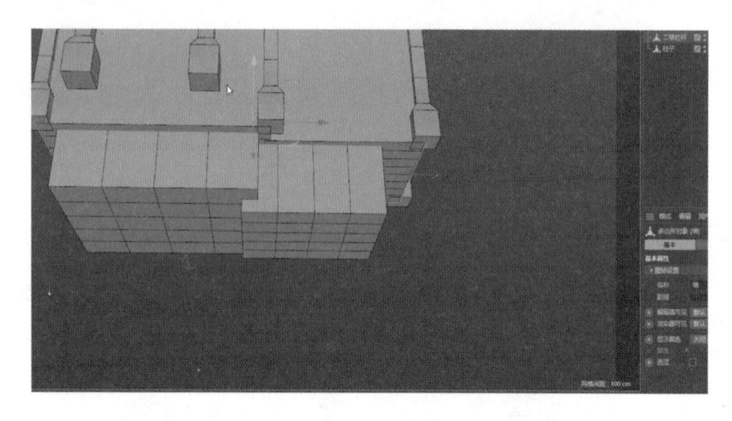

图 4-148

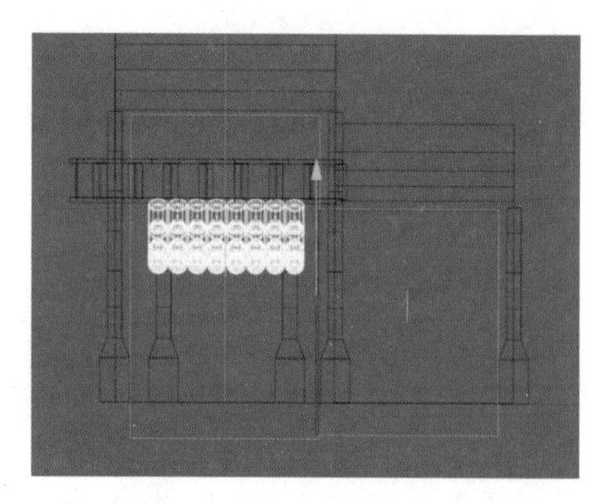

图 4-149

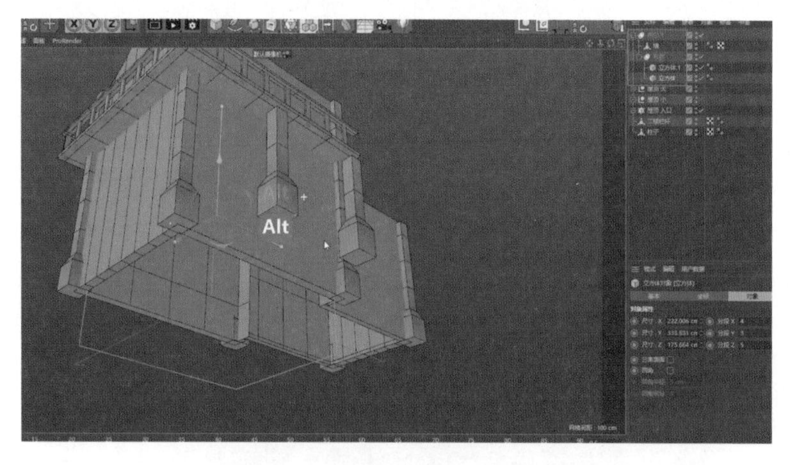

图 4-150

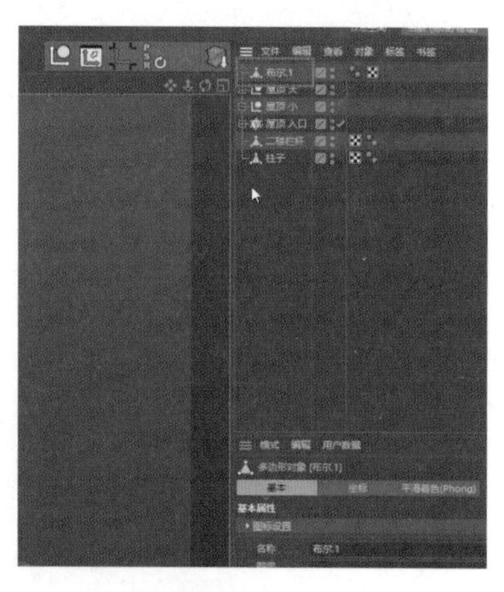

图 4-151

步骤十五：切换到正视图进行平面切割（快捷键 K+J），按照图 4-152 从下往上切割，然后继续按照图 4-153 从右到左再切割一次。

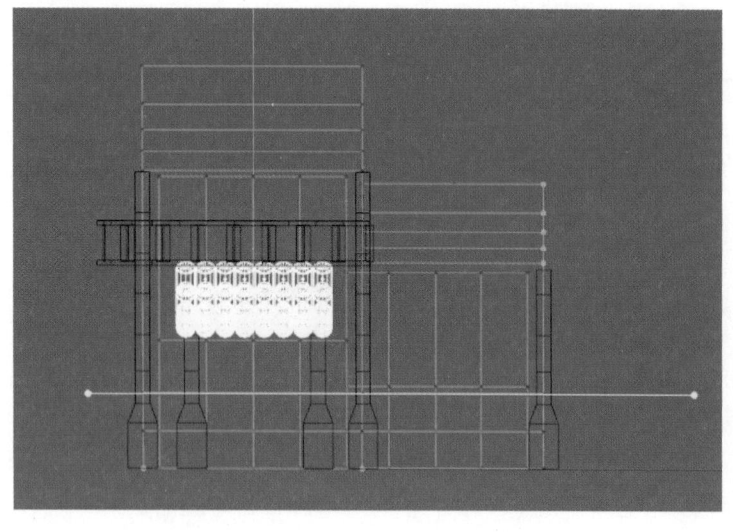

图 4-152

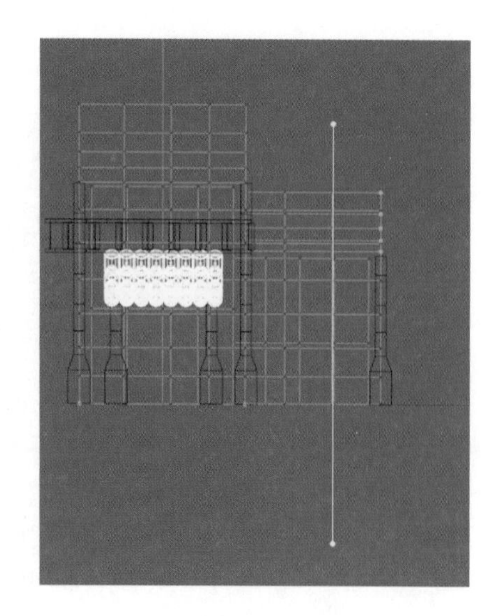

图 4-153

步骤十六：按照图 4-154 建立一个正方体，调整数值，然后将其转为可编辑对象，再按照图 4-155 选择这两条边变成倒角（快捷键 M+S），如图 4-156 所示。接着按照图 4-157 把正方体复制两个，然后移动缩放到图中红框位置，再点击“连接对象 + 删除”。最后建立一个布尔，把刚刚建立的门和墙体按照图 4-158 拖入，继续点击“隐藏新的边”，然后再把“布尔类型”改为“A 减 B”，继续选中这些对象，右键点击“连接对象 + 删除”。

步骤十七：建立一个圆柱，按照图 4-159 旋转、移动、复制，然后把这两个圆柱“连接对象 + 删除”。再按照图 4-160 建立一个布尔把圆柱和墙体拖入，先把布尔“隐藏新的边”勾上，然后把“布尔类型”改成“A 减 B”，接着继续把这几个选中，右键选择“连接对象 + 删除”。

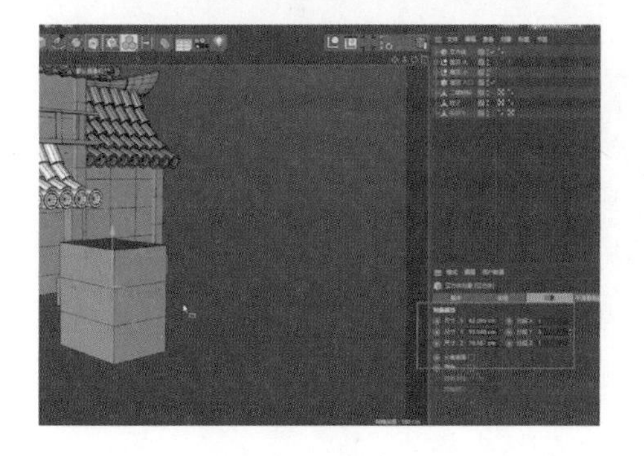

图 4-154

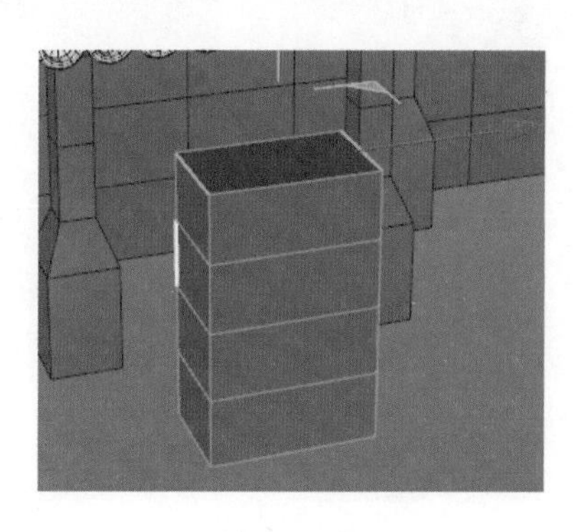

图 4-155

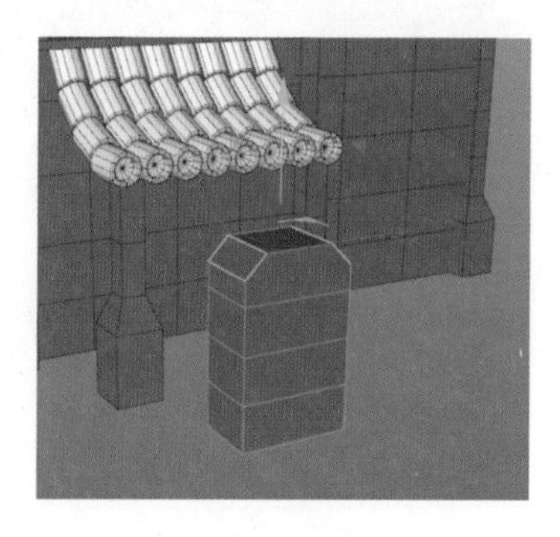

图 4-156

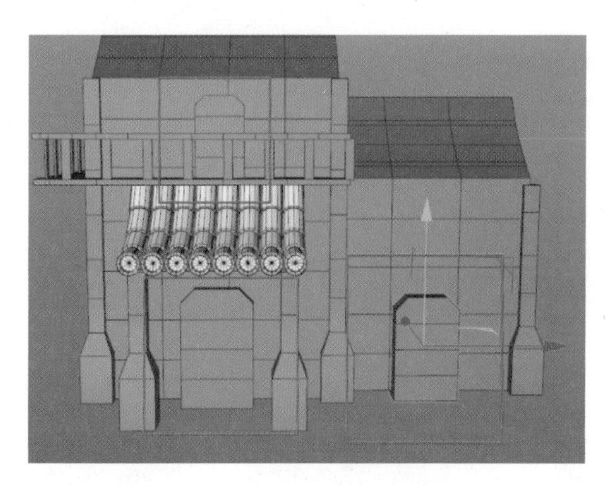

图 4-157

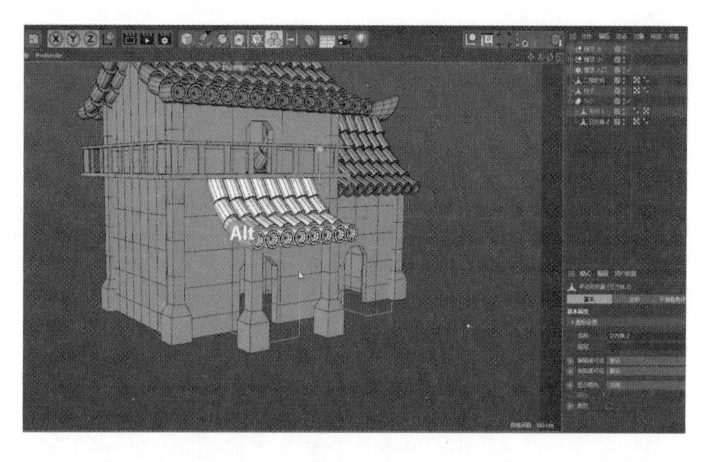

图 4-158

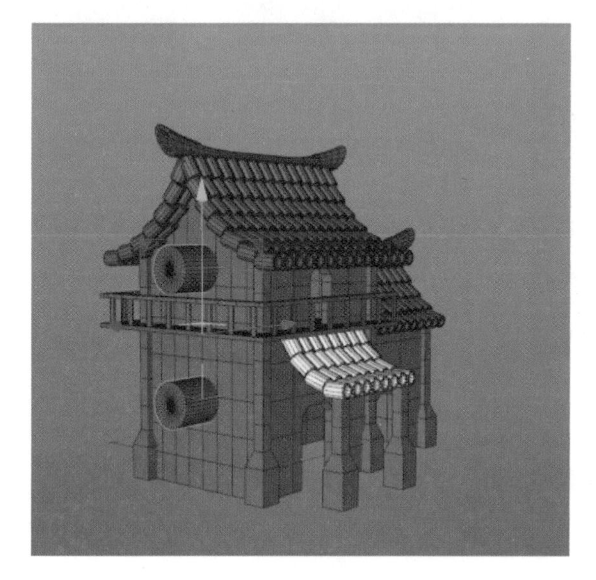

图 4-159

图 4-160

项目四 C4D 动画基础

步骤十八：按照图 4-161 把这些边全选中，接着按照图 4-162“提取样条”，然后拖出来，再按照图 4-163 给样条添加一个扫描，最后按照图 4-164 建立一个边变线。接下来按照图 4-165 把多边线也拖入扫描，然后缩小到合适大小，最后再按照图 4-166 全选这几个对象，右键选择“连接对象 + 删除”。

步骤十九：按照图 4-167 给各个模型命名，接着按照图 4-168 把这三个模型打包成一个组，并且命名为“木头框架”。

图 4-161

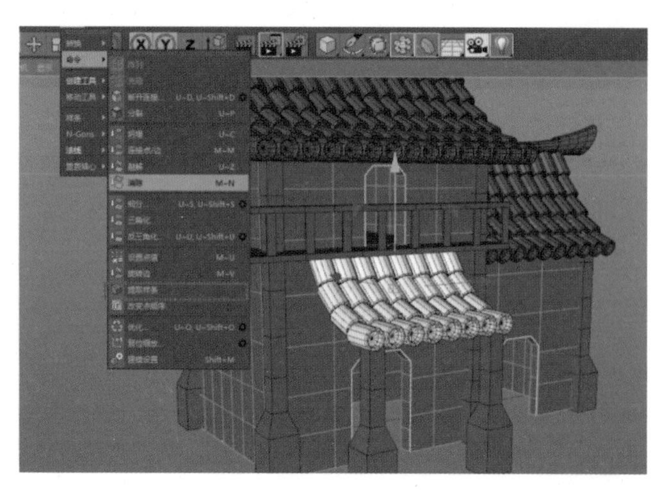

图 4-162

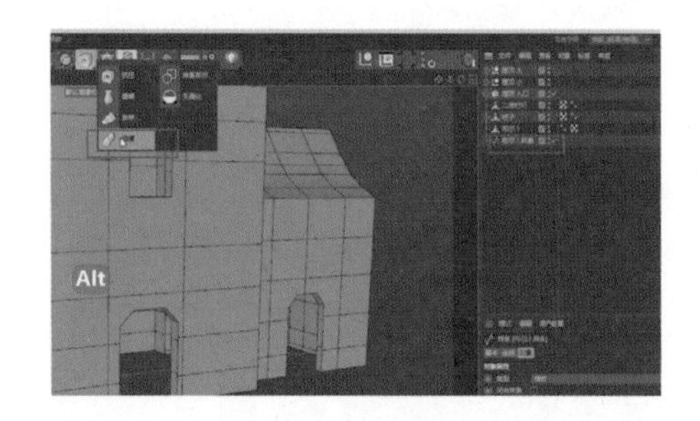

图 4-163

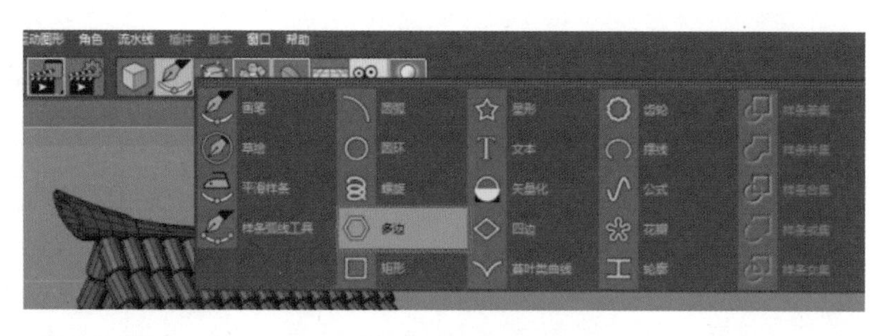

图 4-164

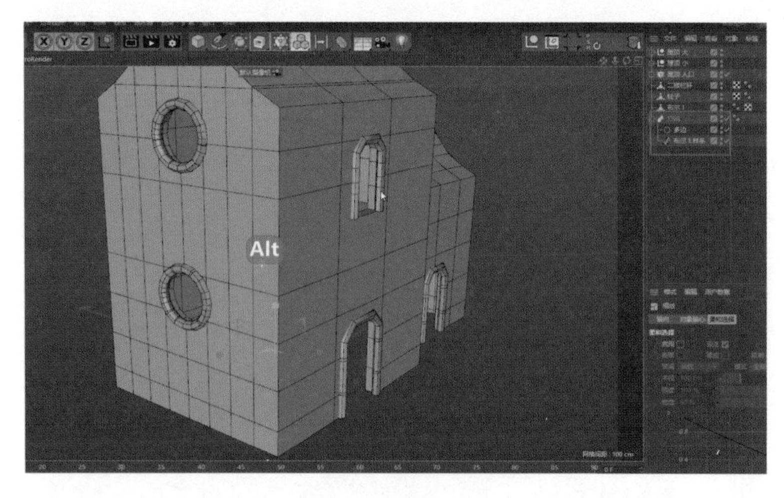

图 4-165

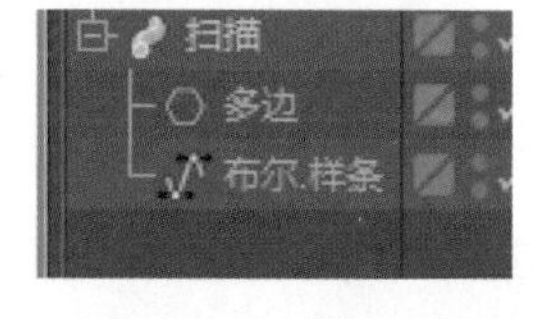

图 4-166

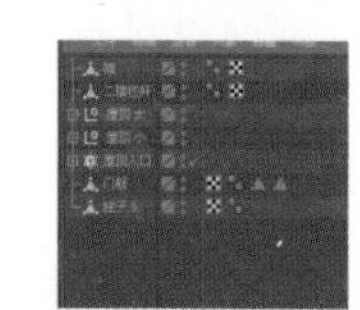

图 4-167

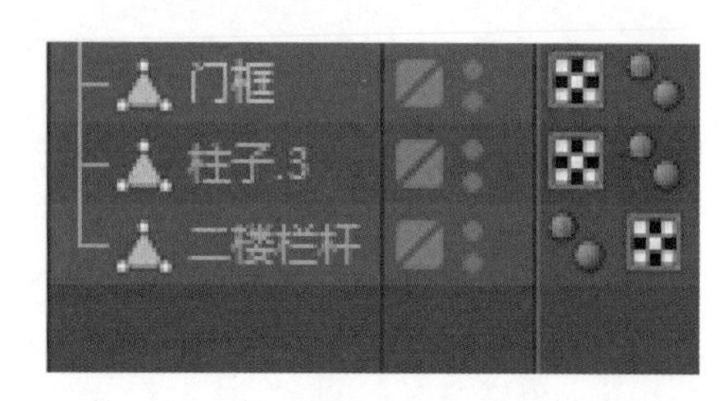

图 4-168

步骤二十：把“木头框架”再打包一次，然后按照图 4-169 建立一个倒角，拖入空白区域和木头框架的中间，接着按图 4-170 修改倒角的数值。

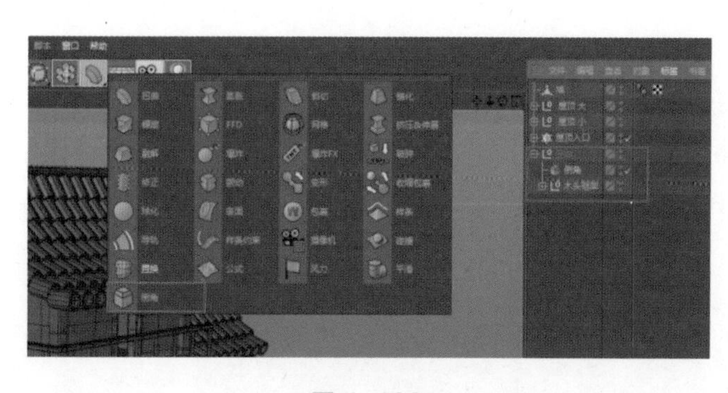

图 4-169

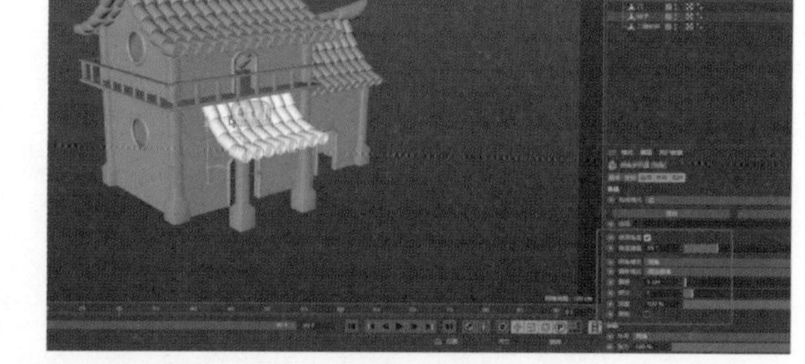

图 4-170

步骤二十一：按照图 4-171 选择柱子，然后打开独显，接着按照图 4-172 用画笔工具在顶视图画出图中的线条，然后按照图 4-173 给这个线条加上一个挤压，并且按照图 4-174 中挤压的数值，用面模式选择最底下的那个面按 I 键内部挤压成如图 4-175 的大小。接下来按照图 4-176 按 D 键挤压 3 次，再按照图 4-177 用面模式全选，然后优化，再用线模式按照图 4-178 选上这圈线，然后按快捷键 M+S 做一个小倒角，如图 4-179 所示，并且将此模型命名为“地台”。

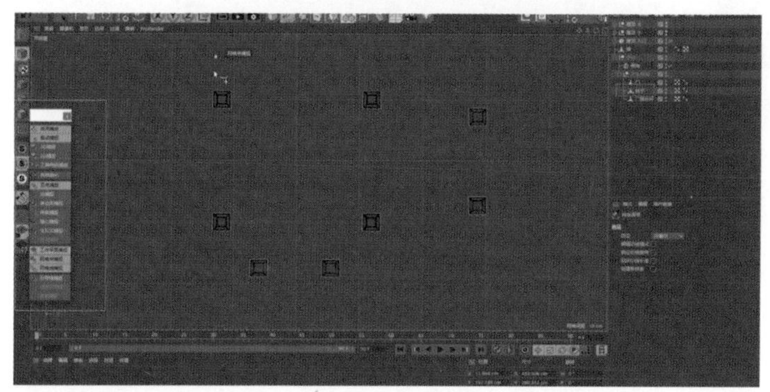

图 4-171

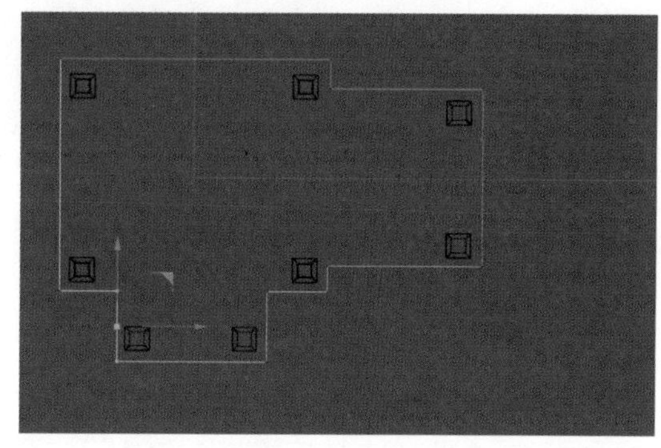

图 4-172

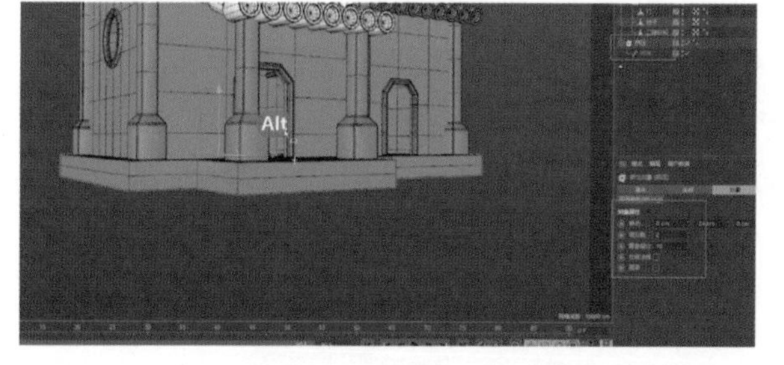

图 4-173

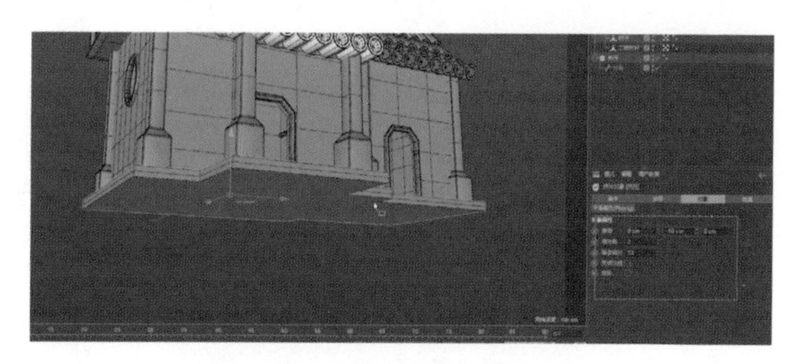

图 4-174

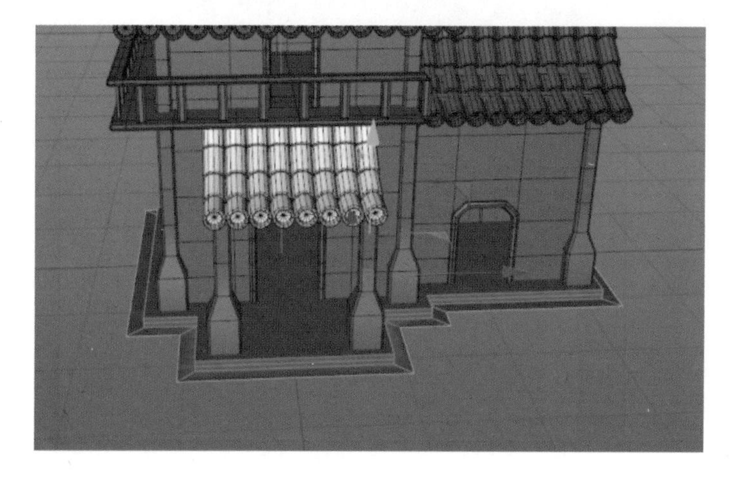

图 4-175

图 4-176

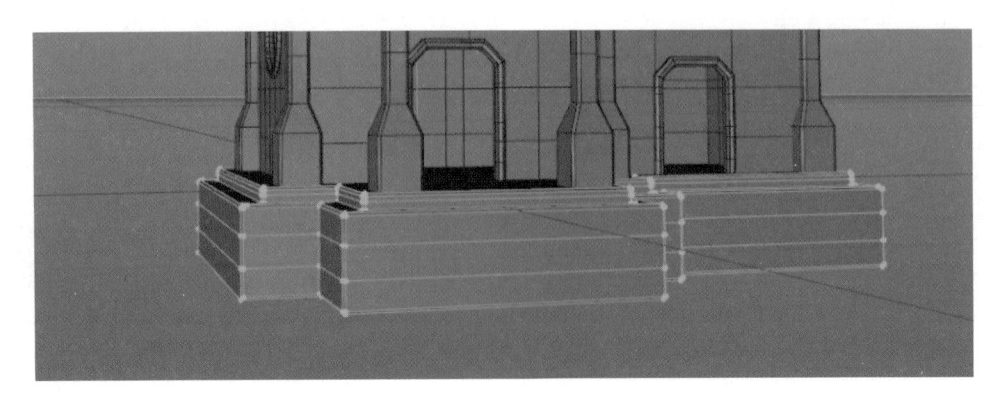

图 4-177

图 4-178

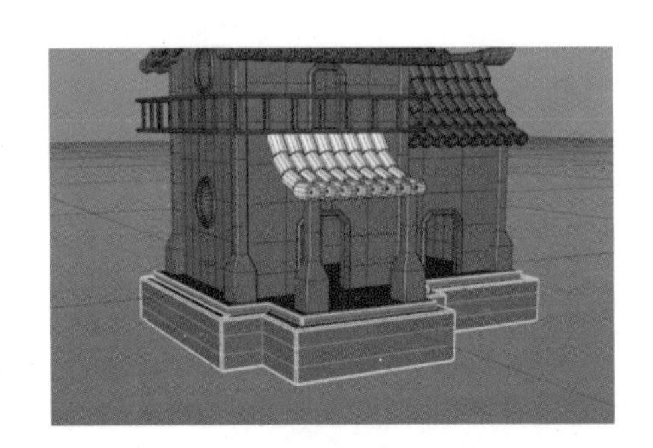

图 4-179

步骤二十二：按照图 4-180 新建一个空白图层，并且把全部模型拖入其中，将其命名为“房子”。

步骤二十三：按照图 4-181 给房子打包一个组，命名为“房子扭曲”，然后在“房子扭曲”和“房子”的中间添加一个 FFD，再按照图 4-181 修改数值，并且把 FFD 的线条包裹住房子，最后按照图 4-182 用点模式选择移动、缩小来实现效果。

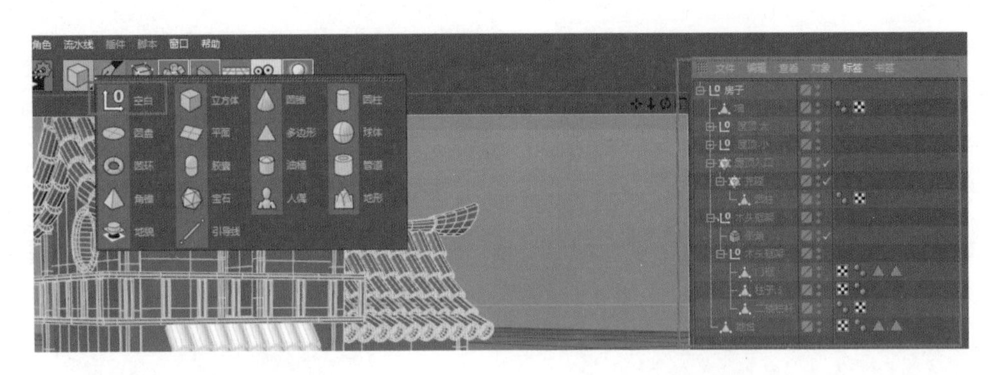

图 4-180

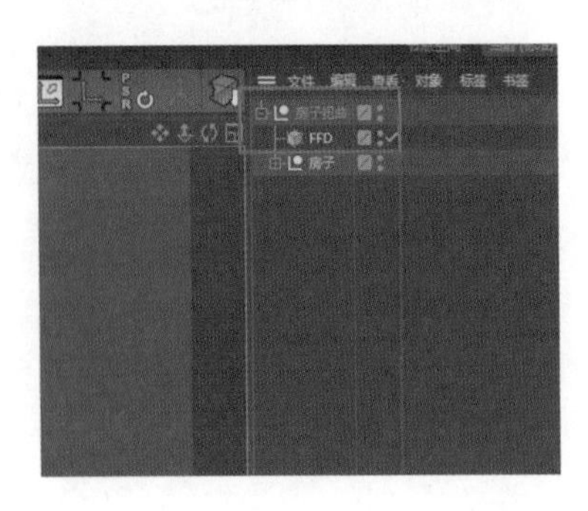

图 4-181

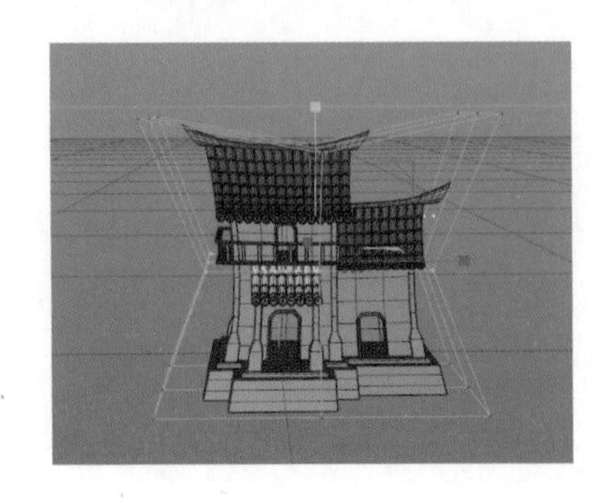

图 4-182

2. 地形制作

步骤一：按照图 4-183 把 FFD 关闭显示，建立一个平面，数值调到和图中一样，然后添加一个细分曲面，接着按照图 4-184 修改细分曲面的数值，然后右键选择“连接对象 + 删除”。

步骤二：制作地形，按图 4-185 把界面切换成雕刻界面。

步骤三：按照图 4-186 给地面添加 3 层细分，再按照图 4-187 把房子往正上方移动到和图中差不多的距离，然后按照图 4-188 选择地面，用拉起工具把地面调整到和图层差不多的模样，再切换成顶视图，按照图 4-189 用抓取工具把地面的边拉取到和图中差不多的形状，最后再按照图 4-190 所示换成透视图，用拉起工具按住 Ctrl 键往下压，或不按住 Ctrl 键往上拉，把周围的边拉到和图中差不多的形状，最后把界面切换到启动界面。

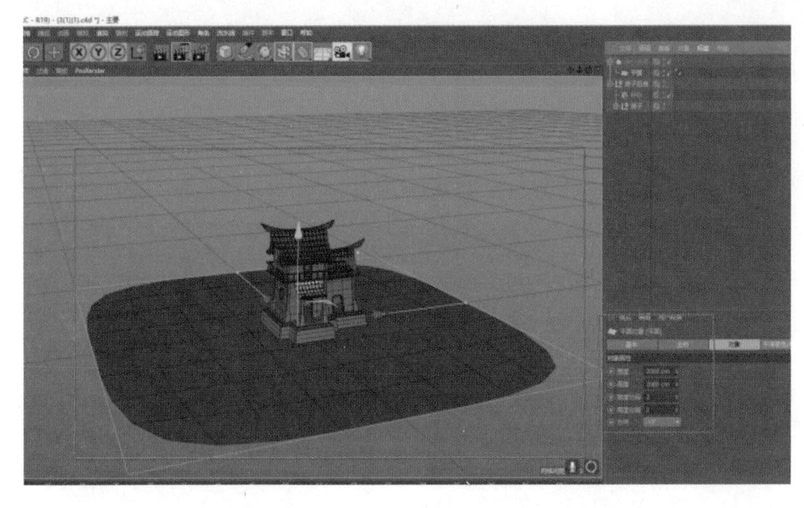

图 4-183

图 4-184

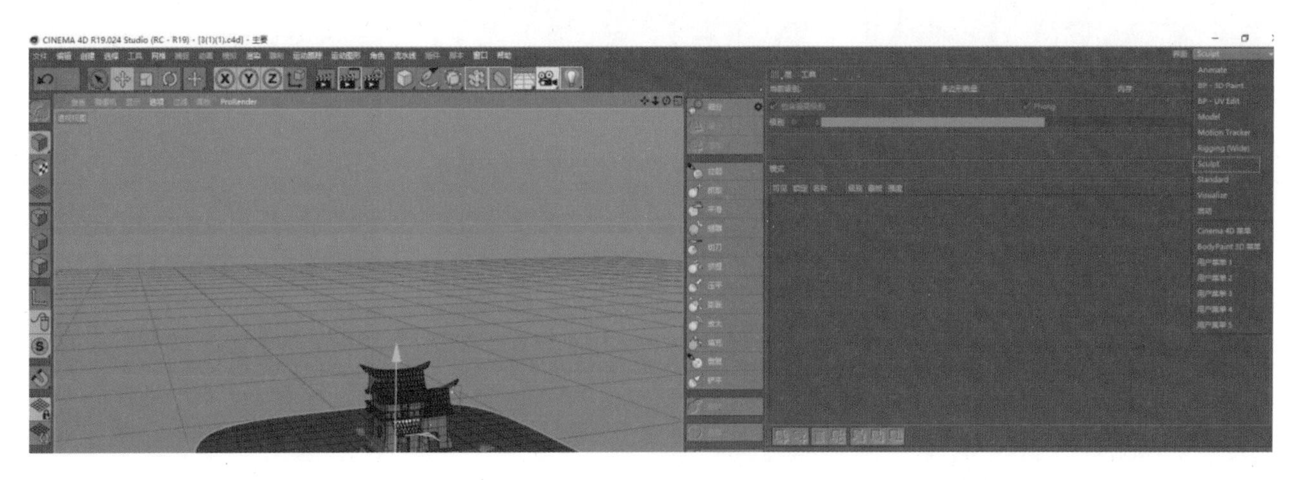

图 4-185

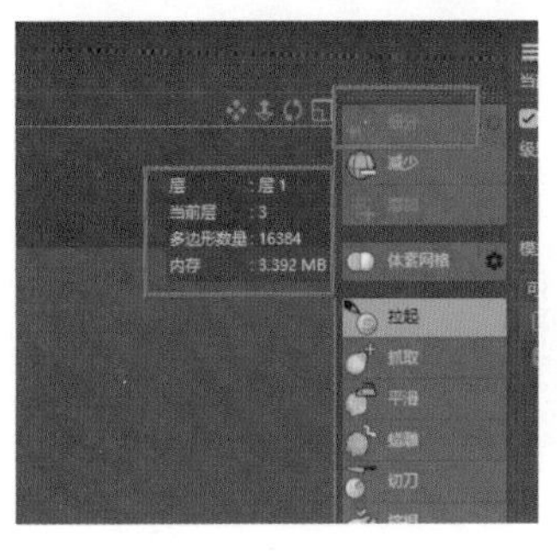

图 4-186

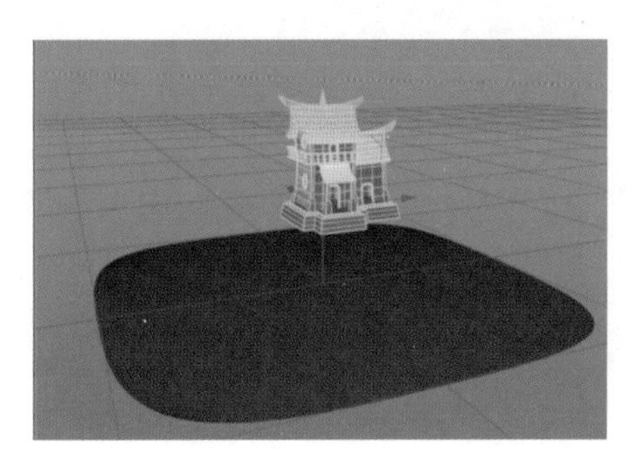

图 4-187

图 4-188

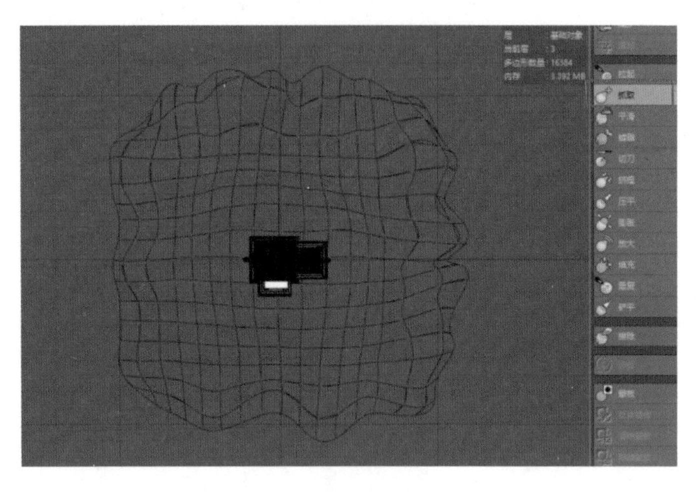

图 4-189

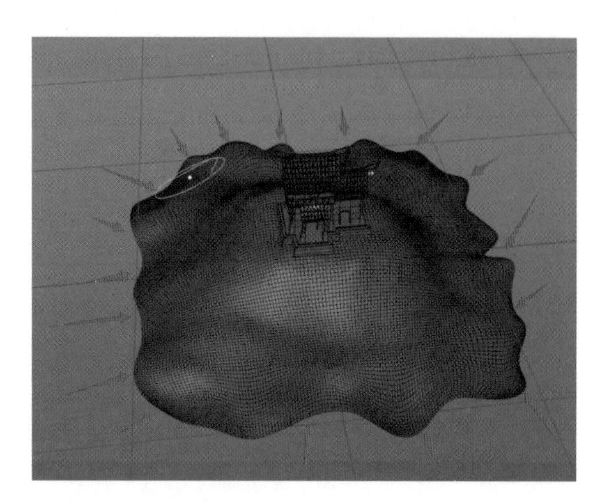

图 4-190

步骤四：按照图 4-191 选中地面，右键选中“当前状态转对象”，把原来的地面图层删除，保留“当前状态转对象”的地面。然后新建一个立方体，并且按照图 4-192 调整好参数，再按照图 4-193 选中立方体，按住 Shift 键给立方体添加一个置换。再按照图 4-194 给置换着色，给着色器添加一个“噪波”，进入“噪波”，按照图 4-195 改好参数，再返回置换对象，按照图 4-196 改好数值。最后按照图 4-197 把正方体复制移动摆放到图中位置，把复制出来的台阶选中，右键选择“连接对象 + 删除”。

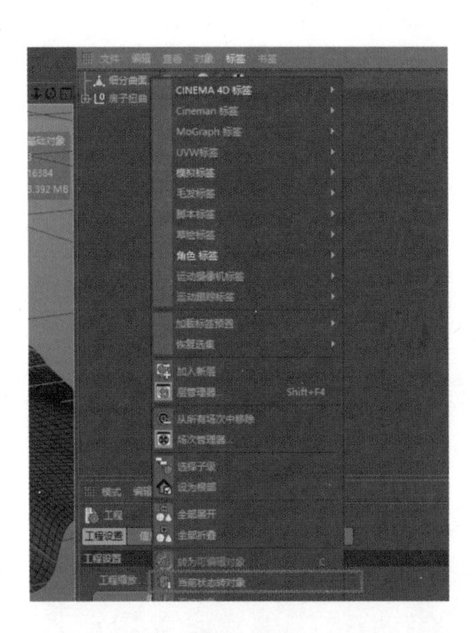

图 4-191

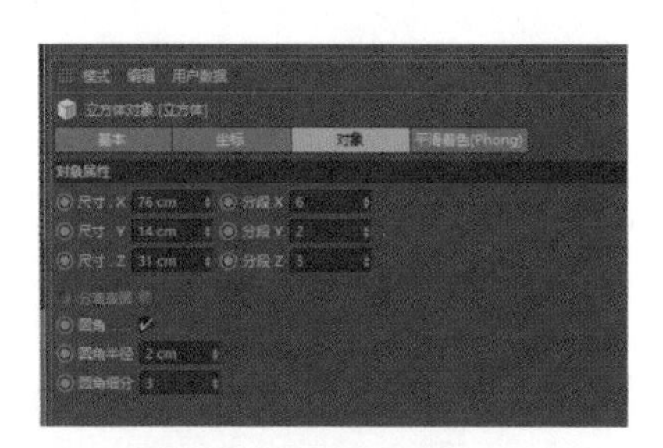

图 4-192

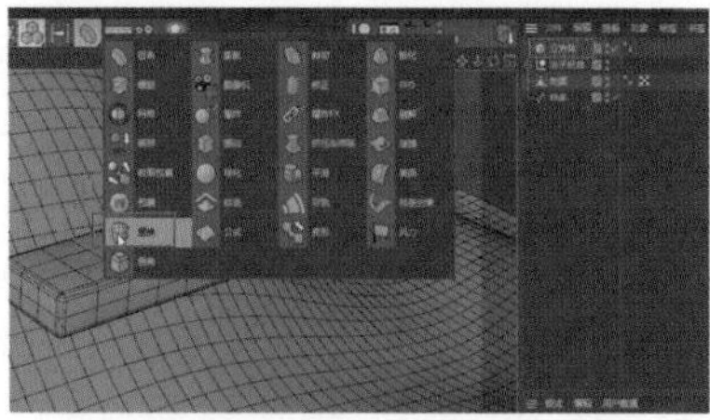

图 4-193

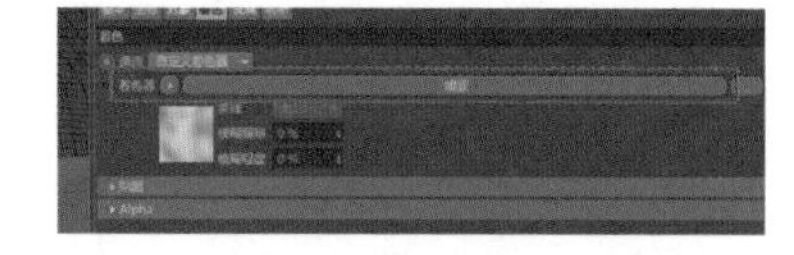

图 4-194

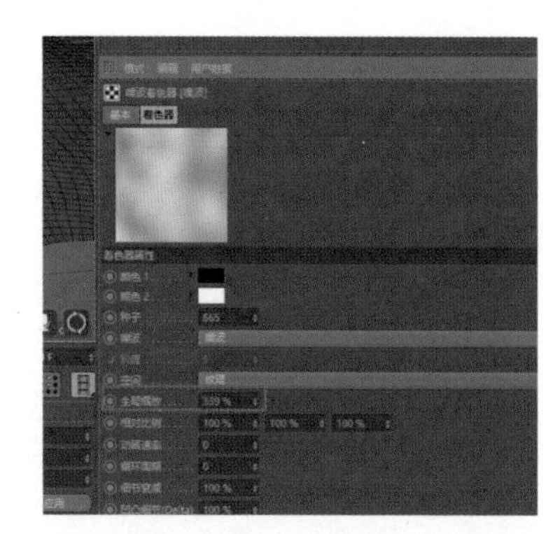

图 4-195

图 4-196

图 4-197

3. 创建材质

步骤一：按照图 4-198 新建一个 PBR 材质球，然后打开材质球，按照图 4-199 调整参数，接着把调整好的颜色按照图 4-200 拖入屋子的屋顶中。然后再新建一个组，命名为“环境”，如图 4-201 所示。建立一个“天空”，把“天空”拉入“环境”中，建立一个普通材质球，按照图 4-202 修改材质球数值。

按照图 4-203 建立一个空白对象，命名为“中心”，将其拖入“环境”中，再建立一个“PBR 灯光”，也拖入“环境”中，接着按照图 4-204 给灯光加一个“目标标签”，并且把中心视为目标，再按照图 4-205 修改灯光数值，然后切换成顶视图。最后按照图 4-206 再建立一个 PBR 灯光，移动并且添加一个“目标标签”，同样也把中心视为目标，然后移动到图中所示位置。

图 4-198

图 4-199

图 4-200

图 4-201

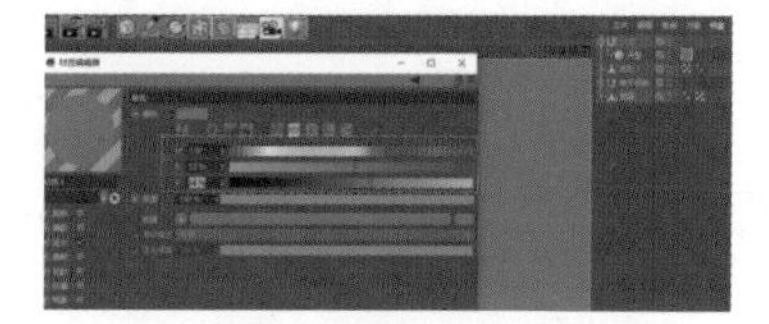

图 4-202

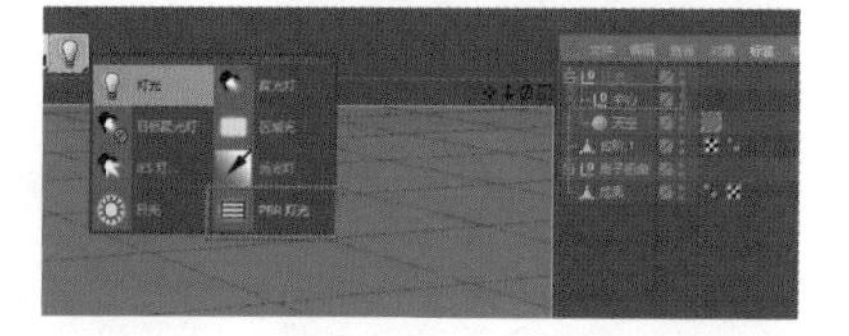

图 4-203

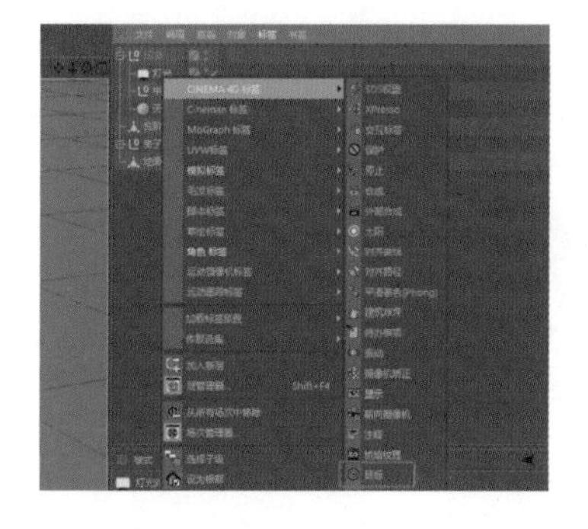

图 4-204

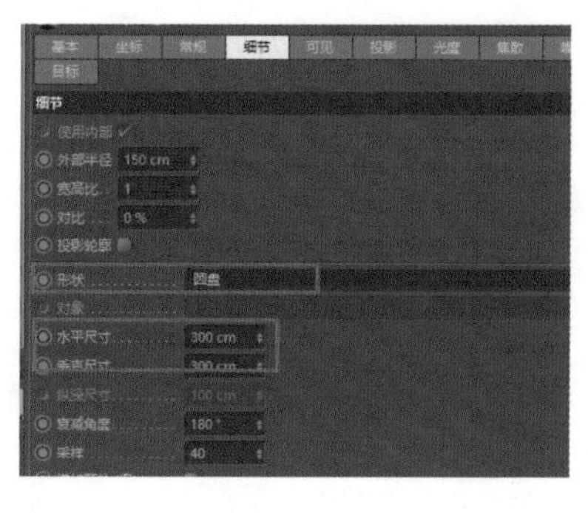

图 4-205

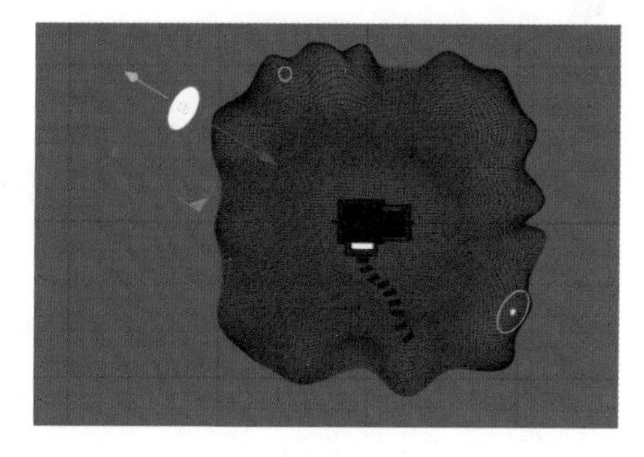

图 4-206

按照图 4-207 修改第二个灯光的数值，按照图 4-208 修改第二个灯光的颜色。然后按照图 4-209 选择两个灯光，选中“渲染可见”关闭，接着按照图 4-210 修改第一个灯光的数值，最后打开屋顶的材质，选中“默认反射”，按照图 4-211 修改。

步骤二：新建立一个 PBR 材质球，把材质球的颜色数值调整到与图 4-212 一样，把材质球拖入房子中的墙里。图 4-213 所示，继续新建一个 PBR 材质球，把颜色的参数值改到和图 4-214 参数一致，打开“默认反射”，把数值也调整到与图中一致，然后把材质球拖入屋子的框架中即可。

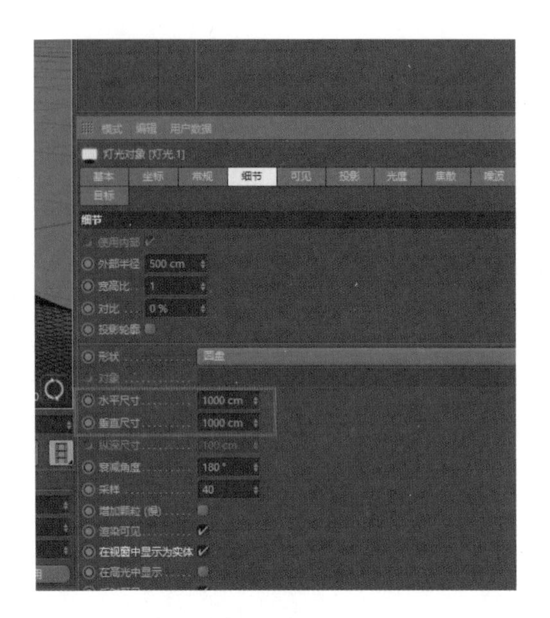

图 4-207

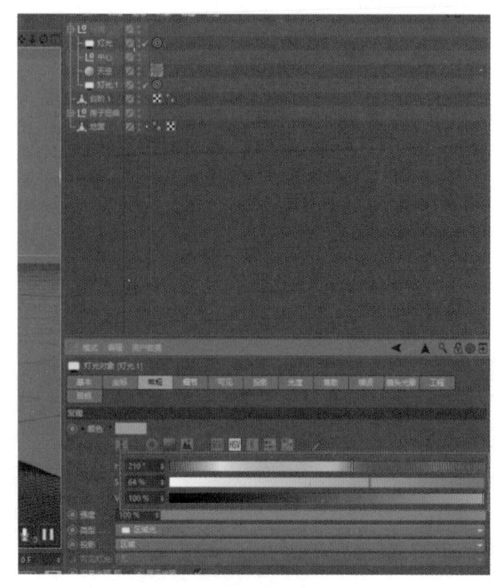

图 4-208

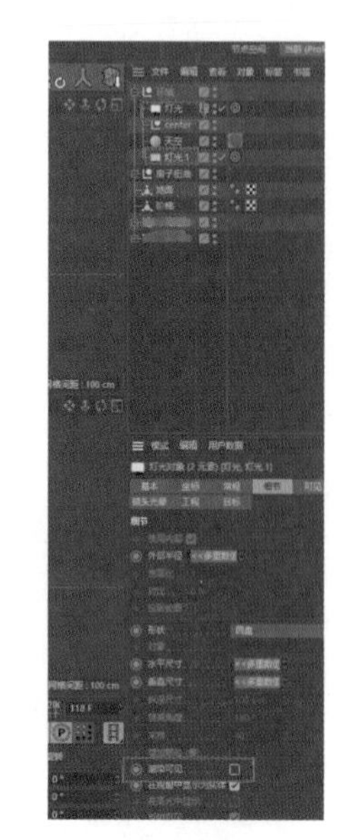

图 4-209

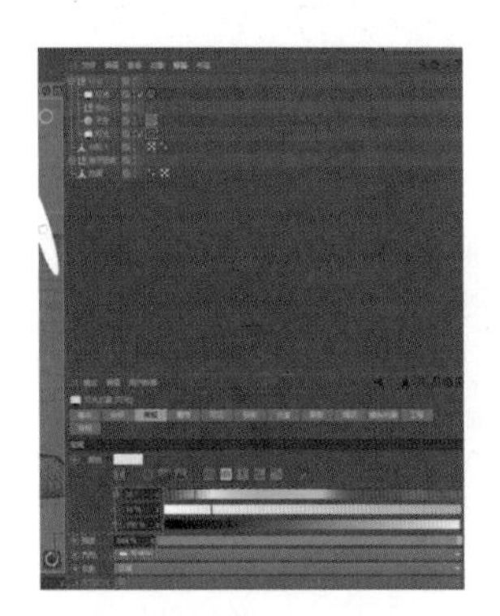

图 4-210

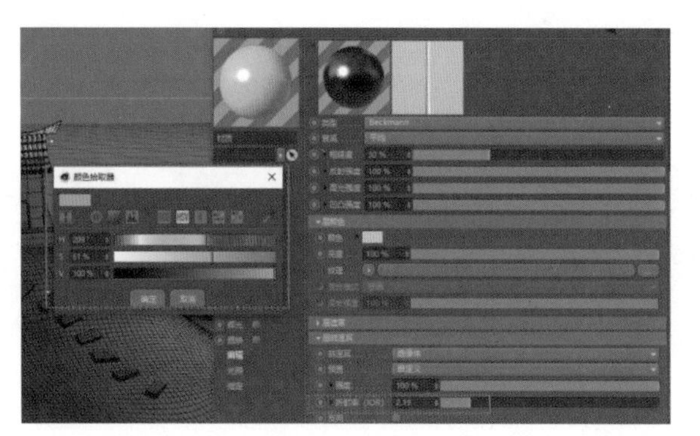

图 4-211

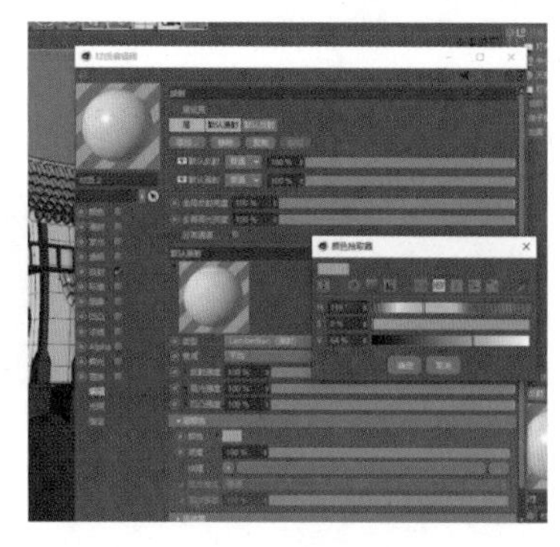

图 4-212

图 4-213

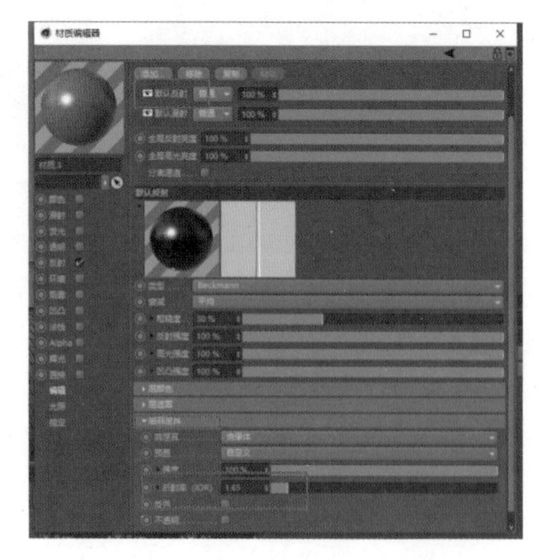

图 4-214

步骤三：建立一个 PBR 材质球，把颜色的参数值调整到与图 4-215 一致。按照图 4-216 打开“凹凸”，给“纹理”添加一个“噪波”，把“噪波”改为“路卡”，再把全局缩放调整为“300%”，最后把这个材质球拖入台阶和地台。

步骤四：按照图 4-217 新建立一个材质球，把“默认反射”移除。按照图 4-218 给纹理添加一个“噪波”，进入“噪波”，按照图 4-219 调整数值，接着按照图 4-220 修改第二个颜色的数值，最后把材质球添加到地面。

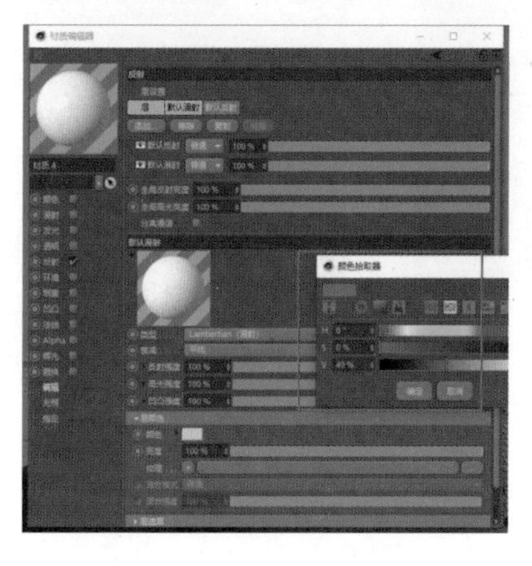

图 4-215

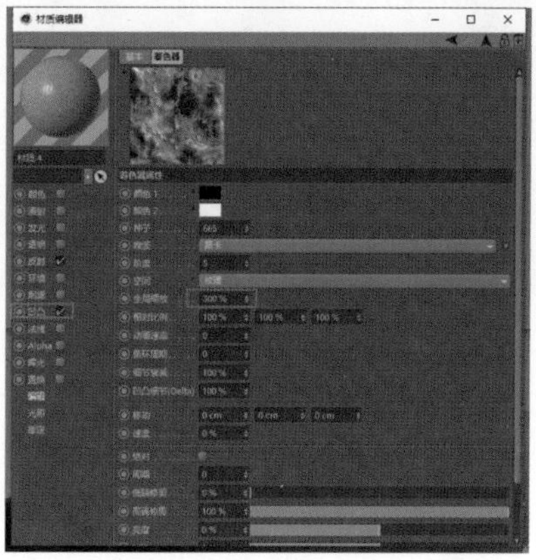

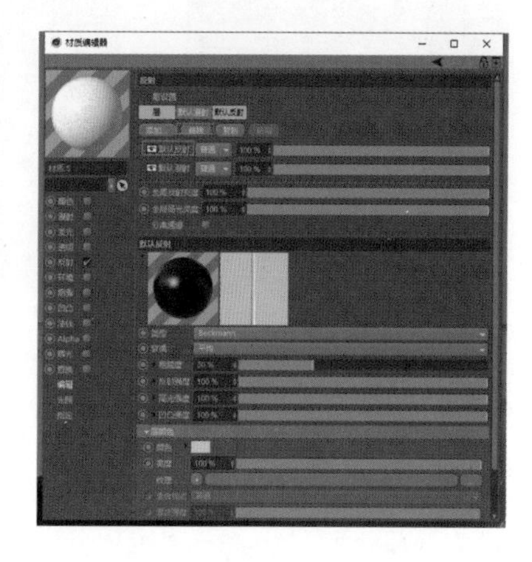

图 4-216

图 4-217

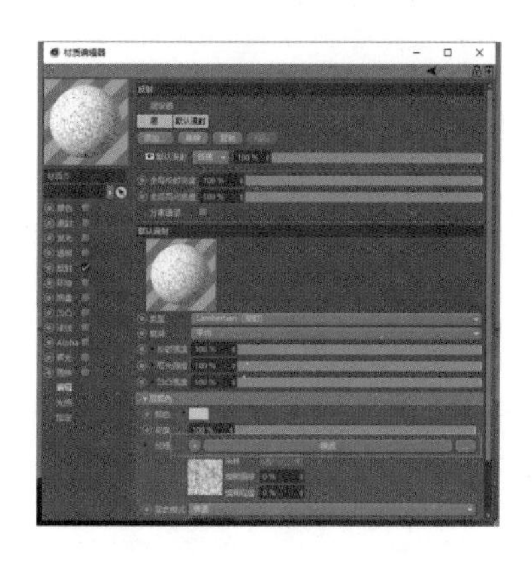

图 4-218

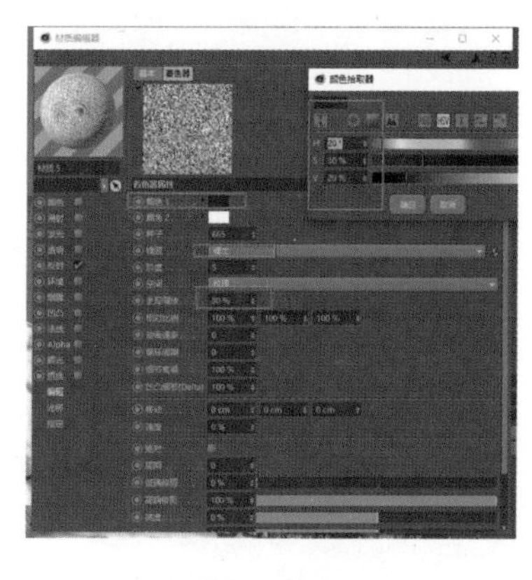

图 4-219

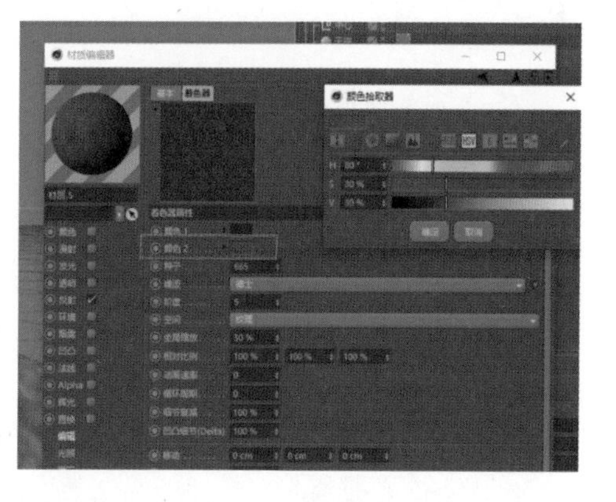

图 4-220

4. 创建灯光

步骤一：按照图 4-221 建立一个 PBR 灯光。按照图 4-222 把室内“灯光”拖入“环境”组里，并修改灯光细节的数值，然后进入常规面板，把数值调整到与图 4-223 一致。接着进入正视图，把灯光复制两个移动到与图 4-224 相同位置。最后同时选中这 3 个灯光，进入细节面板，把“渲染可见”关闭，如图 4-225 所示。

图 4-221

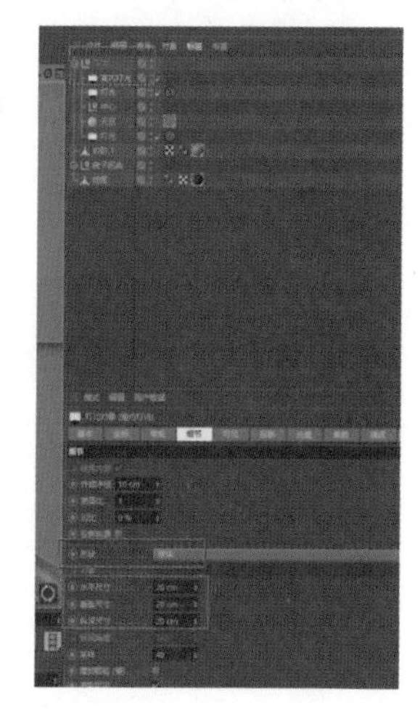

图 4-222

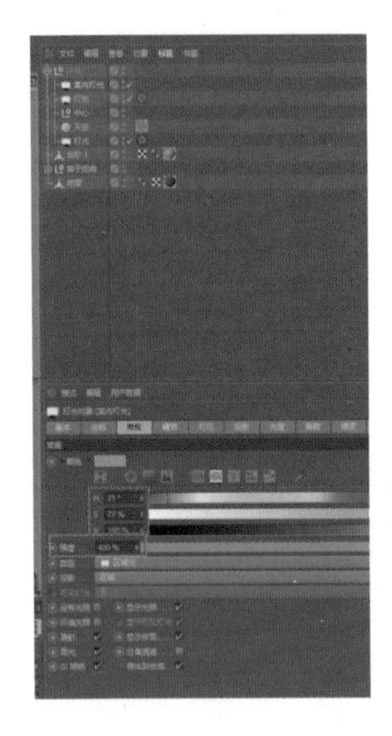

图 4-223

图 4-224

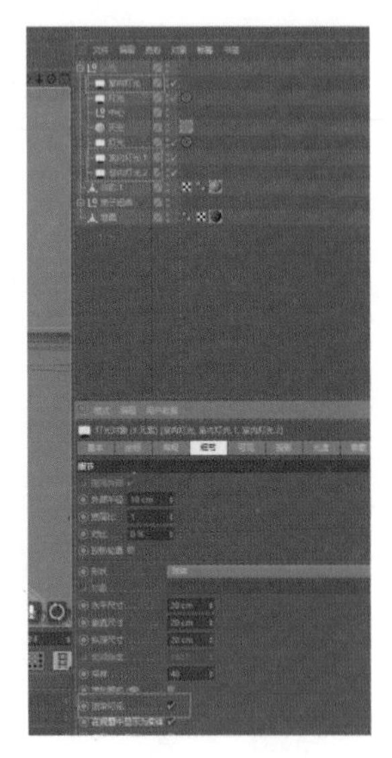

图 4-225

步骤二：按照图 4-226 把房子隐藏显示，选择地面添加一个“毛发”，进入“引导性”面板，把数量改为 1000，分段改为 3，长度改为 40cm，如图 4-227 所示。如图 2-228 所示，进入“影响”面板，把“模式”改为“包括”。如图 2-229 所示，进入“生成”面板，把“类型”改为“三角形”。接着进入“毛发”面板，把数量改为 10000，分段改为 7，如图 4-230 所示。然后按照图 4-231 新建一个 PBR 材质球，并且把“默认反射”关闭，进入“默认漫射”。

按照图 4-232 给“纹理”添加一个“渐变”，进入“渐变”着色器窗口。按照图 4-233 选择第一个色块，并修改颜色数值与图中一致，接着按照图 4-234 选择后面的色块，修改颜色数值与图中一致。按照图 4-235 把“类型”改为“二维 · V”，再把这个材质球给毛发添加上，最后打开毛发材质编辑器，把长度属性栏的数值调整到与图 4-236 一致。再按照图 4-237 调整粗细属性栏的数值。

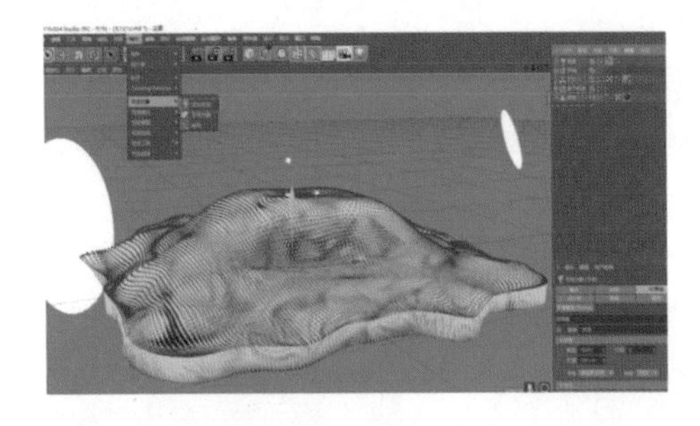

图 4-226

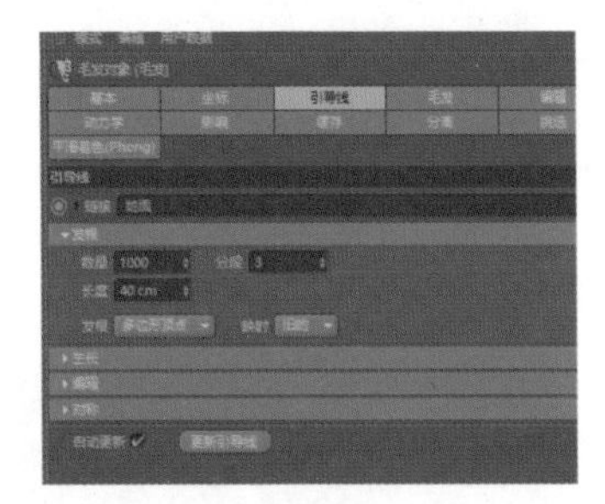

图 4-227

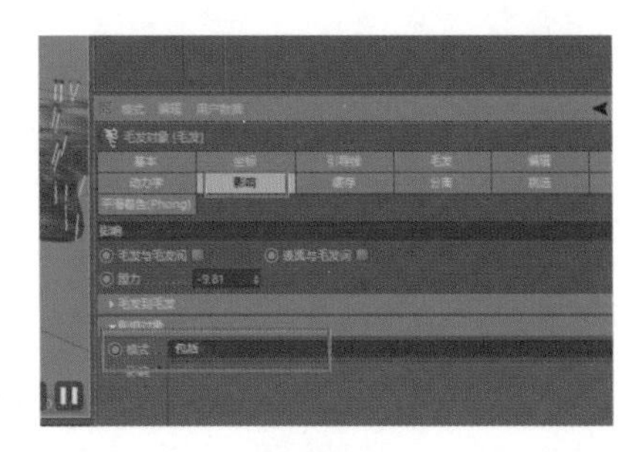

图 4-228

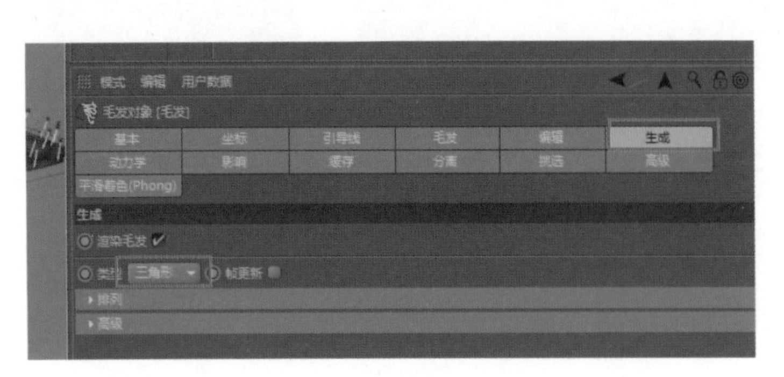

图 4-229

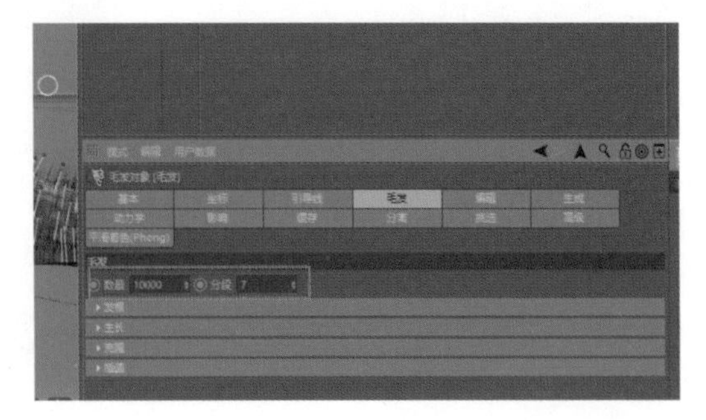

图 4-230

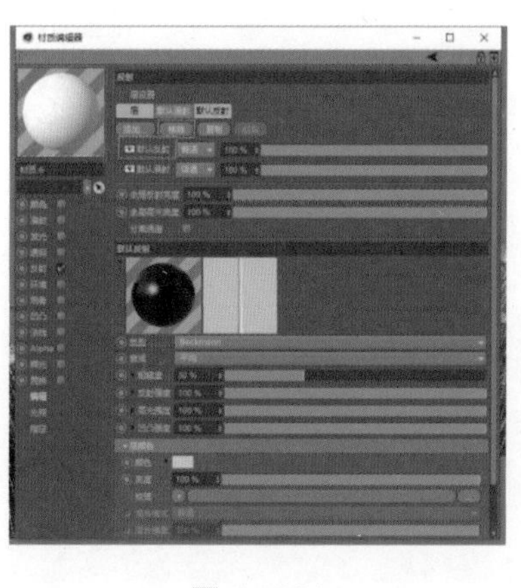

图 4-231

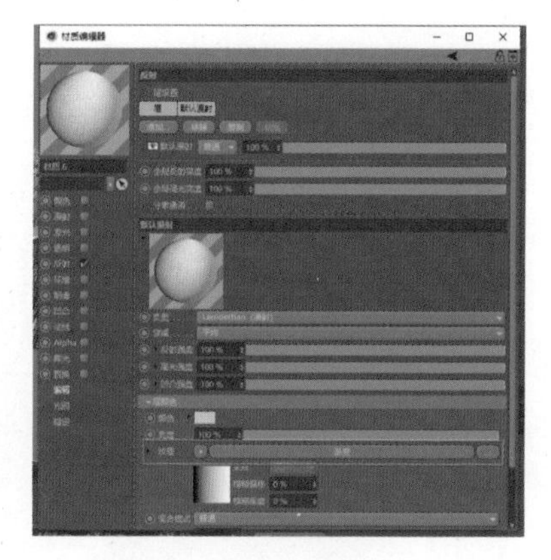

图 4-232

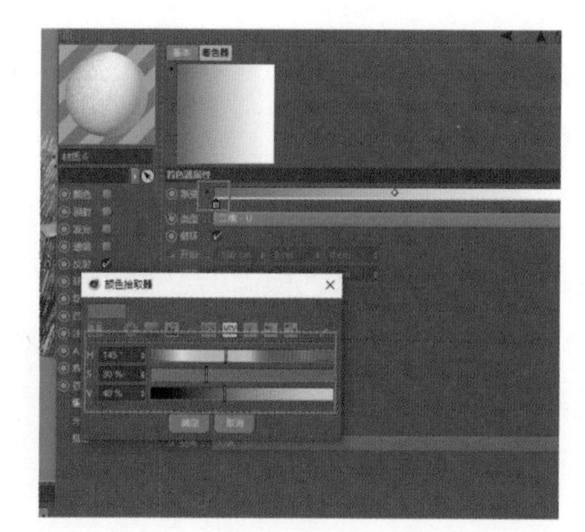

图 4-233

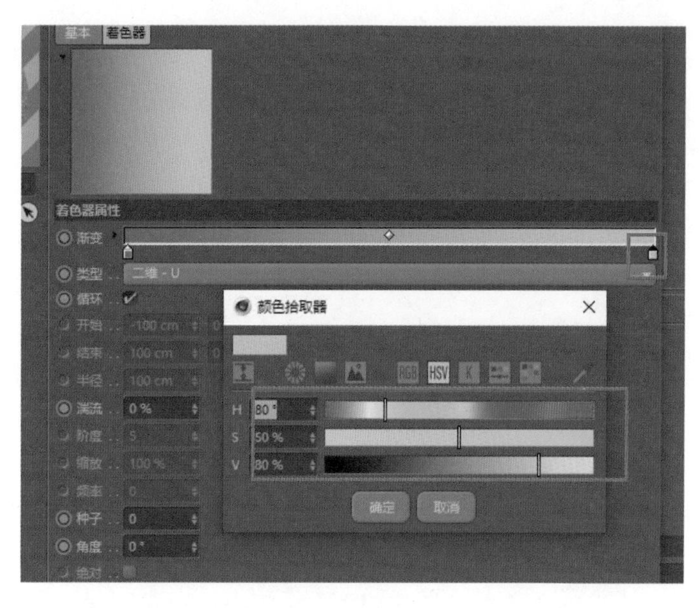

图 4-234

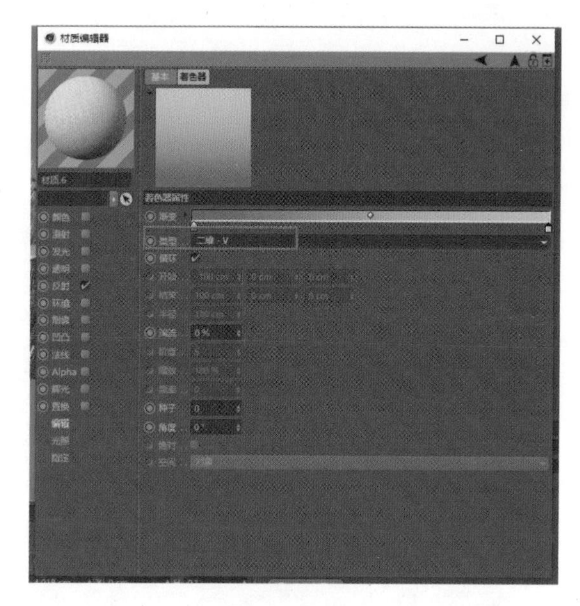

图 4-235

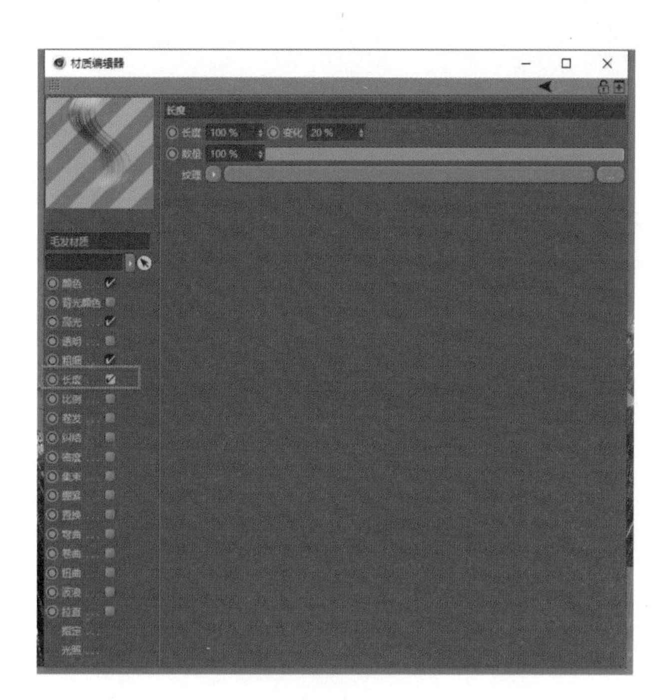

图 4-236

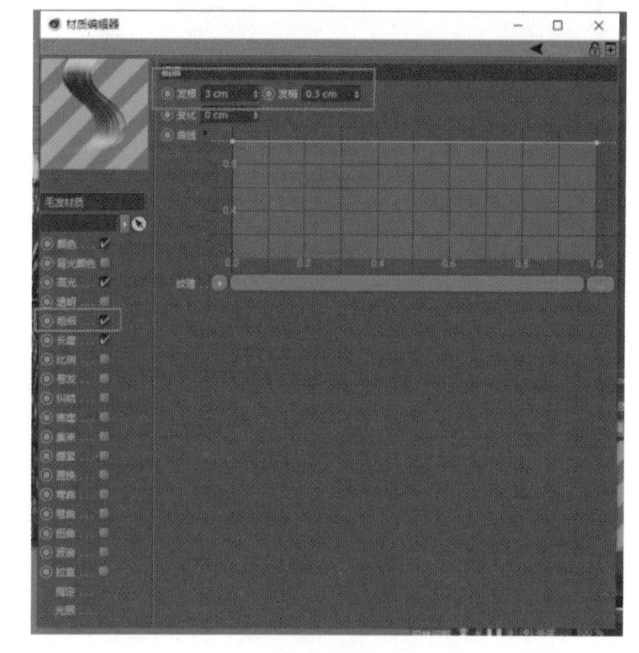

图 4-237

步骤三：按照图 4-238 打开“修剪”工具，用修剪工具按图 4-239 把草修剪到合适的效果。

步骤四：按照图 4-240 打开毛发材质球，把“卷发”数值调为 15%。选择“毛发对象”，将毛发属性栏的数值调整到与图 4-241 一致。接着按照图 4-242 把时间轴多调出 -100，也把时间轴长度拉到 -100。创建一个摄像机，给摄像机添加一个“目标标签”，把“目标对象”换成“中心”，并且把视角拉到与图 4-243 一样，给第 -100 帧打上一帧。然后把视角拉到与图 4-244 一致，在第 0 帧打上一个关键帧。最后照按图 4-245 打开“渲染设置”，勾选“全局光照”，并且把“抗锯齿”调到“最佳”即可。最终效果如图 4-246 所示。

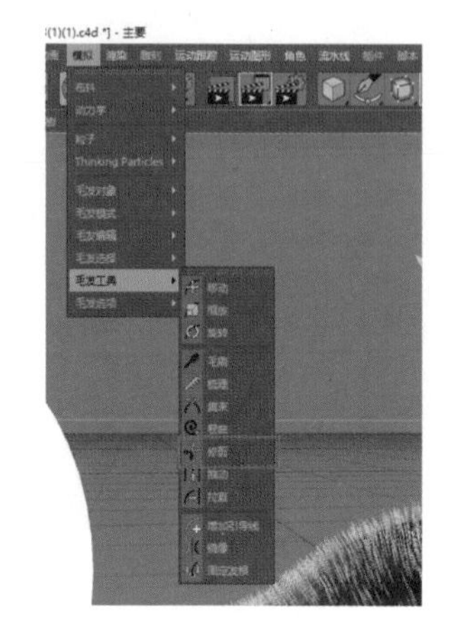

图 4-238

图 4-239

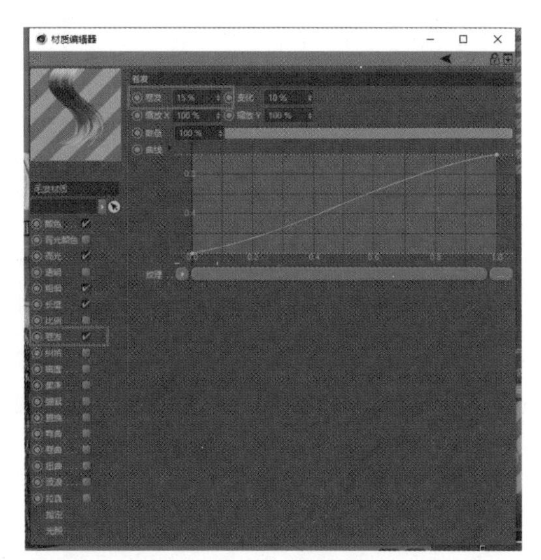

图 4-240

图 4-241

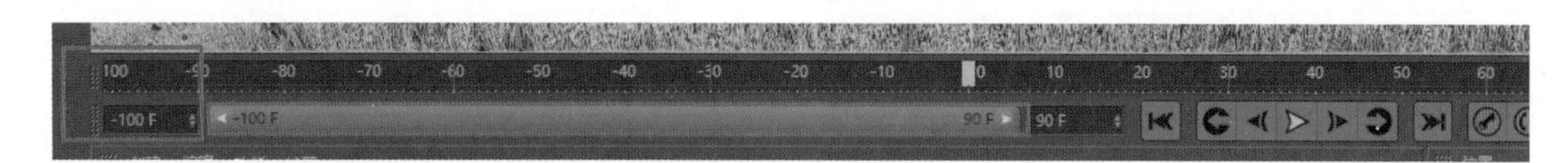

图 4-242

图 4-243

图 4-244

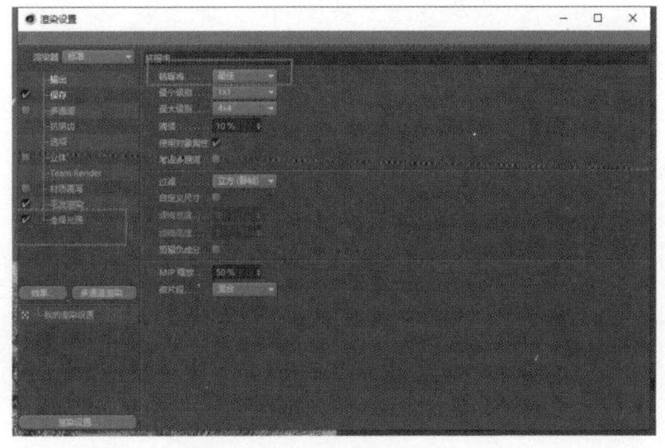

图 4-245

图 4-246

三、学习任务小结

本次任务主要学习了 C4D 软件的场景建模方法和制作的动画效果，让同学们掌握了房屋建模的知识，并学习了毛发的运用、不同的材质效果制作，添加摄像机并调整参数完成动画，最后为动画建立场景，设置灯光，完成整体动画的全过程。课后，大家要针对本次任务所学知识和技能反复练习，做到熟能生巧。

四、作业布置

用 C4D 软件为不同动画场景建模，完成动画制作。

产品展示动画实训

教学目标

（1）专业能力：具备 C4D 建模、各种颜色材质制作、克隆与对称、灯光、打关键帧等专业技能。

（2）社会能力：能够了解产品展示的原理。

（3）方法能力：具备软件操作能力、软件应用能力。

学习目标

（1）知识目标：掌握 C4D 软件的产品建模与展示的动画制作方法。

（2）技能目标：能进行产品建模，调整材质与灯光等。

（3）素质目标：提高 C4D 软件操作技能，提高动画制作水平。

教学建议

1. 教师活动

教师示范产品建模和动画制作的方法，并指导学生进行产品展示动画的练习。

2. 学生活动

学生认真观看教师示范产品建模和动画制作，并在教师的指导下进行产品展示动画的练习。

一、学习问题导入

各位同学，大家好！ C4D 软件能用于产品建模与动画展示的功能，本次任务我们一起来学习闹钟的建模与动画展示。本次任务要利用克隆对称调整参数、添加材质与灯光、打关键帧等方法完成产品展示动画。

二、学习任务讲解与技能实训

1. 闹钟建模

步骤一：打开电脑，进入电脑桌面，启动 C4D 软件。

建立一个圆盘，然后把圆盘数值设置成和图 4-247 相同，接着建立一个管道，按照图 4-248 修改管道数值，把管道移动到和图中相同的位置，复制图 4-249 管道，将复制出来的管道数值调到和图 4-250 一样，然后再将管道往前移动一点。再按照图 4-251 把圆盘也复制一份移动到背面，然后按 T 键扩大，直至将管道洞口填满。最后按照图 4-252，全选图中的图层按下 Alt+G 键编组，双击图中箭头的点隐藏模型。

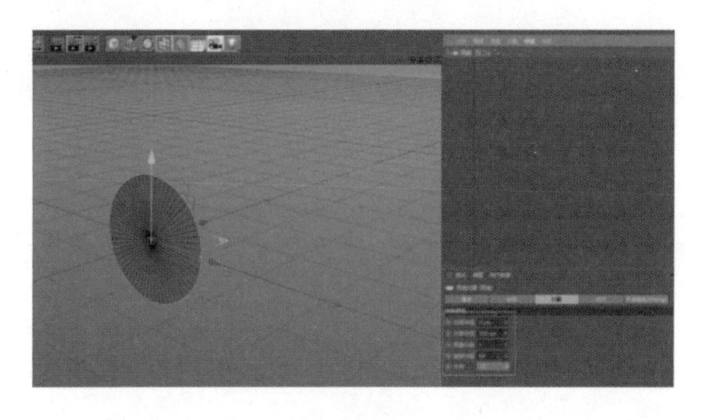

图 4-247

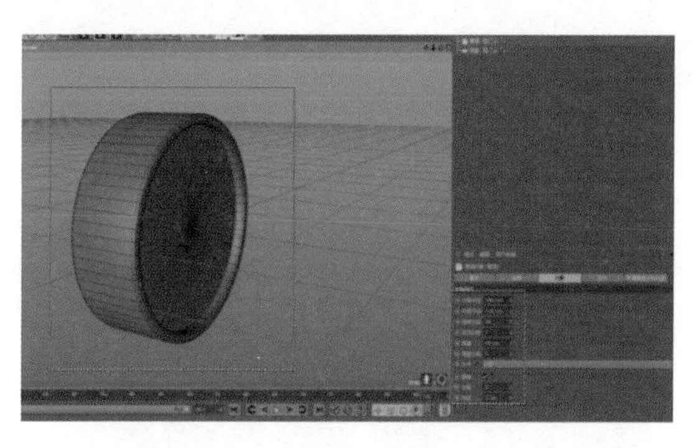

图 4-248

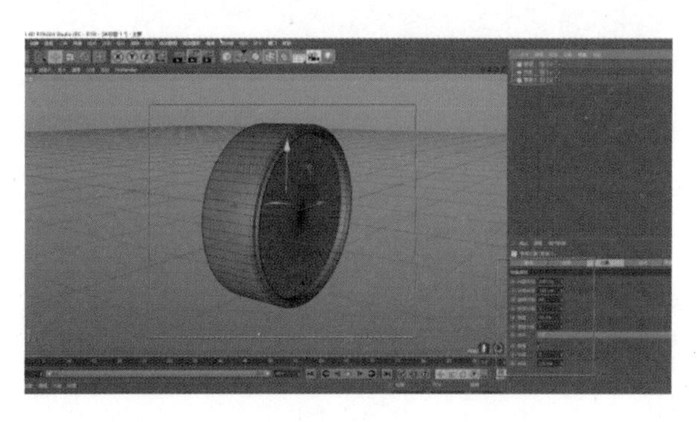

图 4-249

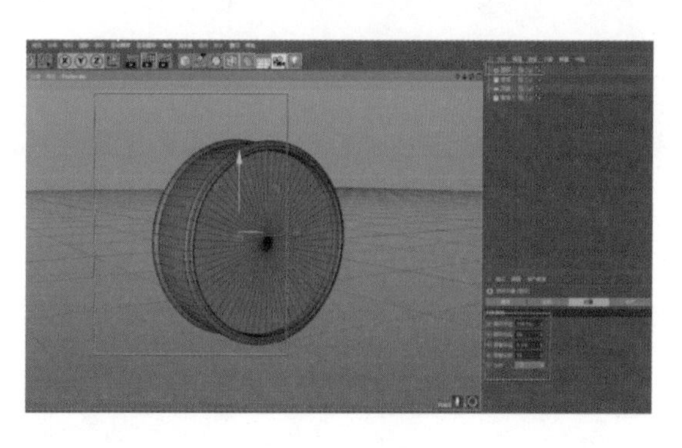

图 4-250

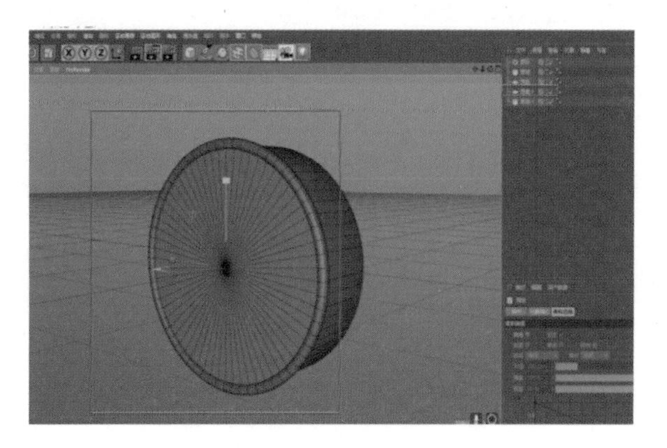

图 4-251

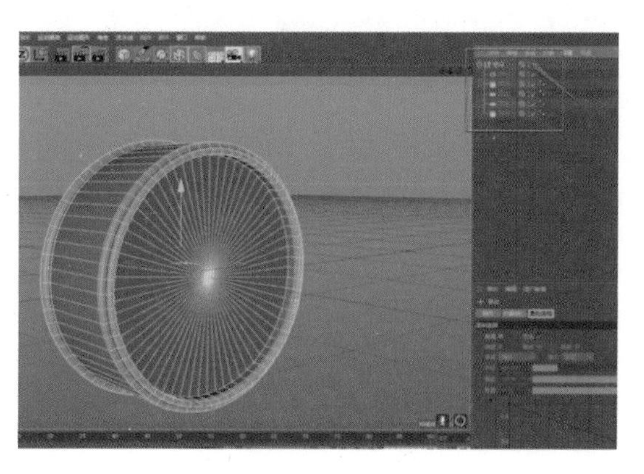

图 4-252

步骤二：按照图 4-253 建立一个球体，并且把球体数值改到和图中相同，建立一个圆环，同样也把圆环的数值和位置调到与图 4-254 一样。接着新建一个球体，把球体数值调到与图 4-255 相同，并且把球体往上移动到与图中一样的位置。按鼠标滚轮键切换到四视图，并且按照图 4-256 建立一个圆柱体，把圆柱体的数值、位置都调整到与图中一样。接着按照图 4-257 建立一个圆柱，把圆柱的数值、位置调整到与图中一样。最后按照图 4-258 把这些图层编组，并且把这个组命名为“铃铛”，把步骤二的隐藏图层命名为“钟体”，图层切换回可见。

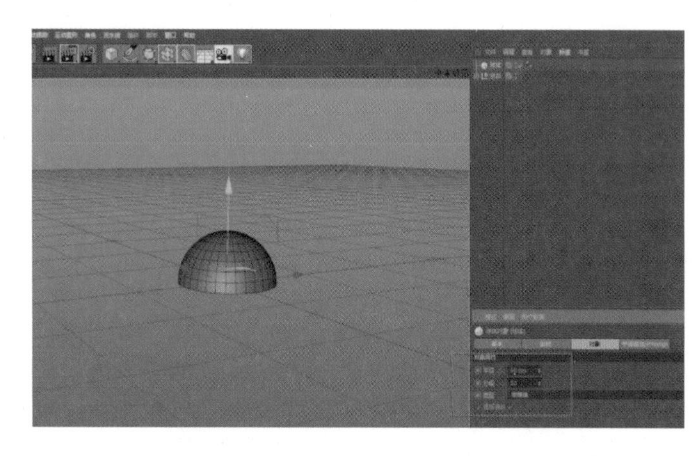

图 4-253

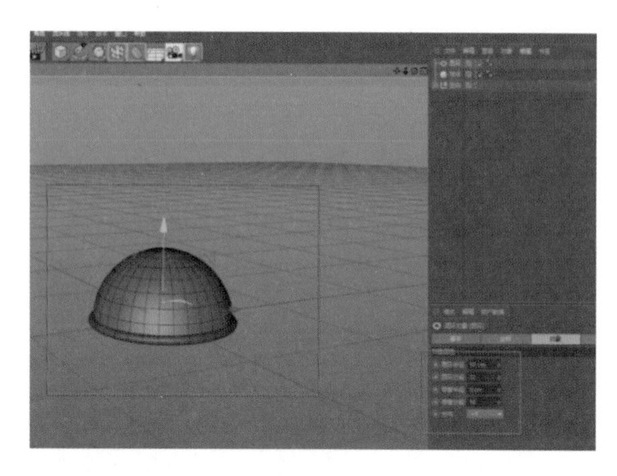

图 4-254

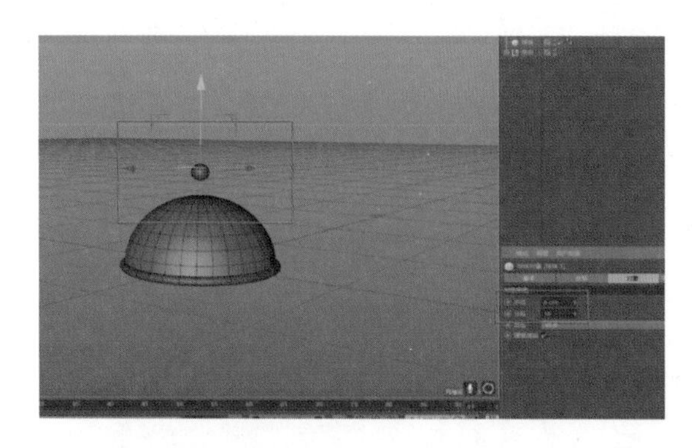

图 4-255

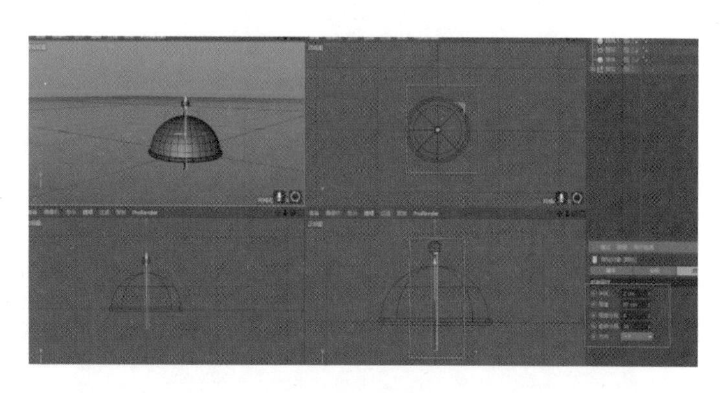

图 4-256

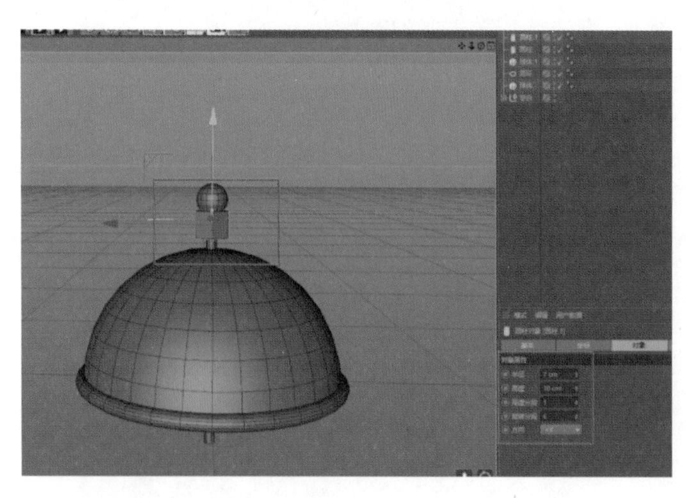

图 4-257

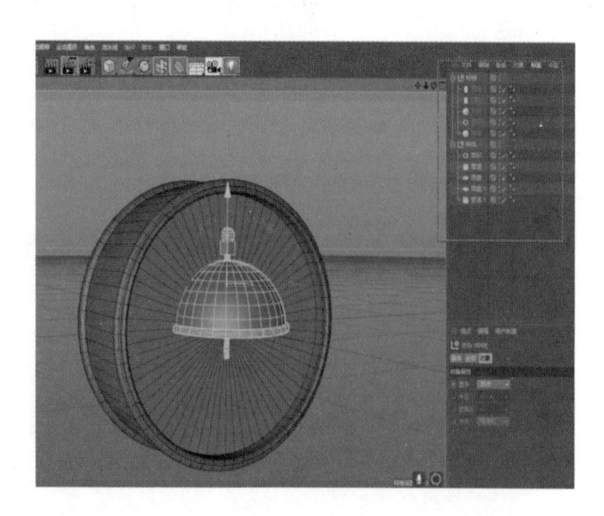

图 4-258

步骤三：按照图 4-259 把铃铛移动到图中位置，添加一个克隆并把“铃铛”移动到“克隆”里面，如图 4-260 所示。建立一个球体并把数值调整到与图 4-261 一样。把球体拉到钟体下面位置，然后建立一个圆锥体，并把数值、位置调整到和图 4-262 相同。

建立一个圆柱，然后把数值和位置调整到与图 4-263 一样，接着按照图 4-264 把这几个图层编组，命名为“脚”，并切换成四视图，把脚缩小与图中差不多大小，把位置移动到和图中相同。最后按照图 4-265 新建一个“克隆”，并且把“脚”拉到“克隆”里面，把克隆图层命名为“脚”即可。

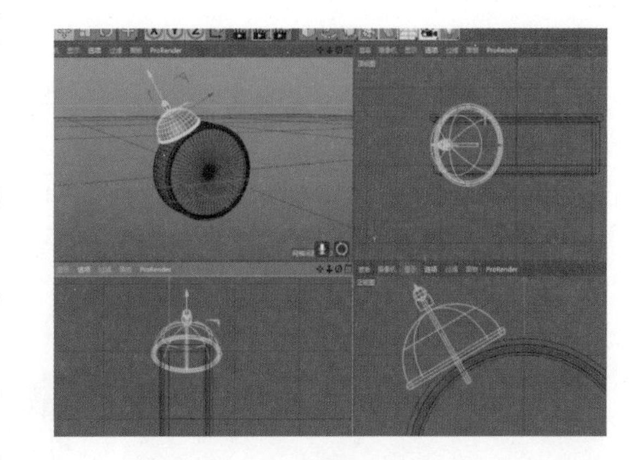

图 4-259

图 4-260

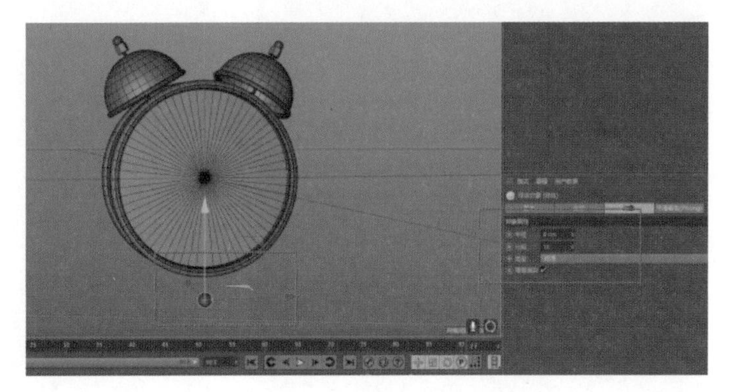

图 4-261

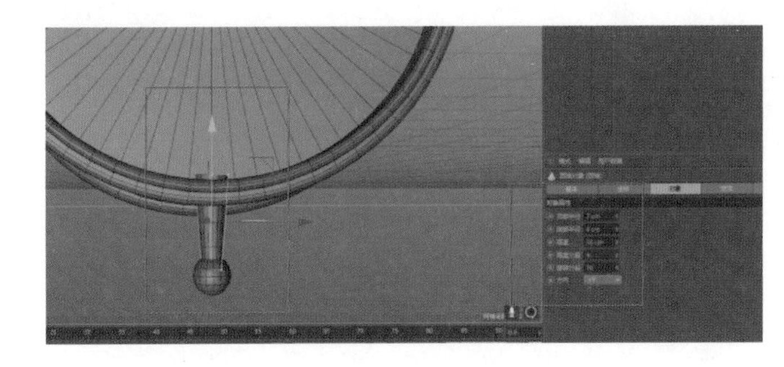

图 4-262

图 4-263

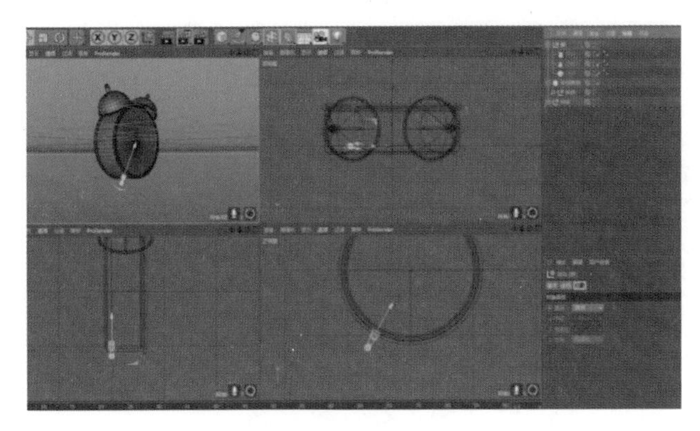

图 4-264

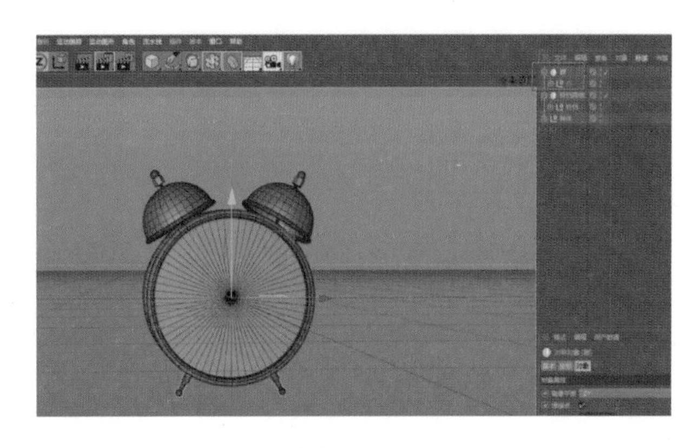

图 4-265

步骤四：按照图 4-266 用画笔在正视图中画出与图中相同的线，再按照图 4-267 建立一个圆环，并且缩小到与图中差不多尺寸。建立一个“扫描”，把“圆环”和“样条”拖入“扫描”中，把扫描移动到相应的位置上，如需调整大小，则选择圆环进行缩放即可，如图 4-268 所示。最后按照图 4-269 把扫描图层命名为“提手”，然后再进入“对象”栏，把“缩放”调整到和图中相同。

步骤五：新建一个正方体，然后把数值调整到与图 4-270 相同。建立一个“克隆”，把“正方体”拖入“克隆”里，把克隆数值调整到与图 4-271 一致，再将其移动到相应位置。最后按照图 4-272 为各个物体命名。

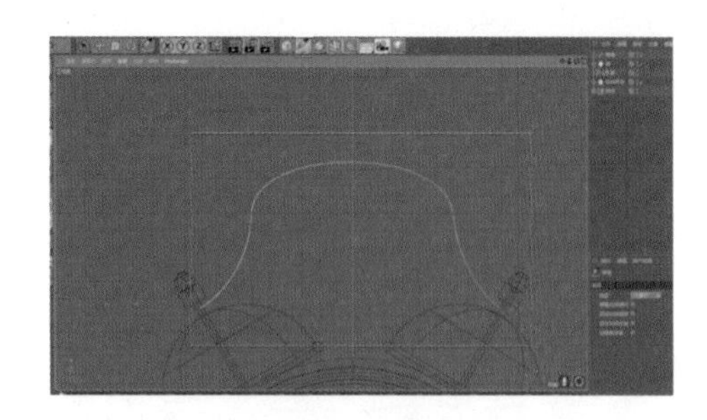

图 4-266

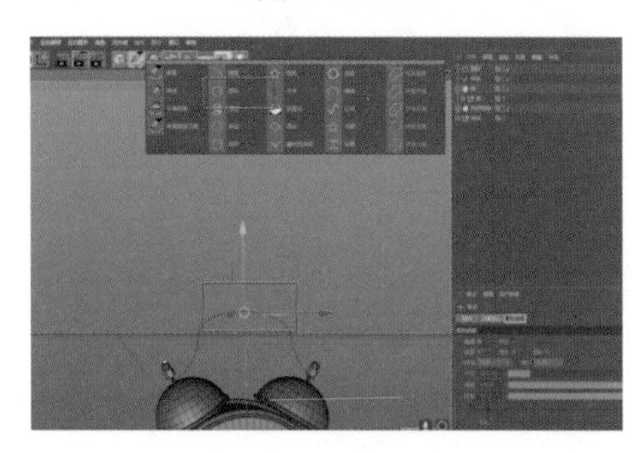

图 4-267

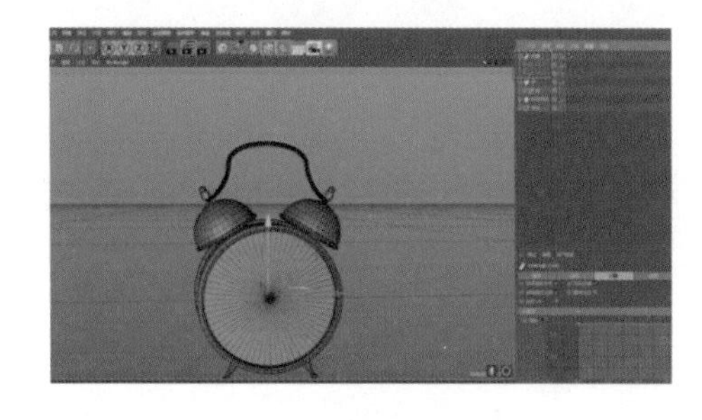

图 4-268

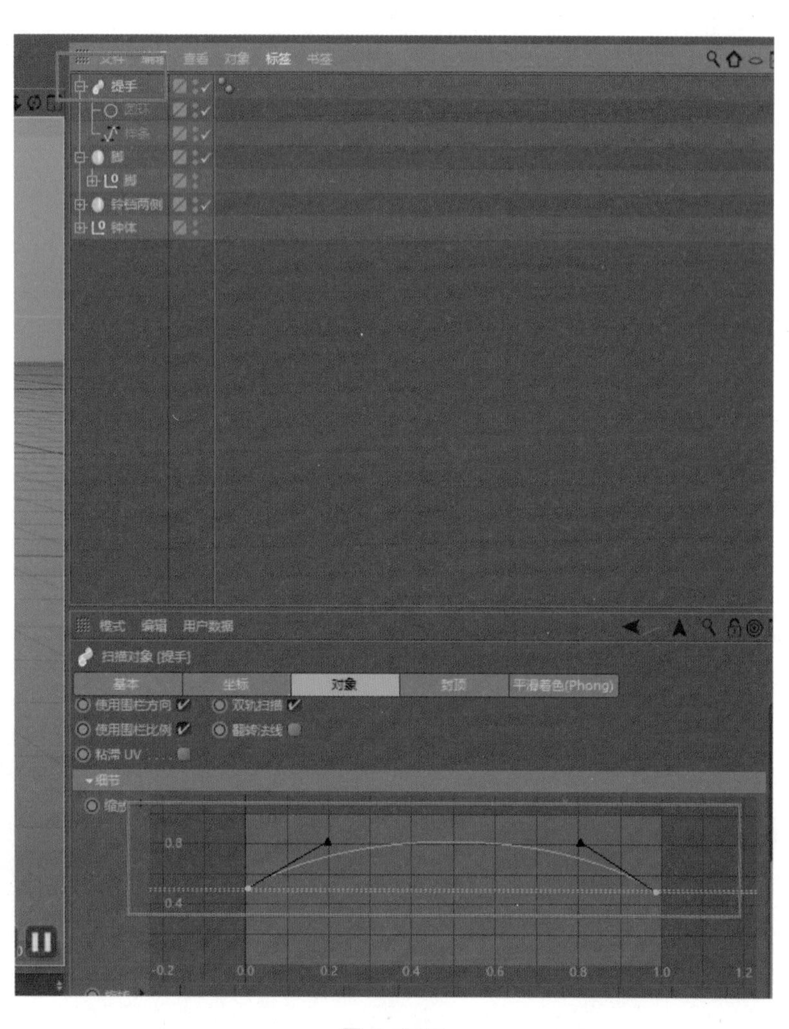

图 4-269

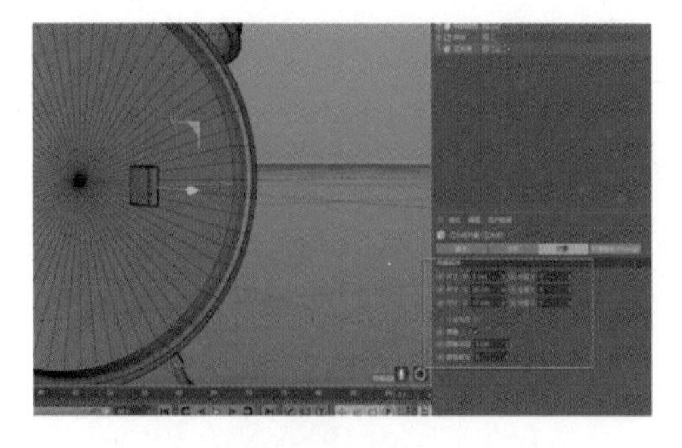

图 4-270

图 4-271

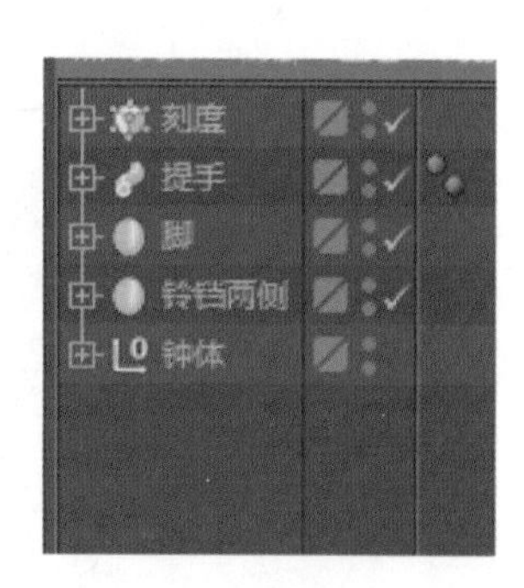

图 4-272

步骤六：先把刻度和钟体的两个模型隐藏显示，新建一个圆盘，把数值调整到与图 4-273 一致，位置也往前移动合适的距离，然后将其转为可编辑对象。切换到正视图，用线模式选中图中箭头指向的两条线，按住 Ctrl 键往上移动到与图 4-274 差不多距离，把尺寸 Y 的数值改为 0。再按照图 4-275 继续按住 Crtl 键往上拖动出 5 次，并用线模式按照图 4-276 缩放来实现图中的效果。然后按照图 4-277 选择图中这些面往下移动，缩短长度，并按照图 4-278 选择图中的面，按住 Ctrl 键往前拖动，拖到和图中差不多厚度即可，命名为“时针”。

如图 4-279 所示，把刚刚隐藏显示的几个模型都设置为可见，把时针复制一份命名为“分针”，然后往前拖动。接着按照图 4-280 把分针缩小，再按照图 4-281 用点模式选择针头，往上移动到与图中相同位置，最后按照图 4-282 分别把时针和分针旋转到与图中相同的位置。

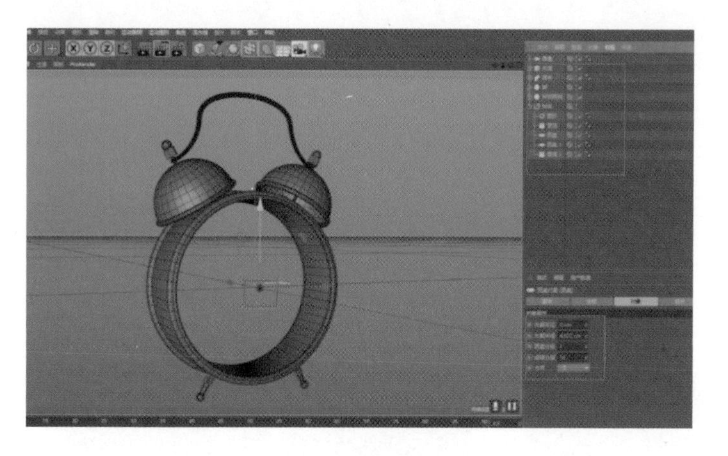

图 4-273

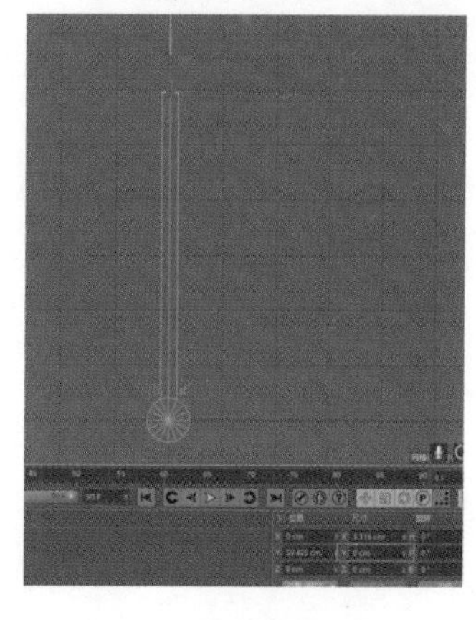

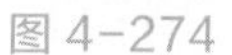

图 4-274

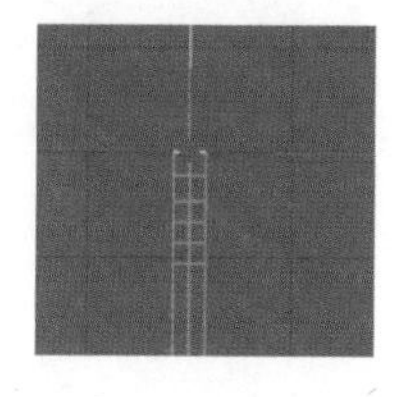

图 4-275

图 4-276

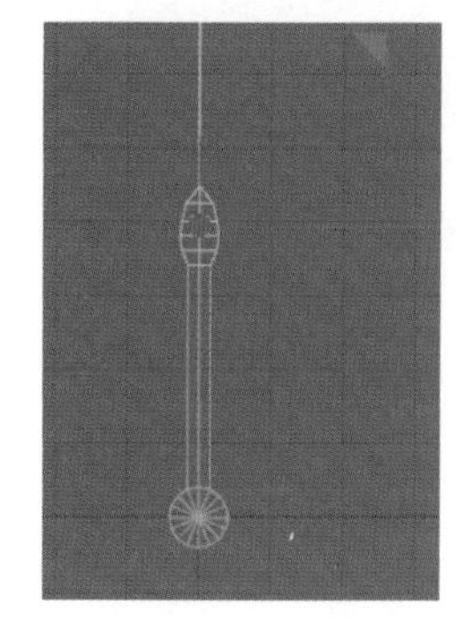

图 4-277

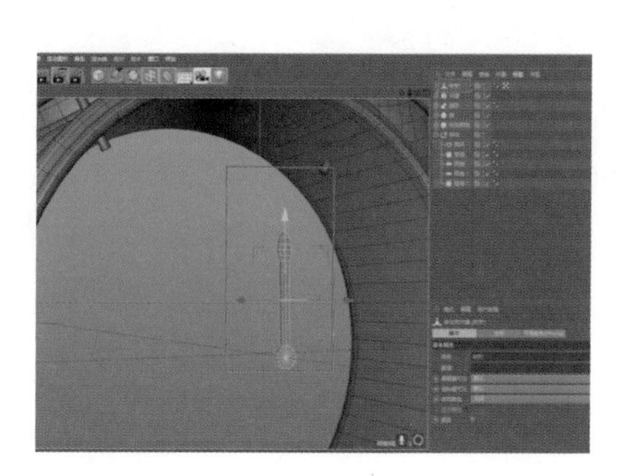

图 4-278

图 4-279

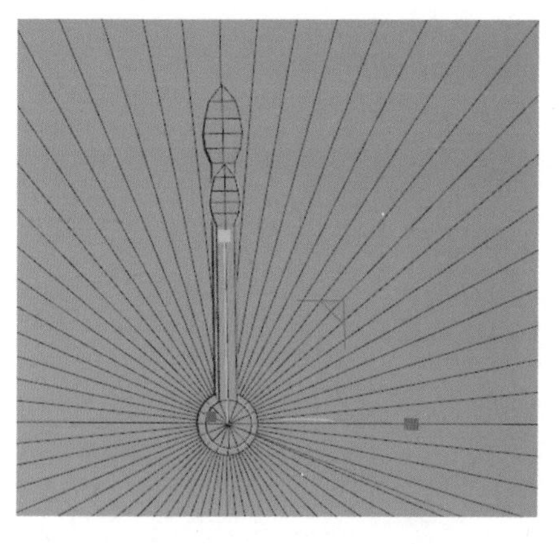

图 4-280

图 4-281

图 4-282

新建一个圆盘，把数值调整到与图 4-283 相同，然后拉到分针前面位置，继续选择上面两条边，按住 Ctrl 键往上移动到图 4-284 的位置。接着选中底下两条边，按照图 4-285 按住 Ctrl 键拖动一小段，再继续按住 Ctrl 键拖出一大段，再按照图 4-286 选中下面两边的线按 Ctrl+T 键往两边扩大，然后按 T 键缩小到与图中差不多大小，并且把这个命名为“秒针”。

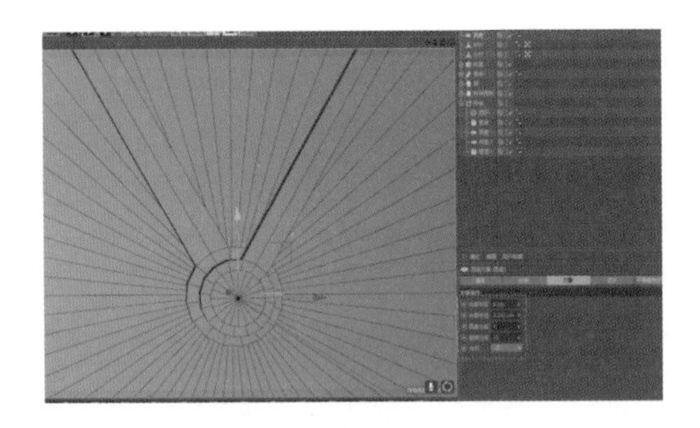
图 4-283

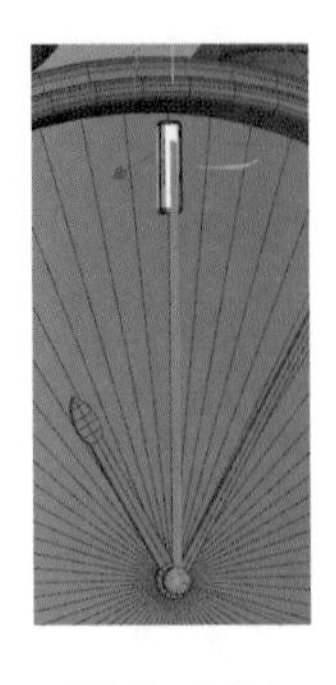
图 4-284

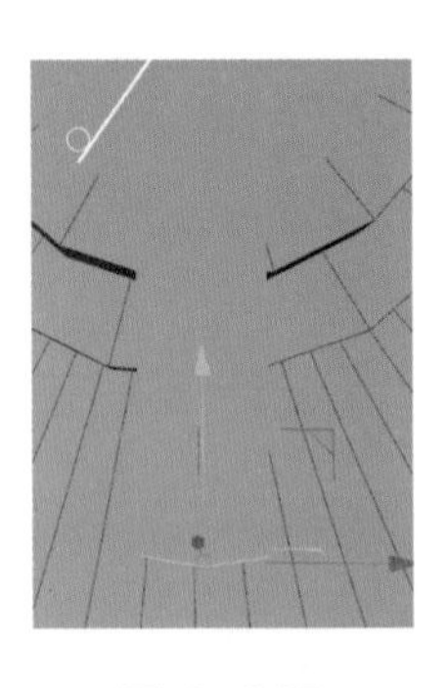
图 4-285

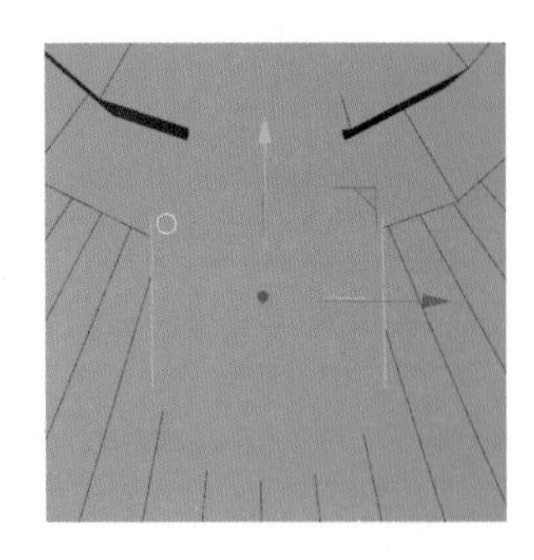
图 4-286

步骤七：建立一个正方体，然后把数值调整到与图 4-287 相同，把正方体移动到闹钟下面。按照图 4-288 把这些图层打包成一个组，命名为“闹钟”，然后按照图 4-289 切换到右视图，把闹钟旋转、移动与到图中相同的位置。

图 4-287

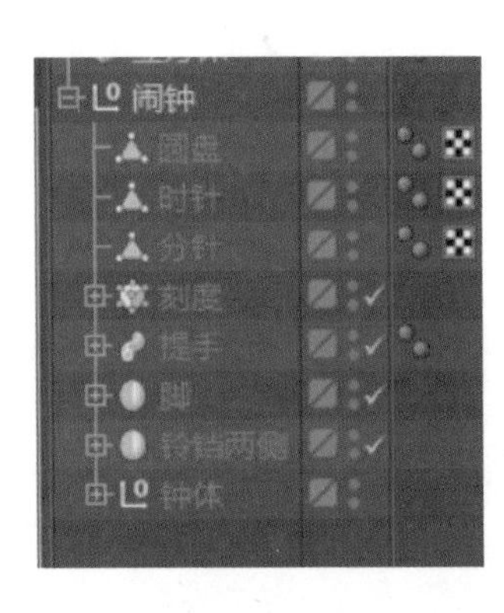

图 4-288

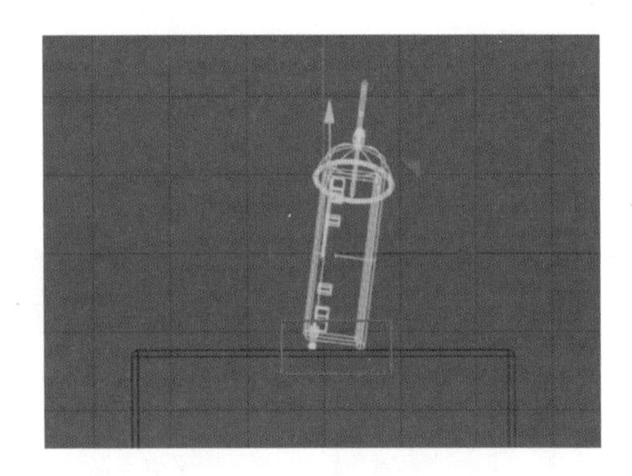
图 4-289

步骤八：建立一个常规灯光，切换到四视图，按照图 4-290 移动至合适位置，把数值也调整到与图中一致。接着建立一个区域光，如图 4-291 所示，移动好位置并把数值调整到与图中相同。按照图 4-292 把钟体的表面圆盘拖出钟体组，接着新建一个材质球，命名为“黄色”，并把材质球的颜色数值改到与图 4-293 相同。然后按照图 4-294 把这个材质球拖入铃铛两侧与钟体，再按照图 4-295 进入材质球，选中“反射”添加一个 GGX，把数值改到与图 4-296 一致，最后进入“默认高光”，把数值改到和图 4-297 相同即可。

图 4-290

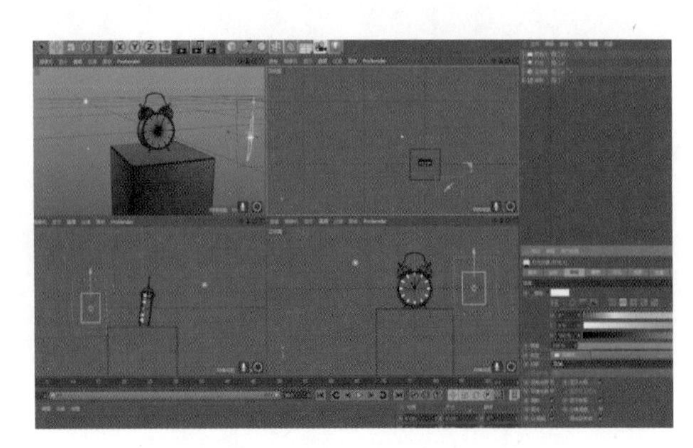
图 4-291

图 4-292

图 4-293

图 4-294

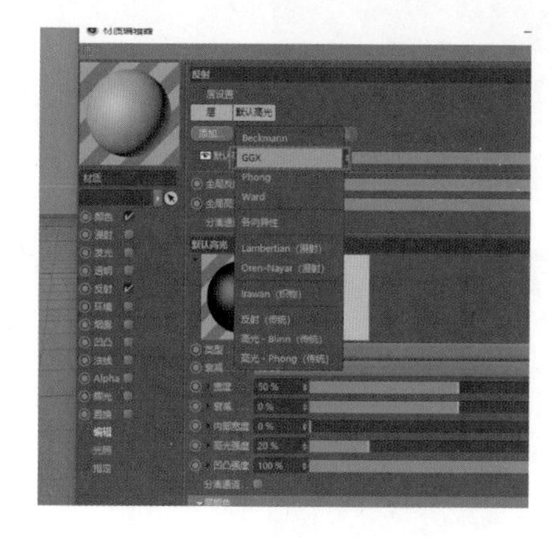

图 4-295

图 4-296

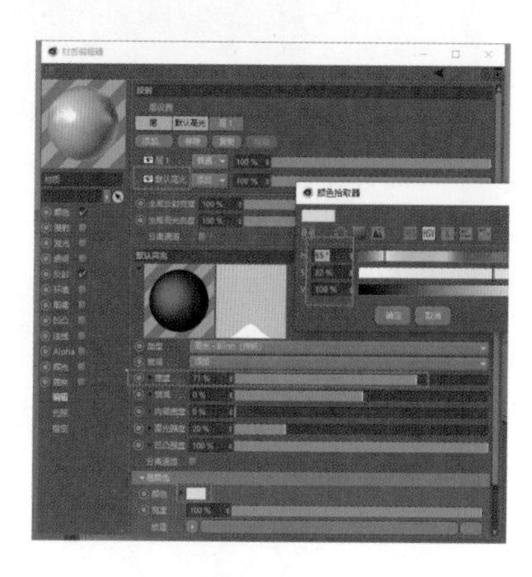

图 4-297

步骤九：按照图 4-298 把材质“黄色”复制一份，命名为“黄色”，然后打开颜色编辑器，将数值调整到与图中相同。再按照图 4-299 进入“反射”，把“默认反射”的颜色调整到与图中相同。接着再把这个材质球拖入图 4-300 所示的图层中。

图 4-298

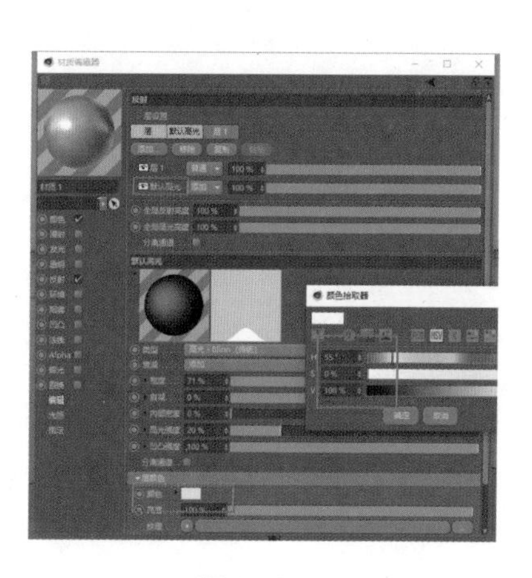

图 4-299

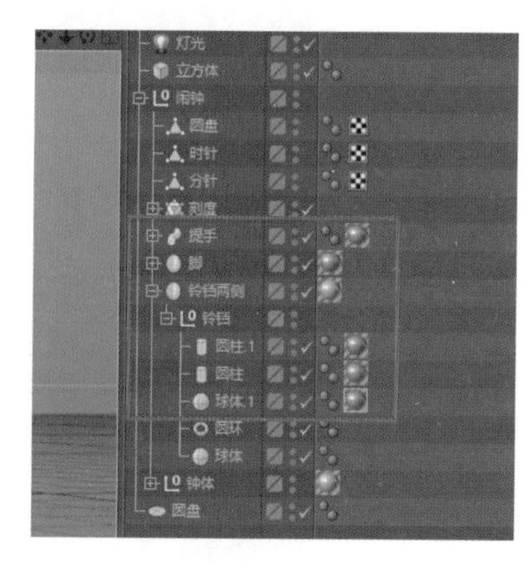

图 4-300

步骤十：把灰色材质球复制一份，命名为“白色”，按照图 4-301 修改白色材质球的数值。接着进入“反射通道”，层 1 的数值按照图 4-302 修改，然后按照图 4-303 把白色材质球拖入刚刚从钟体拖出来的圆盘里。

步骤十一：把灰色材质球复制一份，打开材质球，把颜色数值调整到与图 4-304 一致。接着进入“反射”的“默认高光”通道，把数值调整到与图 4-305 相同。最后按照图 4-306 把黑色材质球拖入时针和分针里。

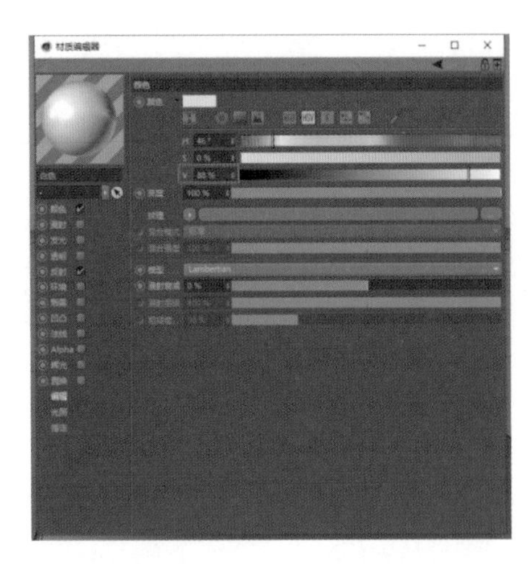

图 4-301

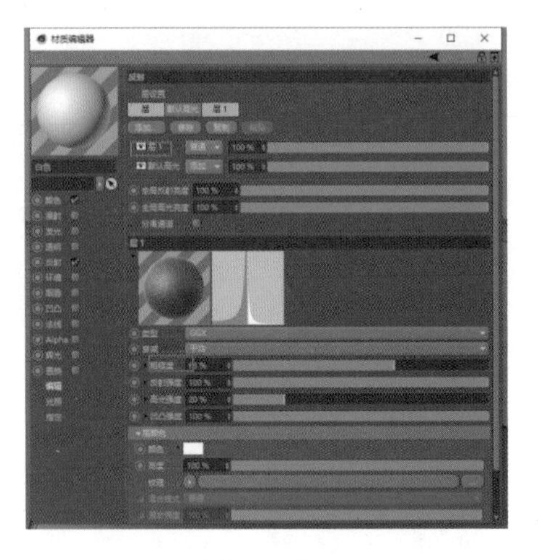

图 4-302

图 4-303

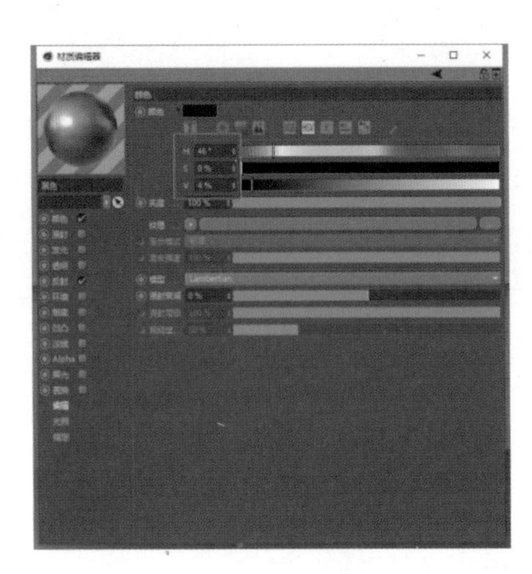

图 4-304

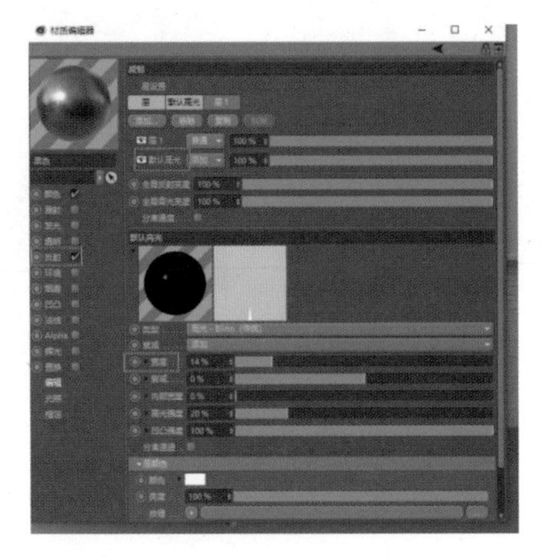

图 4-305

图 4-306

步骤十二：把灰色材质球复制一份，命名为“红色”，按照图 4-307 调整好颜色数值。接着把黑色拖入刻度，红色拖入秒针，白色拖入闹钟下面的正方体，如图 4-308 所示 。

步骤十三：建立一个材质球，如图 4-309 所示，只选择“发光”，从“纹理”中加载一张自己喜欢的 HDR 贴图。然后新建一个“天空”，将 HDR 贴图拖入天空。接着新建一个摄像机，在 60 帧的位置按图 4-310 的视角打关键帧。接着按照图 4-311 在第 0 帧打关键帧。最后按照图 4-312 在第 30 帧的位置以图中视角打关键帧。

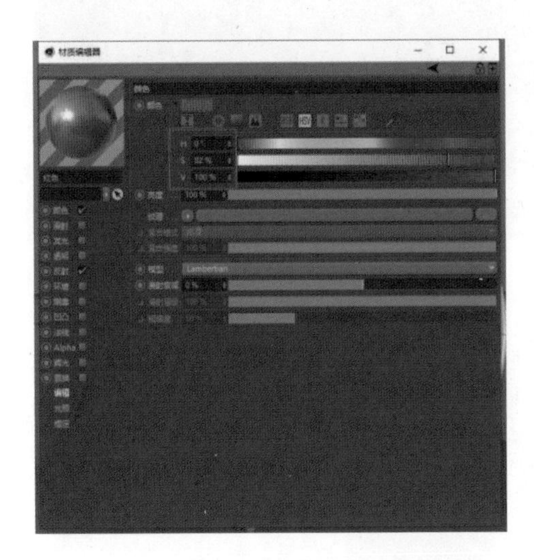

图 4-307

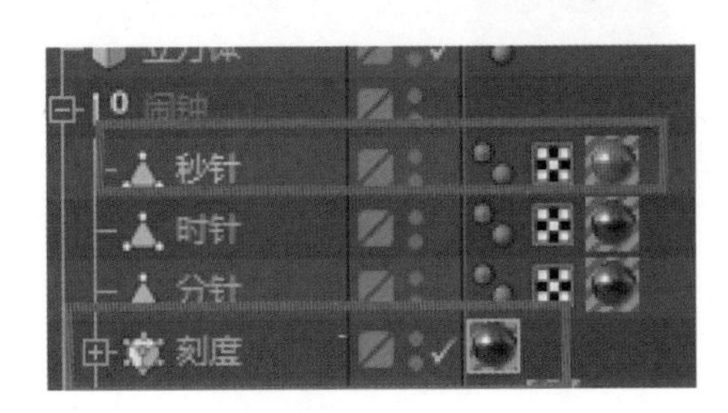

图 4-308

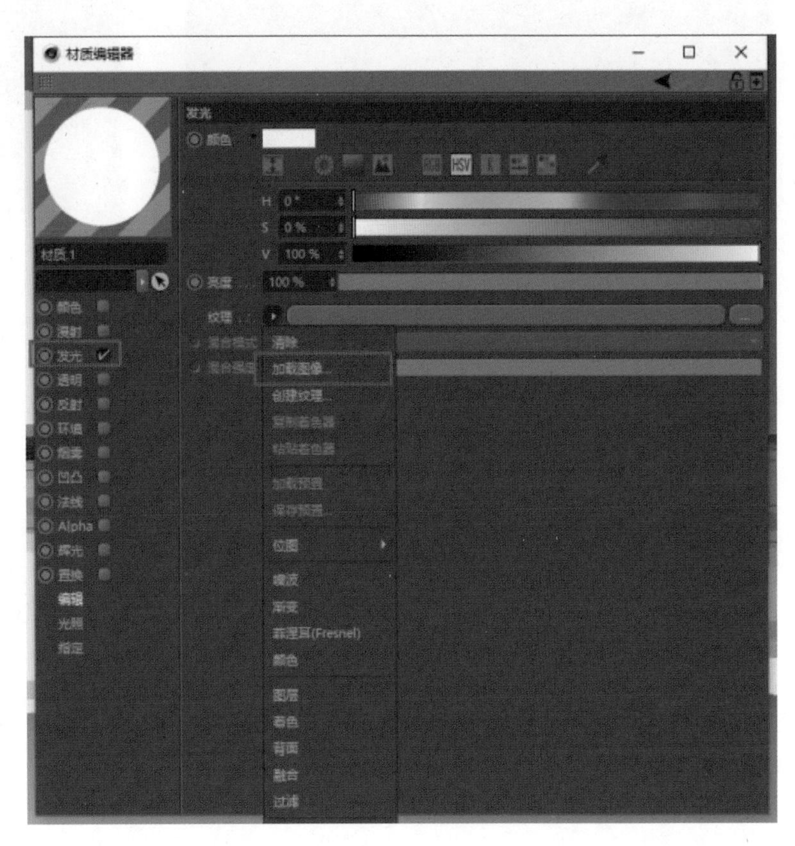

图 4-309

图 4-310

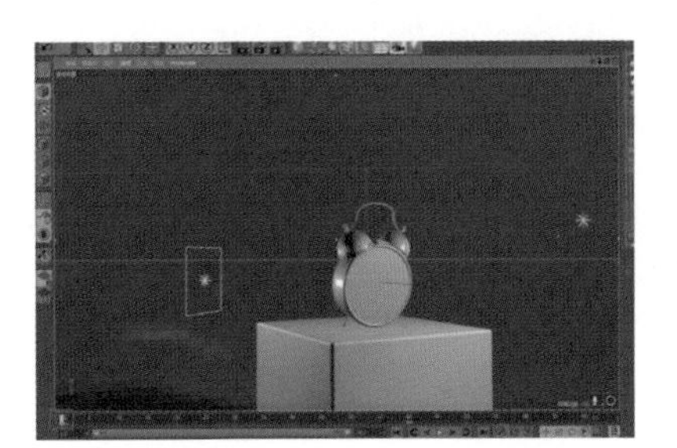

图 4-311

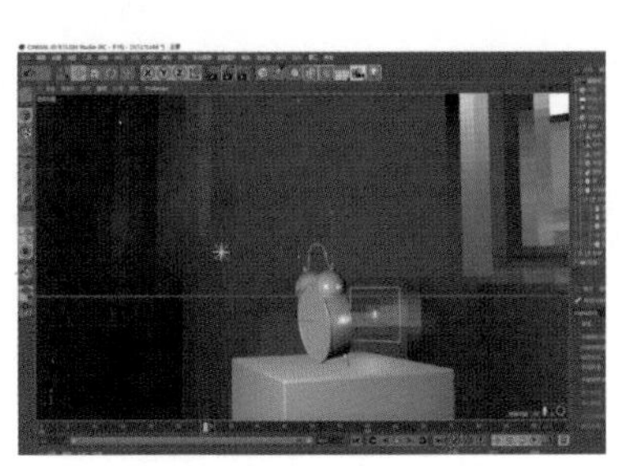

图 4-312

步骤十四：如图 4-313 所示，把“抗锯齿”调整为“最佳”，在“效果”里添加一个“全局光照”。按图 4-314 把“帧范围”调整为“全部帧”即可。最终效果如图 4-315 所示。

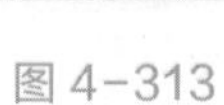

图 4-313

图 4-314

图 4-315

三、学习任务小结

本次任务主要学习 C4D 软件的产品建模与动画展示效果的制作方法和制作步骤，让同学们掌握了闹钟模型的建模知识，创建了闹钟的材质，并添加摄像机，调整参数完成动画。同时，还为动画建立了场景，完成了灯光信息和整体动画制作。课后，大家要反复练习本次任务所学技能，做到熟能生巧。

四、课后作业

用 C4D 软件完成其他产品建模与展示的动画练习。

项目五

马克杯建模综合实训

教学目标

（1）专业能力：具备 C4D 综合建模的专业技能。

（2）社会能力：能够了解 C4D 设计中建模的流程。

（3）方法能力：培养 C4D 软件操作能力、软件应用能力。

学习目标

（1）知识目标：掌握 C4D 软件的几何体建模方法与步骤。

（2）技能目标：能进行常规模型建模。

（3）素质目标：具备软件操作技能、模型创作技能。

教学建议

1. 教师活动

教师示范运用 C4D 软件进行几何体建模，并指导学生进行几何体建模练习。

2. 学生活动

学生观看教师示范运用 C4D 软件几何体建模，并在教师的指导下进行几何体建模练习。

一、学习问题导入

各位同学，大家好！建模是 C4D 软件的主要功能之一，C4D 软件的建模有多种方法，本次任务我们主要学习其中最常用的一种方法，即基础几何体建模法，将基础几何体参数化。

二、学习任务讲解与技能实训

1. 4D 基础几何体建模

C4D 中文版基础几何体建模用到的命令主要有参数化几何体命令、将模型转化为可编辑对象命令、循环选择命令、循环切割命令、焊接命令、样条约束命令、连接对象 + 删除命令。

2. 在视图窗口中进行几何体建模

步骤一：打开 C4D，在工具栏中单击“圆柱”按钮，创建一个圆柱体模型，如图 5-1 所示。

步骤二：调整圆柱体的“半径”，设置“分段”和“类型”，取消选中“理想渲染”复选框，如图 5-2 所示。

步骤三：用 F4 快捷键切换至正视图，选择移动工具，将圆柱体沿 Y 轴向上移动，让圆柱体的底端与坐标轴的原点处对齐，如图 5-3 所示。

步骤四：选中圆柱体模型，按快捷键 C，将模型转换为可编辑模式，切换到线模式，在工作面板上点击右键，选择“循环 / 路径切割”命令，如图 5-4 所示，在合适的位置对圆柱体进行切割。

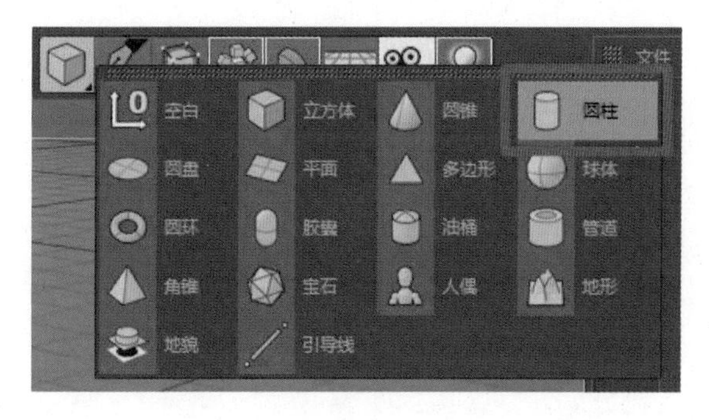

图 5-1

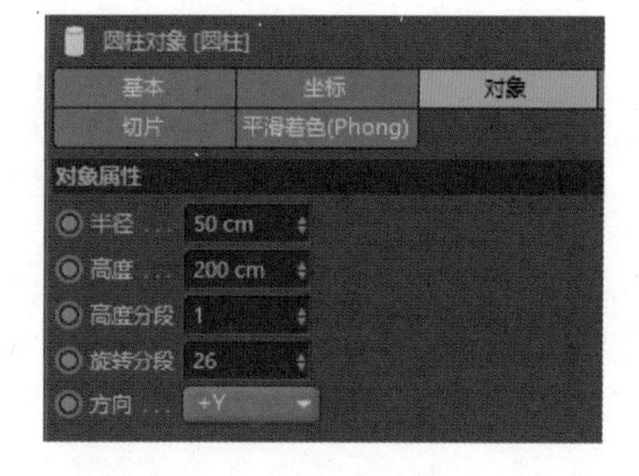

图 5-2

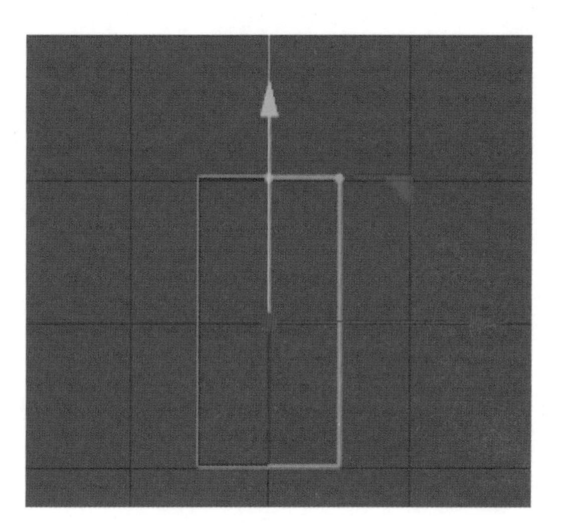

图 5-3

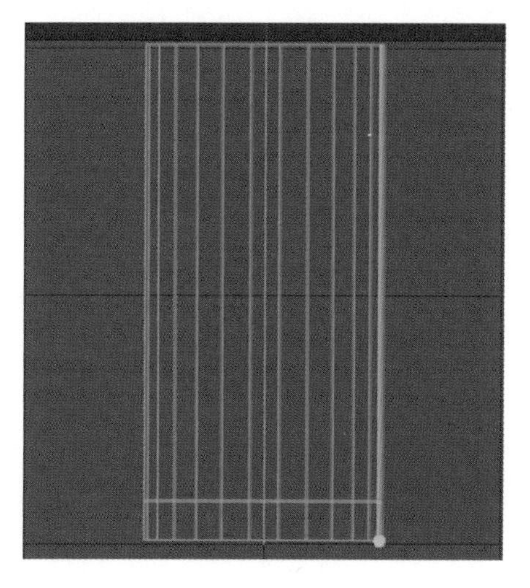

图 5-4

步骤五：切换到点模式，用“框选工具”选中圆柱体底部的点，切换到缩放工具（快捷键 T），按住鼠标左键在工作区内向内推拉鼠标，此时圆柱体底部的点开始向内收缩，如图 5-5 所示。

步骤六：在 C4D 中，切换至线模式，在工作区中点击右键，选择“循环 / 路径切割”命令，在杯子底部继续切割，如图 5-6 所示。效果如图 5-7 所示。

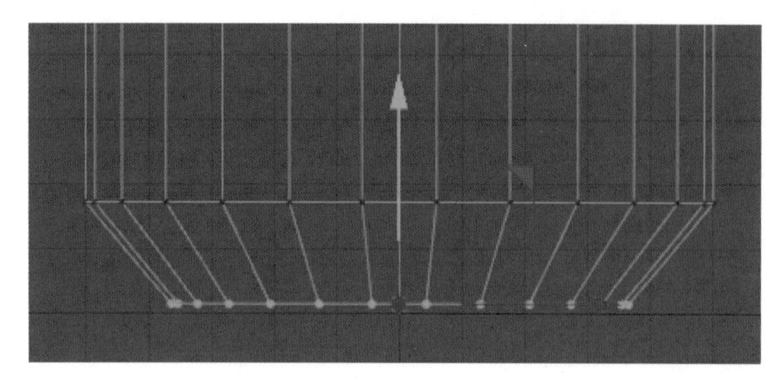

图 5-5

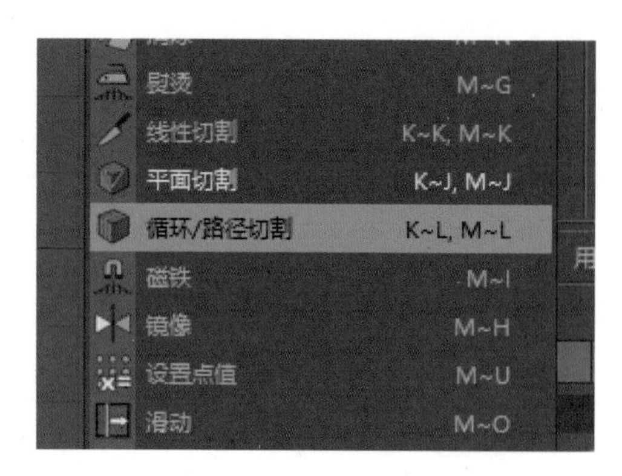

图 5-6

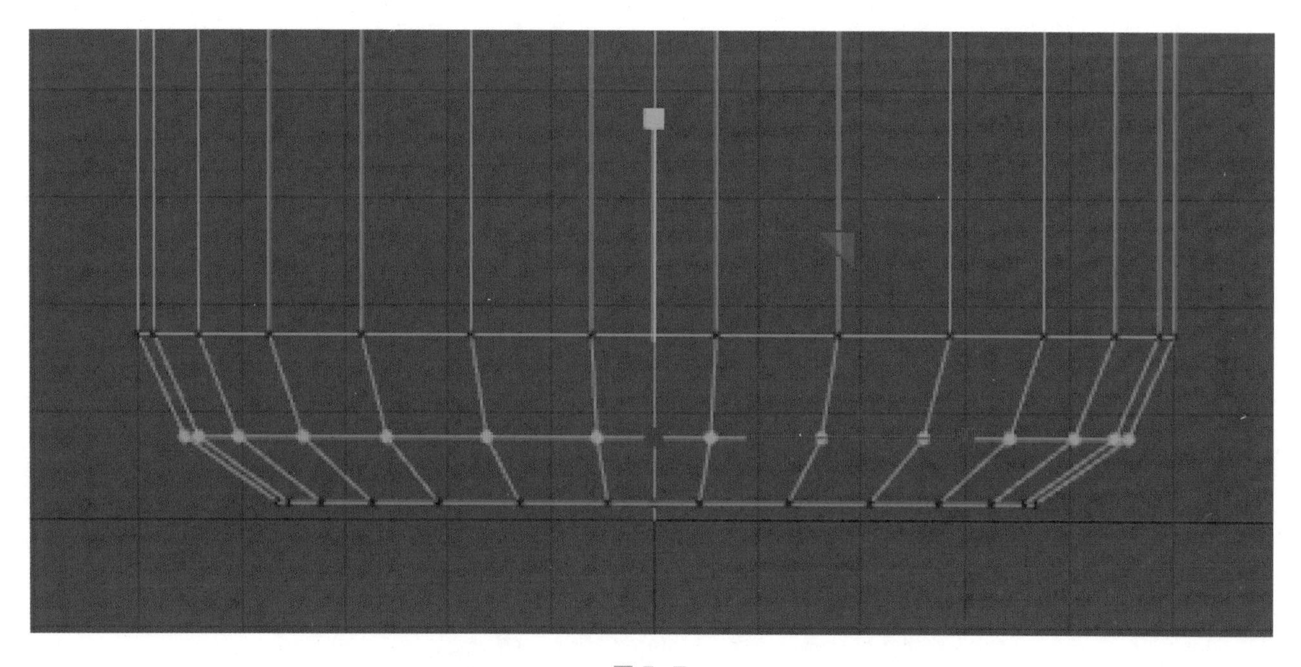

图 5-7

步骤七：在圆柱体上半部分，切换至点模式，用框选工具选择顶端的全部节点，选择移动工具（快捷键 E），将顶端的点向下移动至合适位置，如图 5-8 所示。

步骤八：右键选择“循环 / 路径切割”命令，注意在窗口右下角“交互式”面板选择“镜像切割”命令，如图 5-9 所示。在圆柱体上半部分进行切割，如图 5-10 所示。

步骤九：在正视图中，选择样条编辑工具绘制样条，将其作为杯子手柄部分的外形轮廓，如图 5-11 和图 5-12 所示。

步骤十：选择立方体模型工具，绘制一个长 20cm、宽 20cm、高 20cm 的正方体，并将其调整至合适的位置，注意将正方体的 Y 轴分段数改为 10，如图 5-13 所示。

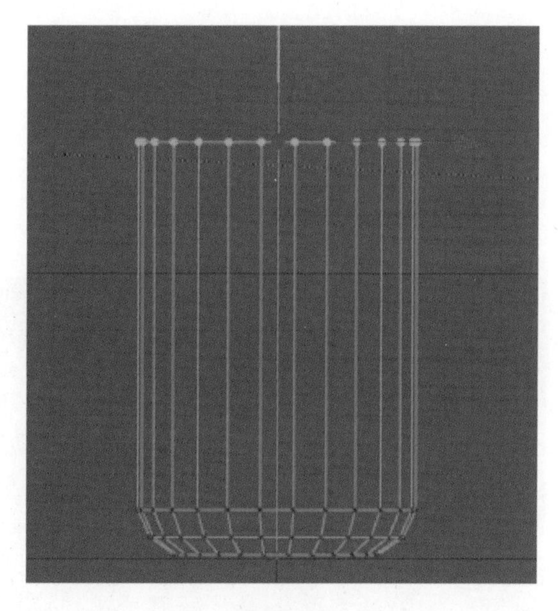

图 5-8

图 5-9

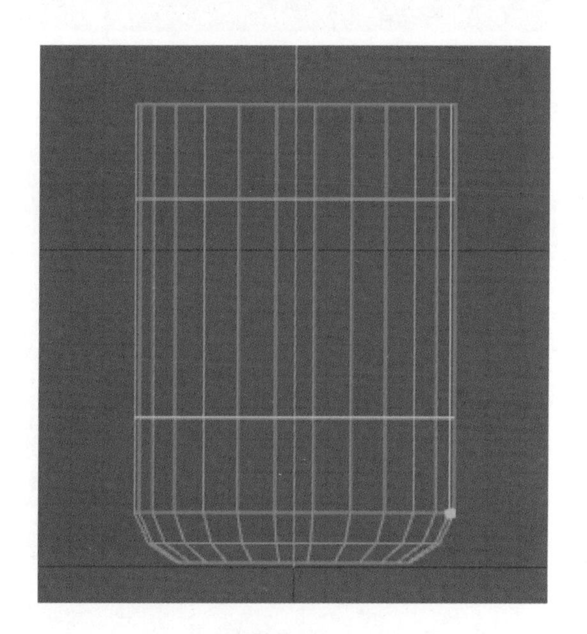

图 5-10

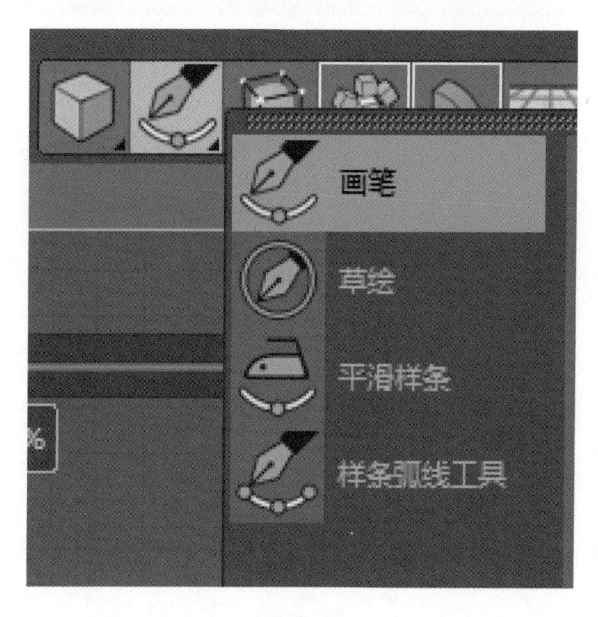

图 5-11

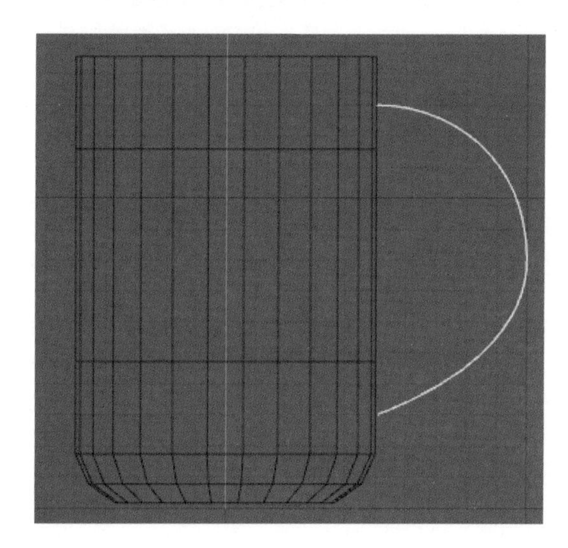

图 5-12

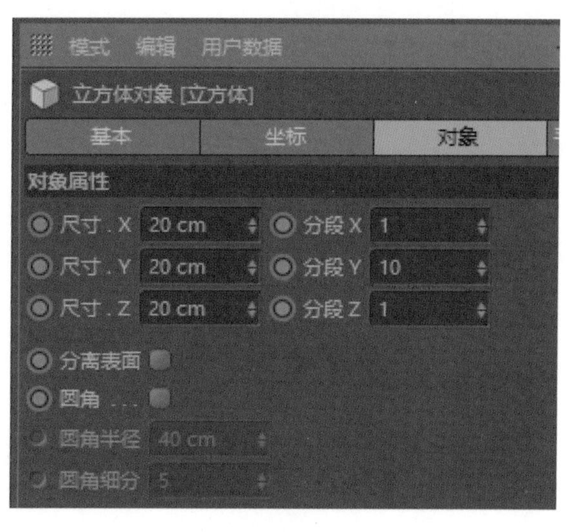

图 5-13

步骤十一：在对象面板中选中立方体，同时按住 Shift 键，点击变形器右侧的小三角，在下拉菜单中选择“样条约束”命令，如图 5-14 所示，将对象面板上的样条拖动至“样条约束”属性面板，如图 5-15 所示。在对象属性栏中选择“轴向”为 Y 轴，如图 5-16 所示，将生成手柄的立体造型。按快捷键 F1 返回透视图，最终效果如图 5-17 所示。

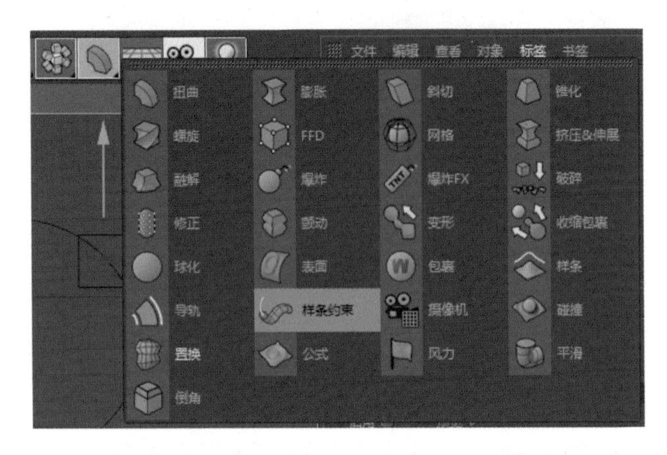

图 5-14

图 5-15

图 5-16

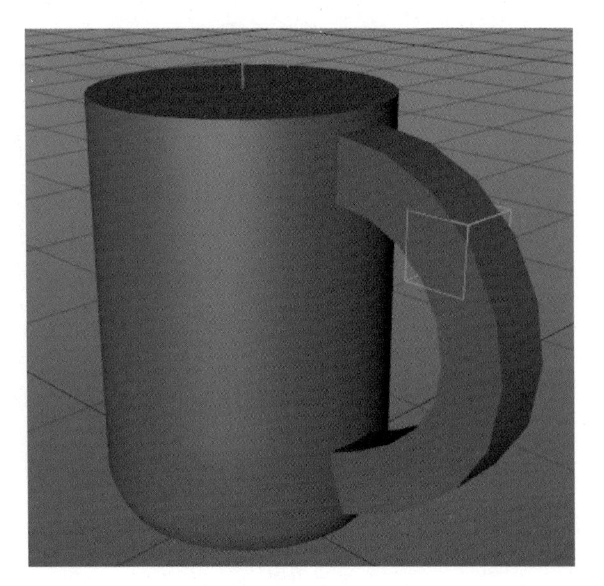

图 5-17

步骤十二：在透视图中观察到手柄比例与杯体不匹配，可以适当调整手柄的粗细，通过缩小立方体的边长来实现。选中圆柱，在视图中选择“视窗单体独显”，如图 5-18 所示，将手柄部分隐藏，方便处理杯体细节部分。

步骤十三：切换至面模式，同时按下 Alt 键和鼠标左键，旋转视图将杯体调整至合适的位置，用直接选择工具选择两个面，如图 5-19 所示。切换至缩放工具，按下 Ctrl 键的同时向内滑动鼠标，将这两个面缩小，如图 5-20 所示。

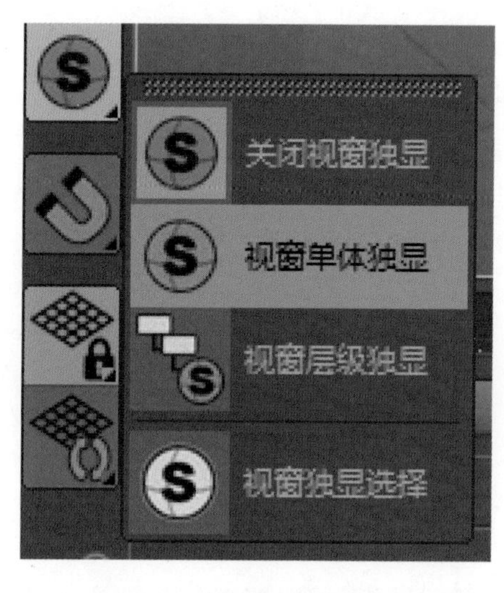

图 5-18

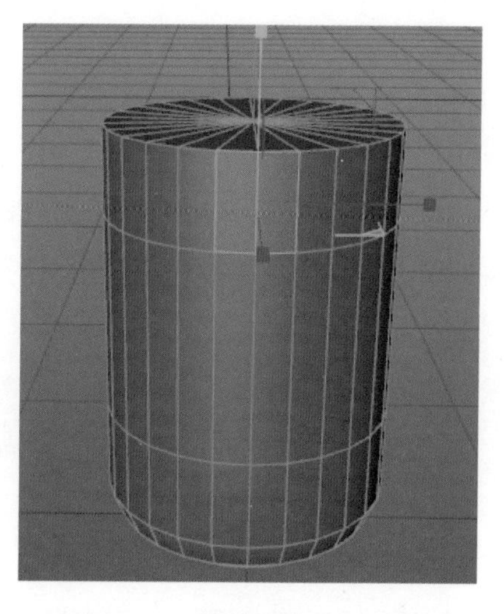
图 5-19

图 5-20

步骤十四：重复上一操作，将杯体下面的两个面也调整至合适的位置，如图 5-21 所示。

步骤十五：关闭“视窗单体独显”，在“显示”菜单下选择“光影着色（线条）”命令，选择手柄部分，将立方体的边长调整至中间面体的边长大小，如图 5-22 和图 5-23 所示。

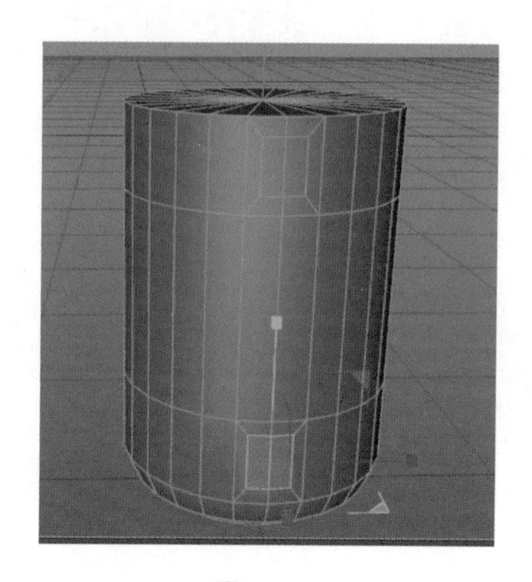
图 5-21

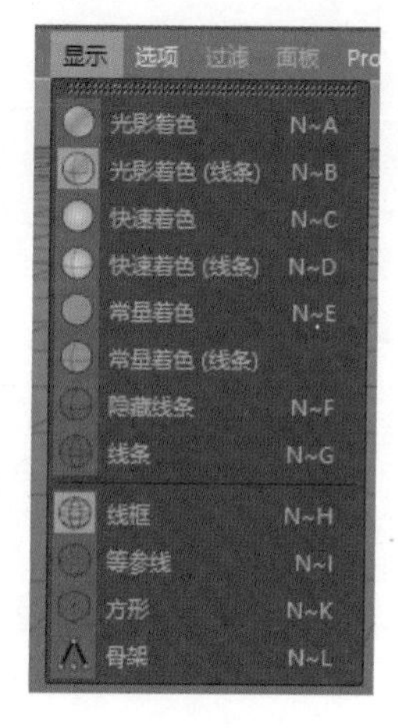

图 5-22

图 5-23

步骤十六：选择圆柱体，切换到面模式，在工作面板空白处点击右键，使用“循环选择”命令选中顶部所有的面，按 Delete 键删除，如图 5-24 所示。

步骤十七：用同样的方法，用将手柄与杯体接头处的面也删除，如图 5-25 所示。

步骤十八：选中手柄部分，在对象面板上点击右键，选择“当前状态转对象”命令，得到新的多边形对象，如图 5-26 所示。

步骤十九：在对象面板上，将“立方体”对象和“样条约束”对象隐藏，如图 5-27 所示。

步骤二十：选中立方体对象，切换到边模式，在工作面板空白处点击右键，选择“循环 / 路径切割”命令，在立方体的中间位置进行切割，参数设置如图 5-28 和图 5-29 所示。

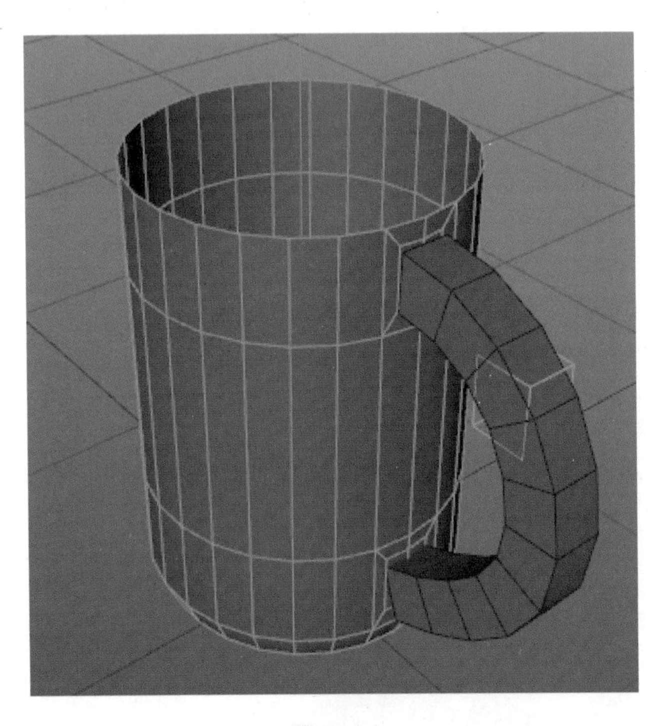

图 5-24

图 5-25

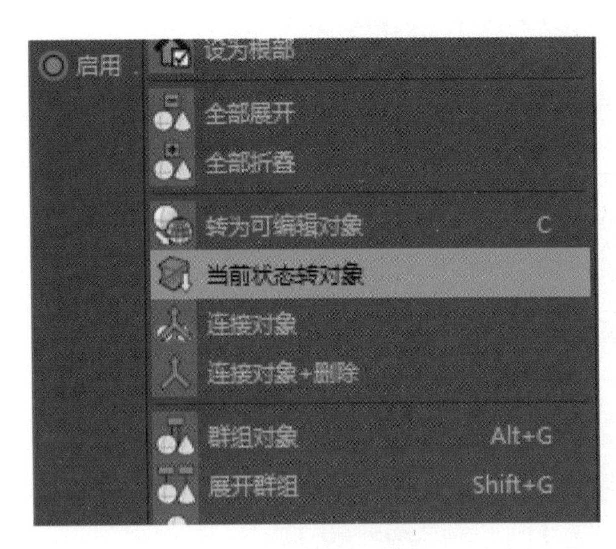

图 5-26

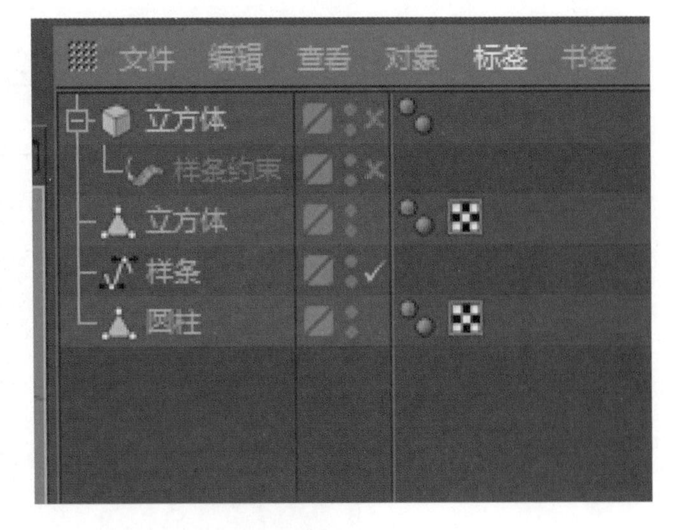

图 5-27

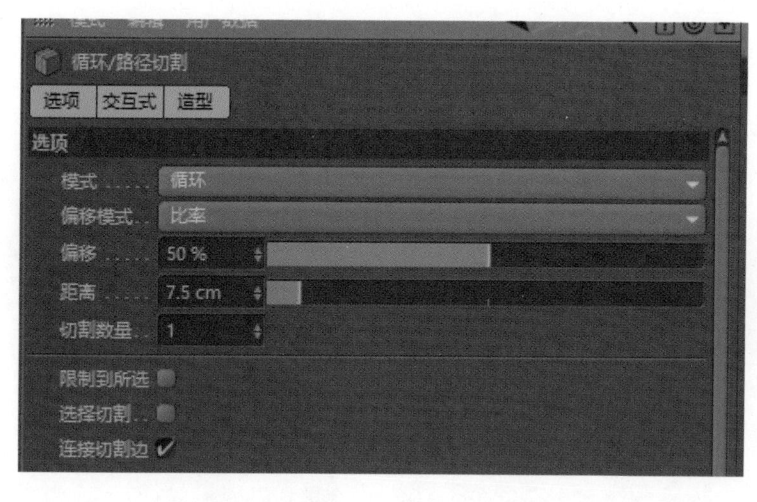

图 5-28

图 5-29

步骤二十一：选中立方体多边形对象，点击工具栏“视窗单体独显”，切换到面模式，删除两侧端点处的面，效果如图 5-30 所示。

步骤二十二：关闭“视窗单体独显”，在对象面板上选择立方体和多边形对象，点击右键，弹出下拉菜单，选择“连接对象 + 删除”命令，如图 5-31 所示，得到“立方体 1”。

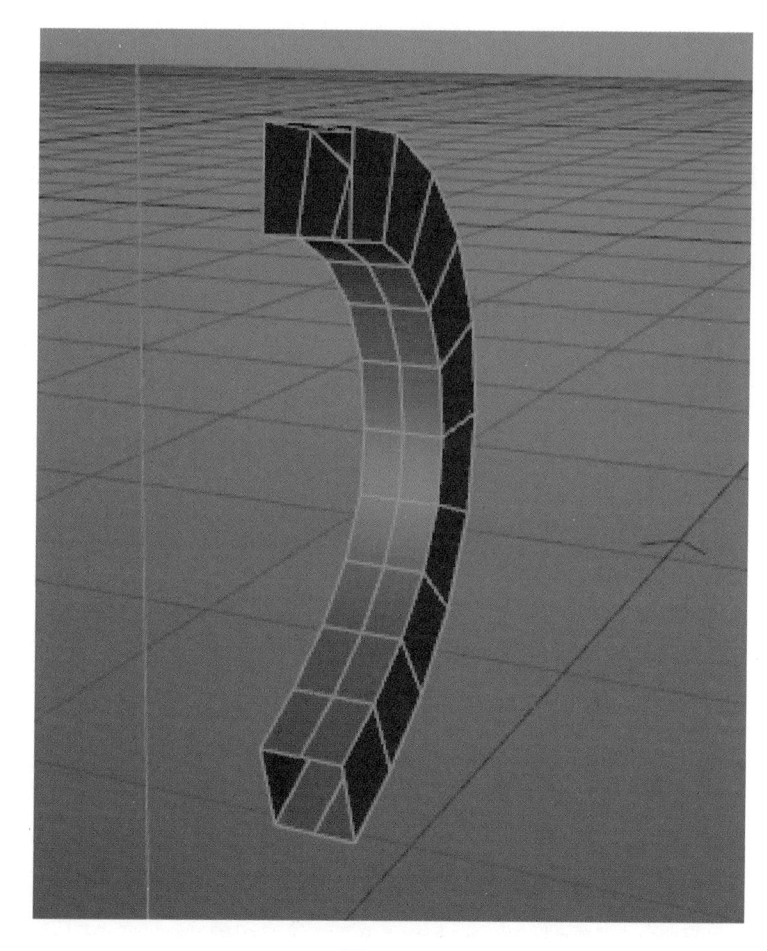

图 5-30

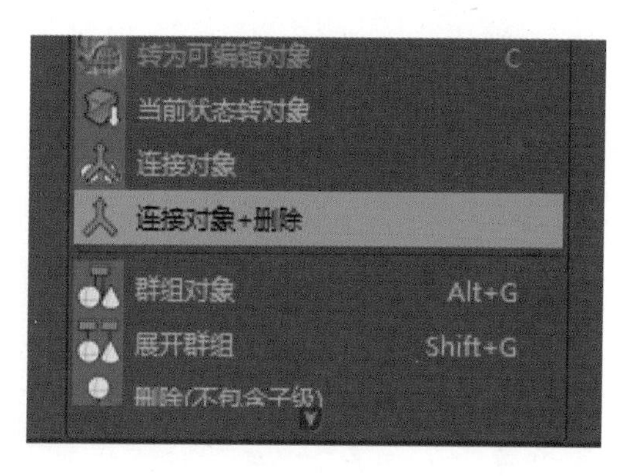

图 5-31

步骤二十三：切换到点模式，选择手柄顶点和杯体上的点。如图 5-32 所示，在工作区点击右键，选择“焊接”命令，此时会在中间出现一个白色的点，如图 5-33 所示，用鼠标按住这个点，让其向杯体上的点滑动，效果如图 5-34 所示。

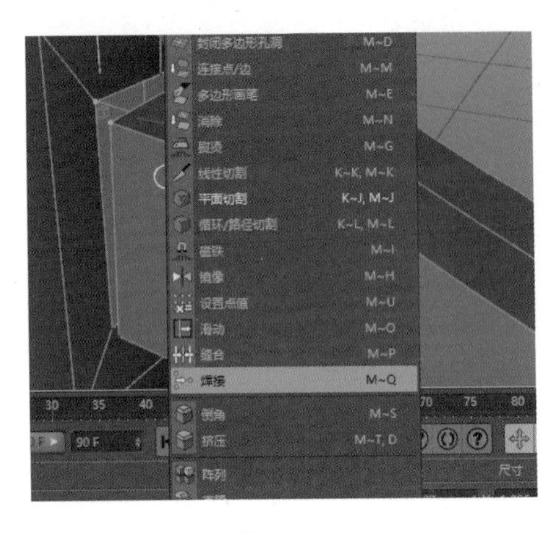

图 5-32

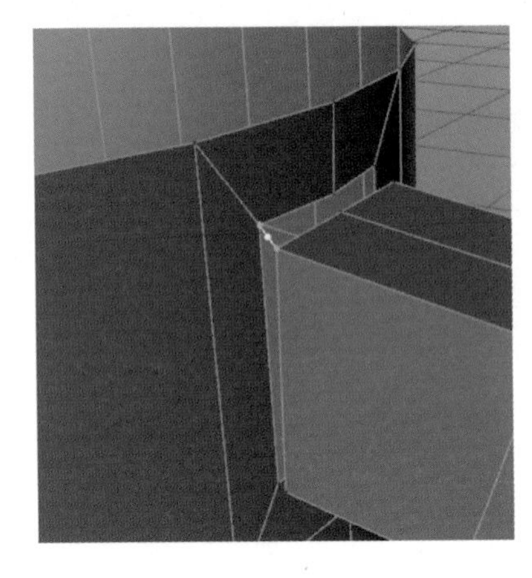

图 5-33

图 5-34

步骤二十四：重复上面的操作，将手柄和杯体连接处的点都焊接到杯体上，效果如图 5-35 所示。

步骤二十五：在工具栏处点击“细分曲面”命令，在对象面板上拖动“立方体 1”至“细分曲面”的子集，如图 5-36 所示。

步骤二十六：在工具箱处选择“模型工具”，在“显示”菜单中选择“光影着色”命令，在工作区透视图中旋转杯子，查看模型的构造是否合理。最终效果如图 5-37 所示。

步骤二十七：切换到边模式，在工作区选择杯子顶部的边，按住快捷键 U-L 调用“循环选择”命令，在属性面板上勾选“选择边界循环，如图 5-38 所示。

步骤二十八：选中杯子顶部的边，按住 Ctrl 键，选择“缩放工具”，将杯体内侧向内推动，形成杯体的厚度，如图 5-39 所示。

步骤二十九：在边模式下选择，保持杯子内侧边缘处于选中状态，在正视图中，按住 Ctrl 键向下移动鼠标至如图 5-40 所示位置。

图 5-35

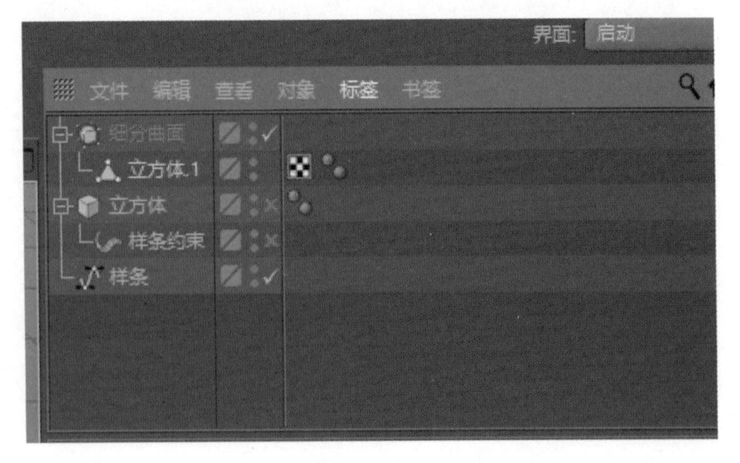

图 5-36

图 5-37

图 5-38

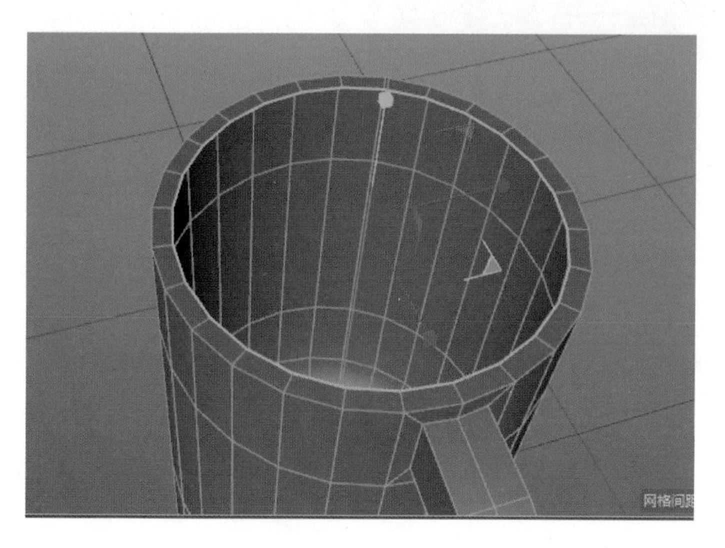

图 5-39

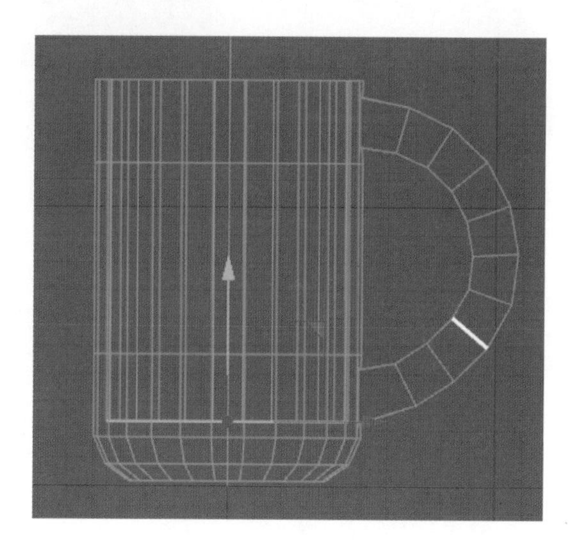

图 5-40

步骤三十：按快捷键 F1，回到透视图，选择杯体边缘线，右键选择“循环 / 路径切割”，切割的偏移值设为 50%，如图 5-41 和图 5-42 所示。

步骤三十一：在透视图中，调用“显示”菜单下的“光影着色”命令，得到如图 5-43 所示的模型。

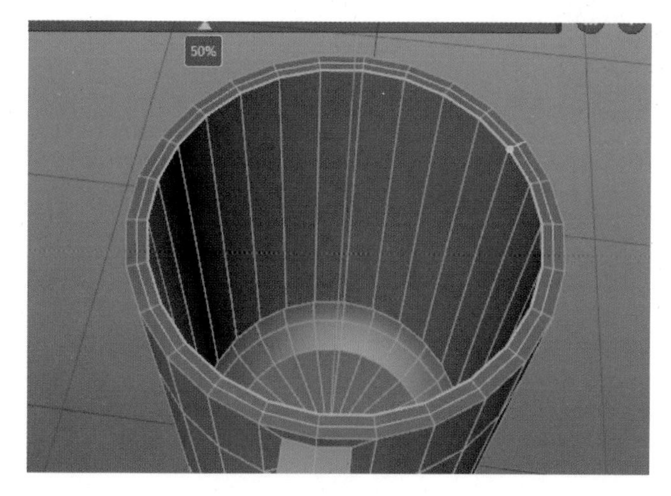

图 5-41

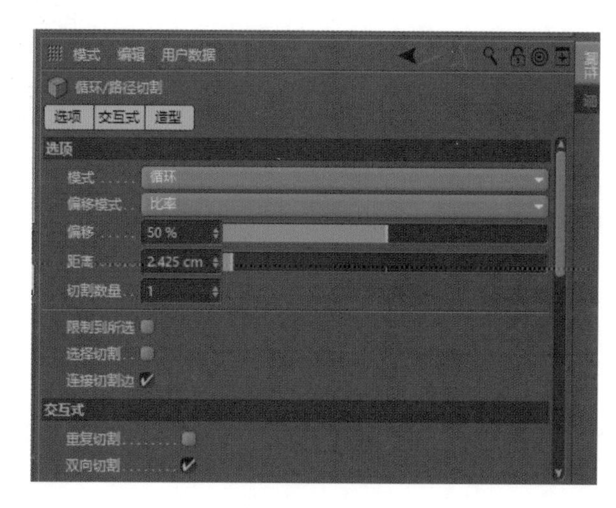

图 5-42

图 5-43

三、学习任务小结

本次任务主要讲解了 C4D 软件的几何体建模方法，同学们通过马克杯的制作实训掌握了几何体建模方法的步骤和关键命令。几何体建模是 C4D 软件的基础，熟悉 C4D 软件的基本功能后可以运用几何体建模进行产品设计创作。

四、作业布置

完成 C4D 软件中几何体建模方式的练习。

马克杯产品场景
搭建补充内容

参考文献

[1] 87time. 新印象 : 中文版 Cinema 4D R19 建模 / 灯光 / 材质 / 渲染技术精粹与应用 [M]. 北京：人民邮电出版社，2019.

[2] 任媛媛 . 中文版 Cinema 4D R18 实用教程（全彩版）[M]. 北京：人民邮电出版社，2019.

[3] 宋鑫 . Cinema 4D R18 基础与实战教程（全彩版）[M]. 北京：人民邮电出版社，2019.

[4] 张琦 . Cinema 4D 实战案例教材 [M]. 北京：人民邮电出版社，2022.

[5] 亿瑞设计 .Cinema 4D R19 从入门到精通 [M]. 北京：清华大学出版社，2019.